现代数学 专著版

重庆理工大学优秀著作出版基金资助

缺失数据下的广义线性模型

肖枝洪　程新跃　著

WUHAN UNIVERSITY PRESS
武汉大学出版社

图书在版编目(CIP)数据

缺失数据下的广义线性模型/肖枝洪,程新跃著. —武汉：武汉大学出版社,2013.6
ISBN 978-7-307-10411-2

Ⅰ.缺… Ⅱ.①肖… ②程… Ⅲ.线性模型—研究 Ⅳ.O212

中国版本图书馆 CIP 数据核字(2013)第 002776 号

责任编辑:顾素萍　　责任校对:王　建　　版式设计:詹锦玲

出版发行：武汉大学出版社　(430072　武昌　珞珈山)
(电子邮件：cbs22@ whu. edu. cn　网址：www. wdp. com. cn)
印刷:武汉中远印务有限公司
开本：720×1000　1/16　印张:10.5　字数:166 千字　插页:1
版次:2013 年 6 月第 1 版　2013 年 6 月第 1 次印刷
ISBN 978-7-307-10411-2　定价:26.00 元

目录

前 言

广义线性模型在自然科学、社会科学的各个领域有着广泛的用途，同时在数据观测或调查的过程中，有时难免出现缺失数据或者不完全信息. 在本著作中，我们主要研究自然联系函数情形下带有不完全信息随机截尾的广义线性模型参数的极大似然估计的存在性、相合性、渐近正态性、重对数律、Chung 型重对数律及中偏差. 这些优良性质是对所建模型能够得到合理运用的必要保障.

在实际应用中，特别是在医药学和社会科学中，广义线性模型的回归变量常常是随机的，所以，Fahrmei 考虑了回归变量 $X_1, X_2, \cdots$ 是某个随机矩阵的独立同分布的情况，在一定的条件下，不加证明地给出了此种模型的参数矩阵的极大似然估计的大样本性质. 然而，在实际中，独立同分布的情形有时也是不太贴切的. 例如，在医药学和社会科学的研究中，数据可能来自不同的人群、时间和地点，因而，数据的分布是不同的. 鉴于此，丁洁丽和陈希孺于 2005 年对上述情形进行了改进，得到并证明了回归变量不同分布情形下广义线性模型参数的极大似然估计的相合性和渐近正态性. 在本著作中，我们借鉴丁洁丽和陈希孺的思想和方法，得到并证明了回归变量不同分布情形下带有不完全信息随机截尾的广义线性模型参数的极大似然估计的相合性、渐近正态性和重对数律.

历史上还有许多研究者致力于拓展广义线性模型的应用，起初只局限于响应变量服从指数型分布族的情形. 1974 年，Wedderburn 提出拟似然函数的概念，可以在建模时只要求关于响应变量的数学期望函数和协方差函数的正确设定，而不必要求响应变量的分布为指数分布类型. 后续的研究表明，在方差函数不确知，但对期望有正确设定的情况下，这种方法仍可适用. 这种方法称为拟似然法. 由其所得的估计, 则称为拟似然估计. 岳丽和陈希孺, 赵林城和尹长明分别于2004年与2005年在一定的条件下, 给出了广义线性模型的未知参数向量 β 的拟极大似然估计 $\hat{\beta}_n$ 及其强相合性和渐近正态性. 陈夏和陈希孺于 2005 年给出了广义线性模型参数的自适应拟似然估计. 在本著作中, 我们在岳丽和陈希孺工作的基础上, 讨论拟极大似然估计 $\hat{\beta}_n$ 的重对数律和 Chung 型重对数律.

历史上也有学者研究一些模型的参数的极大似然估计的中偏差原理, 这是极大似然估计的又一个很有意义的大样本性质. 令 $\{X_k,\ k \geq 1\}$ 是一个独立不必同分布的随机变量序列, 且在空间 $\mathbb{R}$ 中取值, 同时具有分布函数 $F_k(x,\theta)$, 其中 $\theta \in \Theta$, 且参数空间 $\Theta \subset \mathbb{R}$. θ 的极大似然估计 (MLE) 被记为 $\hat{\theta}_n \equiv \hat{\theta}_n(X_1, X_2, \cdots, X_n)$. 极大似然估计 $\hat{\theta}_n$ 的强相合性于 1976 年为 Chao M. T. 所研究, 其渐近正态性于 1971 年为 Hoadley 所研究. 对于独立同分布情形的极大似然估计 $\hat{\theta}_n$ 的中偏差原理于 2001 年为高付清所研究. 在本著作中, 我们讨论独立不必同分布情形下单参数 θ 的极大似然估计 $\hat{\theta}_n$ 的中偏差原理. 我们的结果是高付清的结果的一个推广. 由于不完全信息随机截尾的广义线性模型是独立不必同分布的一个特殊情形, 在本著作中, 我们就将它作为一个例子给出.

在本著作的写作过程中, 我们尽量对建模所加的条件的合理性进行解释, 尽量给出我们提出问题的背景, 也尽量将我们用来解决问题的方法同相关文献解决问题的方法进行比较, 以体现我们所做工作的特色.

本著作的出版得到重庆理工大学优秀著作出版基金的资助, 也得到武汉大学出版社的大力支持, 在此致以衷心的感谢! 也对关心和支持我们出版此书的同行朋友致以衷心的谢意!

由于作者水平有限, 错谬之处在所难免, 恳请广大读者不吝赐教, 我们将致以非常诚挚的感谢!

肖枝洪　程新跃

于重庆理工大学花溪校区

2013 年 3 月

第1章 准备工作

为了使本著作相对来说具有一定的封闭性，也便于读者阅读，我们将后续章节需要的概念和需要引证的基本结果集中放在本章.

1.1 大数定律和中心极限定理

因为本著作主要讨论极大似然估计的大样本性，作为本著作的准备工作，我们首先介绍概率论的若干极限理论，对于概率空间的若干概念不作介绍，有兴趣的读者可以在稍微深入一点的有关概率论书籍中查阅到.

定义 1.1 设样本空间为 $\Omega = \{\omega : \omega$ 为试验的基本可能结果或样本点$\}$，$\mathbb{P}$ 为定义在 Ω 上的概率测度，$X : \Omega \to \mathbb{R}$ 为随机变量. 定义**随机变量 X 的(累积)分布函数**为

$$F(x) = \mathbb{P}\{\omega : X(\omega) \le x\} \equiv \mathbb{P}\{X \le x\},$$

其中，x 为任意的实数.

有些教科书给出分布函数的定义为 $F(x) = \mathbb{P}\{X < x\}$，本书所采用的定义为定义 1.1 的形式.

类似于定义 1.1，我们可以给出多维随机向量的分布函数的定义：设随机向量 $\boldsymbol{X}(\omega) = \big(X_1(\omega), X_2(\omega), \cdots, X_p(\omega)\big)^{\mathrm{T}} \in \mathbb{R}^p$，对于任意的实向量 $\boldsymbol{x} = (x_1, x_2, \cdots, x_p)^{\mathrm{T}} \in \mathbb{R}^p$，**随机向量 $\boldsymbol{X}$ 的分布函数**为

$$F(\boldsymbol{x}) = \mathbb{P}\{\omega : \boldsymbol{X}(\omega) \le \boldsymbol{x}\} \equiv \mathbb{P}\{X_j \le x_j,\ j = 1, 2, \cdots, p\}.$$

定义 1.2 对于分布函数列 $\{F_n(x)\}$，如果存在一个函数 $F(x)$ 使

$\lim\limits_{n\to\infty} F_n(x) = F(x)$ 在 $F(x)$ 的每一连续点上都成立，且

$$\lim_{n\to\infty} F_n(\pm\infty) = F(\pm\infty),$$

则称 $\{F_n(x)\}$ **弱收敛于**$F(x)$，并记为 $F_n(x) \xrightarrow{w} F(x)$.

定义 1.3 设随机变量 X_n 和 X 的分布函数分别为 $F_n(x)$ 和 $F(x)$，如果 $F_n(x) \xrightarrow{w} F(x)$，则称随机变量序列 $\{X_n,\ n\ge 1\}$ **依分布收敛于** X，并记为 $X_n \xrightarrow{d} X$.

定义 1.4 对于随机变量序列 $\{X_n\}$ 和随机变量 X，如果对任意的 $\varepsilon>0$，有

$$\lim_{n\to\infty}\mathbb{P}\{\omega : |X_n(\omega)-X(\omega)|\ge\varepsilon\} \equiv \lim_{n\to\infty}\mathbb{P}\big\{|X_n - X|\ge\varepsilon\big\}=0$$

成立，则称 $\{X_n\}$ **依概率收敛于** X，记为 $X_n \xrightarrow{\mathbb{P}} X$.

定义 1.5 对于随机变量序列 $\{X_n\}$ 和随机变量 X，如果

$$\mathbb{P}\Big\{\omega : \lim_{n\to\infty} X_n(\omega)=X(\omega)\Big\} \equiv \mathbb{P}\Big\{\lim_{n\to\infty} X_n = X\Big\}=1$$

成立，或者

$$\lim_{n\to\infty}\mathbb{P}\Big\{\sup_{l>n}|X_l - X|\ge\varepsilon\Big\}=0$$

成立，则称 $\{X_n\}$ **几乎处处收敛于** X，记为 $X_n \xrightarrow{\text{a.s.}} X$.

定义 1.6 设对于随机变量 X_n 和 X，有 $\mathbb{E}|X_n|^r<\infty$，$\mathbb{E}|X|^r<\infty$，其中 $r>0$ 为常数. 如果

$$\lim_{n\to\infty}\mathbb{E}|X_n - X|^r = 0$$

成立，则称 $\{X_n\}$ **依 r 阶矩收敛于** X，记为 $X_n \xrightarrow{r} X$.

定义 1.7 设 $\{X_n,\ n\ge 1\}$ 是随机变量序列，令

$$S_n = X_1 + X_2 + \cdots + X_n.$$

如果存在常数序列 $\{a_n,\ n\ge 1\}$ 和 $\{b_n,\ n\ge 1\}$，且 $\lim\limits_{n\to\infty} a_n=\infty$，使得对于任意的 $\varepsilon>0$，恒有

$$\lim_{n\to\infty}\mathbb{P}\left\{\left|\frac{S_n}{a_n}-b_n\right|<\varepsilon\right\}=1,$$

则称随机变量序列$\{X_n,\ n\ge 1\}$ **服从大数定律（或大数法则）**. 此处的大

数定律也叫**弱大数定律**.

如果令常数序列 $\{b_n,\ n \geq 1\}$ 中每个 $b_n = \beta$, 把随机序列 $Y_n = \dfrac{S_n}{a_n}$ 看做 β 的估计序列, 且 Y_n 和 β 满足定义 1.7, 则称 Y_n 为 β 的**弱相合估计**, 有时简称为**相合估计**.

注　相合估计是统计推断中一个非常基本的准则. 其意思就是说, 如果从总体中合理地抽取了足够多个体, 得到的统计量还不能很好地刻画参数的真实值, 那么说明按照这个方法构造的统计量不合适.

定义 1.8　设 $\{X_n,\ n \geq 1\}$ 是随机变量序列, 令

$$S_n = X_1 + X_2 + \cdots + X_n.$$

如果存在常数序列 $\{a_n,\ n \geq 1\}$ 和 $\{b_n,\ n \geq 1\}$, 且 $\lim\limits_{n\to\infty} a_n = \infty$, 使得对于任意的 $\varepsilon > 0$, 恒有

$$\mathbb{P}\left\{\lim_{n\to\infty}\left|\frac{S_n}{a_n} - b_n\right| = 0\right\} = 1,$$

则称随机变量序列 $\{X_n,\ n \geq 1\}$ **服从强大数定律**(**或强大数法则**).

显然, 由定义 1.8 的条件可以推出定义 1.7 的条件, 当然可以得到定义 1.7 的结论, 因此定义 1.8 的结论比定义 1.7 的结论更深刻. 这也是将定义 1.8 称为强大数定律的缘由.

类似地, 对应强大数定律, 如果令常数序列 $\{b_n,\ n \geq 1\}$ 中每个 $b_n = \beta$, 把随机变量序列 $Y_n = \dfrac{S_n}{a_n}$ 看做 β 的估计序列, 则称 Y_n 为 β 的**强相合估计**.

下面给出一个验证大数定律的方法.

Markov 大数定律　对于随机变量序列 $\{X_n,\ n \geq 1\}$, 若有

$$\frac{1}{n^2}\mathbb{V}\mathrm{ar}\left(\sum_{k=1}^{n} X_k\right) \to 0 \tag{1.1.1}$$

成立, 则对任意的 $\varepsilon > 0$, 均有

$$\lim_{n\to\infty}\mathbb{P}\left\{\left|\frac{1}{n}\sum_{k=1}^{n} X_k - \frac{1}{n}\sum_{k=1}^{n}\mathbb{E}X_k\right| < \varepsilon\right\} = 1.$$

证 参见《概率论基础》(复旦大学编)第 5 章中极限定理. □

在第 7 章介绍的引理 7.2.2 比此处的 Markov 大数定律更一般而且结论更强!

定义 1.9 设 $\{X_n,\ n\geq 1\}$ 是独立随机变量序列, 且 $\mathbb{E}X_n$ 和 $\mathbb{D}X_n$ 均存在. 令

$$Z_n=\frac{\sum_{k=1}^{n}X_k-\sum_{k=1}^{n}\mathbb{E}X_k}{\sqrt{\sum_{k=1}^{n}\mathbb{V}\mathrm{ar}(X_k)}}.$$

若对任意的 $x\in\mathbb{R}$, 有

$$\lim_{n\to\infty}\mathbb{P}\{Z_n\leq x\}=\frac{1}{\sqrt{2\pi}}\int_{-\infty}^{x}\exp\Big\{-\frac{t^2}{2}\Big\}\mathrm{d}t,$$

则称 $\{X_n,\ n\geq 1\}$ **服从中心极限定理**. $\frac{1}{\sqrt{2\pi}}\int_{-\infty}^{x}\exp\Big\{-\frac{t^2}{2}\Big\}\mathrm{d}t$ 为标准正态分布的分布函数, 记为 $\Phi(x)$.

以下定理给出了中心极限定理成立的充要条件.

Lindeberg-Feller 中心极限定理 设 $\{X_n,\ n\geq 1\}$ 是独立随机变量序列, 且设 $\mathbb{E}X_n=a_n$ 和 $\mathbb{D}X_n=b_n^2$. 令 $B_n^2=\sum_{k=1}^{n}b_k^2$, 记

$$Z_n=\frac{1}{B_n}\sum_{k=1}^{n}(X_k-a_k),\quad G_n(x)=\mathbb{P}\{Z_n\leq x\}.$$

则使得当 $n\to\infty$ 时,

$$\frac{1}{B_n^2}\max_{1\leq k\leq n}b_k^2\to 0,\ \ G_n(x)\xrightarrow{w}\Phi(x)$$

成立的充要条件是 Lingdeberg 条件成立: 对任意给定的 $\varepsilon>0$,

$$\Lambda_n(\varepsilon)=\frac{1}{B_n}\sum_{k=1}^{n}\int_{|x-a_k|\geq\varepsilon\sqrt{B_n}}(x-a_k)^2\mathrm{d}F_k(x)\to 0,$$

其中 $F_k(x)$ 是 X_k 的分布函数.

证 参见《概率论基础》(复旦大学编)第5章中极限定理. □

由 Lindeberg-Feller 中心极限定理推广可以得到下面的中心极限定理.

Lyapunov 中心极限定理 设 $\{X_n, n \geq 1\}$ 是独立随机变量序列, 其中至少有一个随机变量服从非退化分布. 设对某个 $\delta > 0$, $\mathbb{E}|X_n|^{2+\delta} < \infty$, $n \geq 1$. 令 $\mathbb{E}X_n = a_n$, $\mathbb{D}X_n = b_n^2$, $B_n^2 = \sum_{k=1}^{n} b_k^2$,

$$F_n(x) = \mathbb{P}\left\{\frac{1}{B_n}\sum_{k=1}^{n}(X_k - a_k) \leq x\right\}.$$

如果

$$\frac{1}{B_n^{2+\delta}}\sum_{k=1}^{n}\mathbb{E}|X_k - a_k|^{2+\delta} \to 0,$$

那么 $F_n(x) \xrightarrow{w} \Phi(x)$.

1.2 重对数律与中偏差

下面给出概率极限理论中极为深刻的结果——重对数律, 它是强大数律的精细化.

定义 1.10 设 $\{X_n, n \geq 1\}$ 是独立随机变量序列, $\mathbb{E}X_n = 0$, $\mathbb{D}X_n = \sigma_n^2$. 记 $D_n = \sum_{k=1}^{n}\sigma_k^2$, $S_n = \sum_{k=1}^{n} X_k$, 若

$$\limsup_{n\to\infty}\frac{S_n}{\sqrt{2D_n\log\log D_n}} = 1 \quad \text{a.s.,} \tag{1.2.1}$$

则称随机变量序列 $\{X_n, n \geq 1\}$ **服从重对数律**.

显然, 若 $\{X_n, n \geq 1\}$ 满足(1.2.1), 则$\{-X_n, n \geq 1\}$ 满足(1.2.1), 从而有

$$\liminf_{n\to\infty}\frac{S_n}{\sqrt{2D_n\log\log D_n}} = -1 \quad \text{a.s.} \tag{1.2.2}$$

下面给出判定重对数律的准则.

Kolmogorov 重对数律 设$\{X_n,\ n\geq 1\}$是独立随机变量序列, $\mathbb{E}X_n=0$, $\mathbb{V}\mathrm{ar}(X_n)=\sigma_n^2$. 记 $D_n=\sum_{k=1}^{n}\sigma_k^2$, $S_n=\sum_{k=1}^{n}X_k$. 若$D_n\to\infty$, 且存在常数序列$\{M_n\}$满足

$$M_n=O\left(\sqrt{\frac{D_n}{\log\log D_n}}\right),\quad |X_n|\leq M_n\quad \text{a.s.},$$

则(1.2.1)成立.

Hartman-Wintner 重对数律 设 $\{X_n,\ n\geq 1\}$ 是独立随机变量序列, $\mathbb{E}X_n=0$, $\mathbb{D}X_n=1$, 则

$$\limsup_{n\to\infty}\frac{S_n}{\sqrt{2n\log\log n}}=1\quad \text{a.s.}$$

以上两个定律的证明参见[49] p. 106, p. 115.

定义 1.11 设 $\{X_n,\ n\geq 1\}$ 是独立随机变量序列, $\mathbb{E}X_n=0$, $\mathbb{D}X_n=\sigma_n^2$. 记 $D_n=\sum_{k=1}^{n}\sigma_k^2$, $S_n=\sum_{k=1}^{n}X_k$. 若

$$\liminf_{n\to\infty}\sqrt{\frac{\log\log D_n}{D_n}}\max_{1\leq i\leq n}\left|\sum_{k=1}^{i}X_k\right|=\frac{\pi}{\sqrt{8}}\quad \text{a.s.},\qquad (1.2.3)$$

则称随机变量序列$\{X_n,\ n\geq 1\}$**服从 Chung 型重对数律**.

注 如果假设 $\mathbb{E}X_n=\beta$, 把 S_n 看做统计量, 那么从统计推断的观点看, 第一个重对数律给出了未知参数 β 的渐近意义上的最小 100% 置信区间, 而第二个重对数律几乎必然给出了估计量能够达到的精确下界.

定义 1.12 设随机变量 X_n 和 X 的期望均为 0, 方差分别为 σ_n^2 和 σ^2, 且 $X_n\xrightarrow{d}X$. 令 $n\to\infty$ 时, $\lambda(n)\to\infty$, $\frac{\lambda(n)}{\sqrt{n}}\to 0$, $\frac{1}{n}\sum_{k=1}^{n}\sigma_k^2\to\sigma^2$. 如果有

$$\liminf_{n\longrightarrow\infty}\frac{\lambda^2(n)}{n}\log\mathbb{P}\Big\{\lambda(n)\big(\max_{1\leq k\leq n}X_k-X\big)\geq\varepsilon\Big\}\geq-\frac{1}{2}\sigma^2\varepsilon^2,$$

以及

$$\limsup_{n\longrightarrow\infty}\frac{\lambda^2(n)}{n}\log\mathbb{P}_\theta\Big\{\lambda(n)\big(\min_{1\le k\le n}X_k-X\big)\ge\varepsilon\Big\}\le-\frac{1}{2}\sigma^2\varepsilon^2$$

成立，就称随机变量序列 $\{X_n,\ n\ge1\}$ **具有中偏差性**. 这类问题统称为**中偏差极限理论**.

中偏差给出了统计量依分布收敛的性质，它比中心极限定理更加精细地刻画了统计量依分布收敛的情形.

1.3　基本工具

本节将后面所需要的基本工具罗列在此，以凸显后面主要结果的论证.

定义 1.13　设 $\xi_1,\xi_2,\cdots,\xi_n,\cdots$ 为实值随机变量序列. 若 $\xi_n\xrightarrow{\mathbb{P}}0$，则称 $\xi_n=o_p(1)$；若 $\forall\varepsilon>0$，$\exists M_\varepsilon>0$，$N>0$，使得 $n\ge N$ 时，

$$\mathbb{P}\big\{|\xi_n|\le M_\varepsilon\big\}\ge1-\varepsilon,$$

则称 $\xi_n=O_p(1)$.

又设 $\eta_1,\eta_2,\cdots,\eta_n,\cdots$ 为另一实值随机变量序列. 若 $\dfrac{\xi_n}{\eta_n}=o_p(1)$，则称 $\xi_n=o_p(\eta_n)$；若 $\dfrac{\xi_n}{\eta_n}=O_p(1)$，则称 $\xi_n=O_p(\eta_n)$.

对于上述定义有如下性质：

性质　(1) 设 ξ 为实值随机变量. 若 $\xi_n\xrightarrow{d}\xi$，则 $\xi_n=O_p(1)$.

(2) 若 $\xi_n=o_p(1)$，则 $\xi_n=O_p(1)$.

(3) $o_p(\xi_n)=\xi_n o_p(1)$，$O_p(\xi_n)=\xi_n O_p(1)$.

(4) $o_p(1)+o_p(1)=o_p(1)$，$O_p(1)+O_p(1)=O_p(1)$.

(5) $o_p(1)\cdot o_p(1)=o_p(1)$，$O_p(1)\cdot O_p(1)=O_p(1)$.

(6) $c\cdot o_p(1)=o_p(1)$，$c\cdot O_p(1)=O_p(1)$，其中 c 为常数.

(7) $o_p(1)+O_p(1)=O_p(1)$，$O_p(1)\cdot o_p(1)=o_p(1)$.

(8) $o_p\big(O_p(1)\big)=o_p(1)$，$O_p\big(o_p(1)\big)=o_p(1)$，$O_p\big(O_p(1)\big)=O_p(1)$.

定义 1.14 设 $\boldsymbol{A}_n=\big(a_{ij}(n)\big)_{r\times s}$ 和 $\boldsymbol{A}=\big(a_{ij}\big)_{r\times s}$ 均为随机矩阵. 若 $\|\boldsymbol{A}_n-\boldsymbol{A}\|\xrightarrow{\mathbb{P}}0$, 即 $\forall\varepsilon>0$, 当 $n\to\infty$ 时, $\mathbb{P}\big\{\|\boldsymbol{A}_n-\boldsymbol{A}\|\geq\varepsilon\big\}\to0$, 则称 $\boldsymbol{A}_n\xrightarrow{\mathbb{P}}\boldsymbol{A}$, 其中 $\|\boldsymbol{A}\|$ 指矩阵 $\boldsymbol{A}$ 的范数.

类似地, 有如下定义:

定义 1.15 设 $\boldsymbol{A}_n=\big(a_{ij}(n)\big)_{r\times s}$ 为随机矩阵. 若 $\boldsymbol{A}_n\xrightarrow{\mathbb{P}}\boldsymbol{O}$, $\boldsymbol{O}$ 为相应的零矩阵, 则称 $\boldsymbol{A}_n=o_p(\mathbf{1})$; 若 $\forall\varepsilon>0$, $\exists M_\varepsilon>0$, $N>0$, 使得 $n\geq N$ 时,

$$\mathbb{P}\big\{\|\boldsymbol{A}_n\|\leq M_\varepsilon\big\}\geq1-\varepsilon,$$

则称 $\boldsymbol{A}_n=O_p(\mathbf{1})$, 其中 $\|\boldsymbol{A}\|$ 指矩阵 $\boldsymbol{A}$ 的范数.

对于随机矩阵序列, 也有上述性质, 在此不作叙述, 有兴趣的读者可以参看文献 [63].

下面给出本书后面将要用到的引理.

引理 1.3.1 (Borel-Cantelli 引理) 设事件列 $A_1,A_2,\cdots\in Æ$(事件类).

(i) 如果

$$\sum_n\mathbb{P}(A_n)<\infty,$$

则 $\mathbb{P}(A_n,\ \text{i.o.})=0$ 成立, 其中 $\{A_n,\ \text{i.o.}\}$ 意指有无穷多个 A_n 发生; 或者 $\mathbb{P}\Big(\overline{\lim\limits_{n\to\infty}}A_n\Big)=0$ 成立, 其中 $\overline{\lim\limits_{n\to\infty}}A_n$ 意指有无穷多个 A_n 发生.

(ii) 如果

$$\sum_n\mathbb{P}(A_n)=\infty,$$

且 $A_1,A_2,\cdots$ 相互独立, 则 $\mathbb{P}\Big(\overline{\lim\limits_{n\to\infty}}A_n\Big)=1$ 成立.

证 参见 Olva Kallenberg 所著的 *Foundations of Modern Probability*. □

对任意的随机变量 X, 记 $X^c=X\cdot I\big(|X|\leq c\big)$, 其中 $I\big(|X|\leq c\big)$ 满足: 若 $|X|\leq c$, 则 $I\big(|X|\leq c\big)=1$; 否则 $I\big(|X|\leq c\big)=0$.

引理 1.3.2 (三级数定理) 设 $\{X_n\}$ 是独立随机变量序列, 那么使得级数 $\sum_{k=1}^{\infty} X_k$ a.s. 收敛的必要条件是: 对每一 $c \in (0,\infty)$, 有

(i) $\sum_{k=1}^{\infty} \mathbb{P}\{|X_k| > c\} < \infty$;

(ii) $\sum_{k=1}^{\infty} \mathbb{E}X_k^c$ 收敛;

(iii) $\sum_{k=1}^{\infty} \mathbb{V}\mathrm{ar}X_k^c < \infty$.

充分条件是对某一 $c \in (0,\infty)$, 上述三级数收敛.

证 参见[49] p. 89 定理 2. 3. □

引理 1. 3. 3 设 $\xi_1, \xi_2, \cdots, \xi_n$ 为相互独立随机变量, $\mathbb{E}\xi_i = 0$, $1 \le i \le n$. 记 $B_n = \sum_{i=1}^{n} \mathbb{V}\mathrm{ar}(\xi_i)$, $D_n = \sum_{i=1}^{n} \mathbb{E}|\xi_i|^{2+\epsilon}$, $\epsilon \in [0,1]$. 记 ξ_n 的分布函数为 $F_n(x)$, 标准正态分布 $N(0,1)$ 的分布函数为 $\Phi(x)$. 若 $B_n > 0$, $D_n \le \infty$, 则有

$$\sup_x \big|F_n(x) - \Phi(x)\big| \le \frac{CD_n}{B_n^{\epsilon/2}},$$

其中, C 不依赖于 n.

证 见文献 [58] p. 155. □

引理 1. 3. 4 (Bernstein 不等式) 设 $\xi_1, \xi_2, \cdots, \xi_n$ 为相互独立随机变量, $\mathbb{E}\xi_i = 0$, $1 \le i \le n$. 若存在常数 b 使得 $|\xi_i| \le b$, $1 \le i \le n$, 则对任何 $\varepsilon > 0$, 有

$$\mathbb{P}\left\{\Big|\frac{1}{n}\sum_{i=1}^{n} \xi_i\Big| \ge \varepsilon\right\} \le 2\exp\left\{-\frac{n\varepsilon^2}{2b\varepsilon + 2\overline{\sigma}^2}\right\},$$

其中, $\overline{\sigma}^2 = \frac{1}{n}\sum_{i=1}^{n} \mathbb{V}\mathrm{ar}(\xi_i)$.

证 见文献[4]. □

引理1.3.5 设 $\xi_1, \xi_2, \cdots, \xi_n$ 为相互独立随机变量, $\mathbb{E}\xi_i = 0$, $1 \le i \le n$, $\overline{p} > 2$. 则有

$$\mathbb{E}\Big|\sum_{i=1}^{n} \xi_i\Big|^{\overline{p}} \le C n^{\overline{p}/2-1} \sum_{i=1}^{n} \mathbb{E}\big|\xi_i\big|^{\overline{p}},$$

其中, C 和 n 与 ξ_i, $1 \le i \le n$ 的分布无关.

特别, 若 $\sup\limits_{i\ge1} \mathbb{E}\big|\xi_i\big|^{\overline{p}} \le C n^{\overline{p}/2}$, 则 $\mathbb{E}\Big|\sum\limits_{i=1}^{n} \xi_i\Big|^{\overline{p}} \le C n^{\overline{p}/2}$.

证 见文献 [67] p. 154. □

引理 1.3.6 (Kronecker 引理) 设 $\{a_n\}$ 和 $\{x_n\}$ 是两实数序列, $a_n > 0$ 且 $\lim\limits_{n\to\infty} a_n = \infty$, $\sum\limits_{n=1}^{\infty} \dfrac{x_n}{a_n}$ 收敛, 则 $\lim\limits_{n\to\infty} \dfrac{1}{a_n} \sum\limits_{k=1}^{n} x_k = 0$.

证 记 $a_0 = 0$, 定义 $y_1 = 0$, $y_n = \sum\limits_{i=1}^{n-1} \dfrac{x_i}{a_i}$, $n \ge 2$. 则

$$y_n \to y = \sum_{i=1}^{\infty} \frac{x_i}{a_i}. \tag{1.3.1}$$

而

$$\frac{1}{a_n} \sum_{k=1}^{n} x_k = \frac{1}{a_n} \sum_{k=1}^{n} a_k (y_{k+1} - y_k) = y_{n+1} - \frac{1}{a_n} \sum_{k=1}^{n-1} (a_{k+1} - a_k) y_{k+1}. \tag{1.3.2}$$

由 (1.3.1) 知, 对任意给定的 $\varepsilon > 0$, 存在 n_0, 当 $n \ge n_0$ 时, 有 $|y_n - y| < \varepsilon$, 从而有

$$\begin{aligned}\Big|\frac{1}{a_n} \sum_{k=1}^{n} (a_{k+1} - a_k) y_k - y\Big| &= \Big|\frac{1}{a_n} \sum_{k=1}^{n} (a_{k+1} - a_k)(y_k - y)\Big| \\ &\le \Big|\frac{1}{a_n} \sum_{k=1}^{n_0} (a_{k+1} - a_k)(y_k - y)\Big| \\ &\quad + \frac{a_n + a_{n_0-1}}{a_n} \varepsilon.\end{aligned}$$

由上式易知,

$$\frac{1}{a_n}\sum_{k=1}^{n-1}(a_{k+1}-a_k)y_{k+1}\to y. \tag{1.3.3}$$

将(1.3.1)和(1.3.3)代入(1.3.2)即得本引理的结论. □

引理 1.3.7 假设随机变量 $\xi_1,\xi_2,\cdots$ 相互独立, 其数学期望均为 0, 且满足

$$\sup_{i\geq 1}\mathbb{E}\big(|\xi_i|I(|\xi_i|>N)\big)\to 0,\quad N\to\infty, \tag{1.3.4}$$

那么, 有

$$\frac{1}{n}\sum_{i=1}^{n}\xi_i\xrightarrow{\mathbb{P}}0,\quad n\to\infty.$$

证 $\forall n\geq 1$, $\forall i\geq 1$, $\forall\delta>0$, 我们定义一组新的随机变量:

$$\eta_i^{(n)}=\xi_iI\big(|\xi_i|<n\delta\big),\quad \tau_i^{(n)}=\xi_iI\big(|\xi_i|\geq n\delta\big).$$

显然有 $\xi_i=\eta_i^{(n)}+\tau_i^{(n)}$. 令 $\mathbb{E}\big(\eta_i^{(n)}\big)=\mu_i^{(n)}$. 因为 $\mathbb{E}(\xi_i)=0$, 所以, 对任意给定的 $\varepsilon>0$, 当 n 被选择得充分大时, 有

$$\big|\mu_i^{(n)}\big|<\varepsilon. \tag{1.3.5}$$

记 $b_i=\mathbb{E}|\xi_i|$, 有

$$\begin{aligned}\mathbb{V}\mathrm{ar}\big(\eta_i^{(n)}\big)&=\int_{-n\delta}^{n\delta}x^2\mathrm{d}F_i(x)-\big(\mu_i^{(n)}\big)^2\leq n\delta\int_{-n\delta}^{n\delta}|x|\mathrm{d}F_i(x)\\&\leq b_in\delta,\end{aligned}$$

这里 $F_i(x)$ 为 ξ_i 的分布函数. 由 Chebyshev 不等式, 我们看到

$$\begin{aligned}\mathbb{P}\left\{\frac{1}{n}\Big|\sum_{i=1}^{n}\big(\eta_i^{(n)}-\mu_i^{(n)}\big)\Big|\geq\varepsilon\right\}&=\mathbb{P}\left\{\Big|\sum_{i=1}^{n}\big(\eta_i^{(n)}-\mu_i^{(n)}\big)\Big|\geq n\varepsilon\right\}\\&\leq\frac{\sum_{i=1}^{n}\mathbb{V}\mathrm{ar}\big(\eta_i^{(n)}\big)}{n^2\varepsilon^2}\leq\frac{\sum_{i=1}^{n}b_in\delta}{n^2\varepsilon^2}\\&\leq\frac{b\delta}{\varepsilon^2},\end{aligned}$$

式中, $b=\sup_{i\geq 1}\mathbb{E}|\xi_i|<\infty$. 由一致可积性, 当 n 充分大时, $\forall i\geq 1$, 有

$\int_{|x|\geq n\delta}|x|\mathrm{d}F_i(x) < \delta^2$, 从而有

$$\mathbb{P}\{\tau_i^{(n)}\neq 0\} = \int_{|x|\geq n\delta} 1\mathrm{d}F_i(x) \leq \frac{1}{n\delta}\int_{|x|\geq n\delta}|x|\mathrm{d}F_i(x) \leq \frac{\delta}{n}.$$

因此, 又有

$$\mathbb{P}\Big(\bigcup_{i=1}^{n}\{\tau_i^{(n)}\neq 0\}\Big) \leq \sum_{i=1}^{n}\mathbb{P}\{\tau_i^{(n)}\neq 0\} \leq \delta. \tag{1.3.6}$$

从而当 n 充分大时,

$$\begin{aligned}\mathbb{P}\left\{\frac{1}{n}\Big|\sum_{i=1}^{n}\xi_i\Big| \geq 4\varepsilon\right\} &= \mathbb{P}\left\{\frac{1}{n}\Big|\sum_{i=1}^{n}\big(\eta_i^{(n)} - \mu_i^{(n)} + \mu_i^{(n)} + \tau_i^{(n)}\big)\Big| \geq 4\varepsilon\right\} \\ &\leq \mathbb{P}\left\{\frac{1}{n}\Big|\sum_{i=1}^{n}\big(\eta_i^{(n)} - \mu_i^{(n)}\big)\Big| + \frac{1}{n}\sum_{i=1}^{n}\big|\mu_i^{(n)}\big| \geq 2\varepsilon\right\} \\ &\quad + \mathbb{P}\left\{\frac{1}{n}\sum_{i=1}^{n}\big|\tau_i^{(n)}\big| \geq 2\varepsilon\right\} \\ &\leq \frac{b\delta}{\varepsilon^2} + \mathbb{P}\Big(\bigcup_{i=1}^{n}\big\{\tau_i^{(n)}\neq 0\big\}\Big) \\ &\leq \frac{b\delta}{\varepsilon^2} + \delta. \end{aligned} \tag{1.3.7}$$

这样就证明了我们所想要的结果. □

引理 1.3.8① 如果 $\{X_k,\ k\geq 1\}$ 是一个独立的随机变量序列, 且对 $\delta > 0$ 和一切 $k \geq 1$, 有 $\mathbb{E}|X_k|^{1+\delta} \leq K < \infty$, 再令 $S_n = \sum_{k=1}^{n} X_k$, 则有

$$\frac{S_n - \mathbb{E}S_n}{n} \to 0 \quad \text{a.s.}$$

证 为了记号的简便, 取 $Y_k = X_k - \mathbb{E}X_k$. 显然, 有 $\mathbb{E}Y_k = 0$ 和 $\mathbb{E}|Y_k|^{1+\delta} \leq M < \infty$. 我们按照以下步骤完成本引理的证明:

---

① 这是 [58] p. 272, 定理 12, 但其证明过程一直没有出现过. 这里的证明过程是由陈希孺先生生前在武汉大学讲学时所给出的.

第一步,

$$\sum_{k=1}^{\infty}\mathbb{P}\left\{\frac{|Y_k|}{k}>d\right\}\le\sum_{k=1}^{\infty}\frac{\mathbb{E}|Y_k|^{1+\delta}}{d^{1+\delta}k^{1+\delta}}\le C\sum_{k=1}^{\infty}\frac{1}{k^{1+\delta}}<\infty.$$

第二步，易知

$$\mathbb{E}\left(\frac{Y_k}{k}I\left(\frac{|Y_k|}{k}\le d\right)\right)=-\mathbb{E}\left(\frac{Y_k}{k}I\left(\frac{|Y_k|}{k}>d\right)\right),$$

所以有

$$\sum_{k=1}^{\infty}\mathbb{E}\left(\frac{Y_k}{k}I\left(\frac{|Y_k|}{k}\le d\right)\right)=-\sum_{k=1}^{\infty}\mathbb{E}\left(\frac{Y_k}{k}I\left(\frac{|Y_k|}{k}>d\right)\right),$$

以及

$$\sum_{k=1}^{\infty}\mathbb{E}\left(\frac{|Y_k|}{k}I\left(\frac{|Y_k|}{k}>d\right)\right)\le\sum_{k=1}^{\infty}\frac{\mathbb{E}|Y_k|^{1+\delta}}{d^{\delta}k^{1+\delta}}<\infty,$$

从而 $\sum\limits_{k=1}^{\infty}\mathbb{E}\left(\frac{Y_k}{k}I\left(\frac{|Y_k|}{k}\le d\right)\right)$ 收敛.

第三步,

$$\begin{aligned}\sum_{k=1}^{\infty}\mathbb{V}\mathrm{ar}\left(\frac{Y_k}{k}I\left(\frac{|Y_k|}{k}\le d\right)\right)&\le\sum_{k=1}^{\infty}\mathbb{E}\left(\frac{Y_k^2}{k^2}I\left(\frac{|Y_k|}{k}\le d\right)\right)\\&\le d^{1-\delta}\sum_{k=1}^{\infty}\frac{\mathbb{E}|Y_k|^{1+\delta}}{k^{1+\delta}}.\end{aligned}$$

因此，根据 Klomogorov 的三级数定律[78]，可知 $\sum\limits_{k=1}^{\infty}\frac{Y_k}{k}$ 收敛. 进而，由 Kronecker 引理得到 $\frac{1}{n}\sum\limits_{k=1}^{n}Y_k\to 0$ 几乎处处收敛. □

引理 1.3.9　设 $\xi_1,\xi_2,\cdots,\xi_n,\cdots$ 为相互独立随机变量，$c_1,c_2,\cdots,c_n,\cdots$ 为一列常数且 $c_n\downarrow 0$. 若对任意数列 $a_1,a_2,\cdots,a_n,\cdots$，$a_n\uparrow\infty$，有 $\xi_n=O(a_nc_n)$ a.s.，则 $\xi_n=O(c_n)$ a.s.

证　证明引理 1.3.9 等价于证明如下结论(引理 1.3.9 的逆否命题)成立：

令 $\{\xi_n,\ n\ge 1\}$ 为定义在概率空间 $(\Omega,\mathfrak{F},\mathbb{P})$ 上的一列随机变量. 若

$\limsup\limits_{n\to\infty}|\xi_n|=\infty$ a.s., 则存在一常数列 $\varepsilon_n\downarrow 0$ 使得

$$\limsup_{n\to\infty}\varepsilon_n|\xi_n|=\infty \quad \text{a.s.}$$

为证明上述结论，记 $\eta_n=\max\limits_{1\le i\le n}\xi_i$. 则 $\eta_n\uparrow\infty$ a.s. 记 $A_{nm}=\{\omega:\ \eta_n(\omega)>m\}$, 则 $\lim\limits_{n\to\infty}\mathbb{P}(A_{nm})=1$. 任给 $\varepsilon>0$, 找 n_m 使得

$$\mathbb{P}(A_{n_m m})>1-\frac{\varepsilon}{2^m},\quad n_1<n_2<\cdots.$$

令 $\varepsilon_i=m^{-1/2}$, $n_m\le i\le n_{m+1}$, $m=1,2,\cdots$, 则

$$\varepsilon_n\eta_n(\omega)\ge\sqrt{m},\quad \forall\omega\in A\equiv\bigcap_{m=1}^{\infty}A_{n_m m},\ n\ge n_m.$$

因此, $\forall\omega\in A$, $\varepsilon_n\eta_n(\omega)\to\infty$, 且 $\mathbb{P}(A)\ge 1-\varepsilon$.

取上述 $\varepsilon=N^{-1}$, 以 A_N 记上面定义的集合 A, 以 $\{\varepsilon_{N_n},\ n\ge 1\}$ 记上述定义出的序列 ε_n, 记 $\delta_{Ni}=\max\limits_{1\le j\le N}\varepsilon_{ji}$, 则 $\lim\limits_{i\to\infty}\delta_{Ni}=0$. 因此存在 C_n, $C_1<C_2<\cdots$, 使得 $\delta_{Ni}<N^{-1}$, 对 $i\ge C_N$. 定义 $\delta_i=N^{-1}$, $C_N\le i\le C_{N+1}$, $N\ge 1$, 则 $\lim\limits_{i\to\infty}\delta_i=0$. 但 $\delta_i\ge\delta_{Ni}$, 从而, 当 $i\to\infty$ 时, $\forall\omega\in A\equiv\bigcup\limits_{N=1}^{\infty}A_N$, 且 $\mathbb{P}(A)=1$, 有 $\varepsilon_i\eta_i(\omega)\to\infty$.

现在证明对任何 $\omega\in A$, $\limsup\limits_{i\to\infty}\delta_i\big|\xi_i(\omega)\big|=\infty$. 否则, 对某个 $\omega\in A$ 以及 $M<\infty$, 有 $\delta_i\big|\xi_i(\omega)\big|\le M$, $i\ge 1$. 设足标 t_N, $1\le t_N\le N$, 满足

$$\big|\xi_{t_N}(\omega)\big|=\max_{1\le i\le N}\big|\xi_i(\omega)\big|=\eta_N(\omega),$$

则 $\delta_N\eta_N(\omega)\le\delta_{t_N}\big|\xi_{t_N}(\omega)\big|\le M$, 而 $\delta_N\ge\delta_{t_N}$, 这与 $\delta_N\eta_N(\omega)\to\infty$ 矛盾. 故本引理得证. □

引理 1.3.10 设 $\xi_1,\xi_2,\cdots,\xi_n$ 为相互独立随机变量, $\mathbb{E}\xi_i=0$, $1\le i\le n$. 记 $B_n=\sum\limits_{i=1}^{n}\mathbb{V}\mathrm{ar}(\xi_i)$, $D_n=\sum\limits_{i=1}^{n}\mathbb{E}|\xi_i|^{2+\epsilon}$, $\epsilon\in[0,1]$. 记 ξ_n的分布函数为$F_n(x)$, 标准正态分布$N(0,1)$的分布函数为 $\varPhi(x)$. 若对某 $\epsilon>0$ 有

(i) $B_n \to \infty$;

(ii) $\dfrac{B_{n+1}}{B_n} \to 1$;

(iii) $\sup\limits_x \big|F_n(x) - \Phi(x)\big| = O\big(\log B_n^{-(1+\epsilon)}\big)$,

则 $\limsup\limits_{n\to\infty} \dfrac{\sum\limits_{i=1}^{n} \big|\xi_i(\omega)\big|}{\sqrt{2B_n \log\log B_n}} = 1$ a.s., 以及

$$\sum_{n=1}^{\infty} \mathbb{P}\left\{ \sum_{i=1}^{n} \big|\xi_i(\omega)\big| \geq \sqrt{(2+\epsilon_1)B_n \log\log B_n} \right\} < \infty, \quad \forall \epsilon_1 > 0.$$

证　见文献 [58] p. 305. □

引理 1.3.11　设 $\xi_1, \xi_2, \cdots, \xi_n$ 为相互独立随机变量, $\mathbb{E}\xi_i = 0$, $1 \leq i \leq n$, 且对某个 $\overline{p} > 2$, 有 $\sup\limits_{i\geq 1} \mathbb{E}|\xi_i|^{\overline{p}} < \infty$, 则

$$\frac{\left|\sum\limits_{i=1}^{n} \xi_i\right|}{\sqrt{n}(\log n)^{1/\overline{p}}(\log\log n)^{2/\overline{p}}} \to 0 \quad \text{a.s.}$$

引理 1.3.12 (Lebesgue 控制收敛定理)　设 $X_n \xrightarrow{\mathbb{P}} X$. 若随机变量 $Y \in L_1$ 使得 $|X_n| \leq |Y|$ a.s. $(n \geq 1)$, 那么 $X_n, X \in L_1$ 且 $X_n \xrightarrow{L_1} X$. 这时有 $\mathbb{E}X_n \to \mathbb{E}X$.

控制收敛定理在处理极限与积分、求导与积分交换顺序等方面有着非常广泛的用途. 后文许多结论的证明需要用到控制收敛定理, 这也是我们对测度论知识的一种实际运用.

1.4　截断数据类型

截断数据(Censored Data)问题在实际生活中随处可见. 通常把用来处理与寿命有关的问题广义地称为生存分析(Survival Analysis). 它已

构成数理统计的一个分支，在 20 世纪 70 年代中期得到迅速发展，1986 年美国国家科学院把它列为数学的六大发展方向之一(见[47])，至今也是很热门的统计研究课题，研究论文如[8]，[6]，[10]，[95]，[60]也是涉及各个方面. 下面通过实际例子加以说明.

Censor 一词原来是审查、删改(新闻、书刊、电影等)的意思，近 30 年来广泛地出现在统计学中. 我们经常遇到这样的一些数据：冰箱在长达 10 年的使用中没有损坏；手机通话在受到干扰前而无法听清已经持续了 5 分钟；经过放射治疗的病人在 9 月 15 日前还没有明显好转；电扇从今天上午 7 点到目前已经出现了 3 次故障等. 这些数据的共同特点是：我们不知道各自的确切值，但知道大于或等于某个数，它们是由于某种原因被截断了. 具体来说，对于上述例子仅仅知道的信息是：冰箱的寿命大于 10 年，手机的信号持续了 5 分钟…… 怎样在统计中利用这种信息呢？这就是截断数据分析所要解决的问题.

从某种意义上来讲，有一种统计问题就有一种相应的截断数据问题；从实际意义来看，后者更符合实际情况，其实际意义更强. 下面以实际问题作为代表列出不同的截断数据的情形.

例 1.1 某医院研究一种特效药(或手术)对患者生命的影响. 这些病人可以在不同的时间进入该药物的治疗研究，一旦进入了研究之后，也有种种可能中途离开，造成了截断数据. 这主要表现在：

(1) 病人由于搬家等原因不再到此医院看病，以致研究人员再也了解不到 情况.

(2) 由于疗效不甚理想，病人觉得没有必要继续进行该药物治疗，或者由于病人的体质关系有较强烈的副作用而不得不中止.

(3) 整个治疗计划结束.

图 1-1 为实验数据示意图. 图 1-1 表示 5 个病人的情况. 横坐标是日期，“•”表示死亡，“×”表示出于以上三种原因而“不知所终”，但至少在“此时此刻”还活着. 不失一般性，把图 1-1 的起始点平移到一起，也就是认为他们同时进入研究. 不禁会问：进行这种治疗，病人的寿命分布情况如何？与那些患有此种疾病但没有服用此种特效药的病人相比(也有相应的图 1-1)，寿命是否有延长呢？

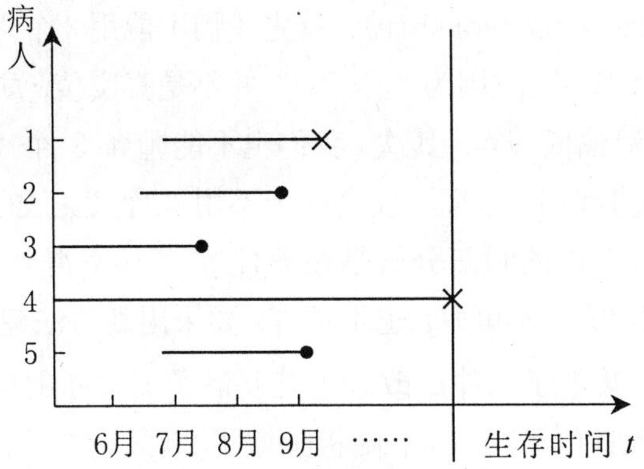

图 1-1　生存数据

例 1.2　在线性模型 $y_i = \alpha + \beta x_i + \varepsilon_i \ (i = 1, 2, \cdots, n)$ 中，α, β 是参数，ε_i 是相互独立的随机变量，满足 $\mathbb{E}\varepsilon_i = 0$，$\mathbb{E}\varepsilon_i^2 < \infty$，$\{x_i\}$ 是一串固定的回归设计. 在通常情形下，我们可以用最小二乘法(Least Square)估计出 α, β，如图 1-2(1)所示. 如果 y_i 受到一组与之独立的随机变量 $\{t_i\}$ 的干扰，使得 y_i 不能被观测到，而观测到的是 (z_i, δ_i)，其中 $z_i = \min\{y_i, t_i\}$，$\delta_i = I(y_i \le t_i)$ (当 $y_i \le t_i$ 时，$\delta_i = 1$；当 $y_i > t_i$ 时，$\delta_i = 0$). 也就是说，只能观测到 y_i 与 t_i 中较小的一个，以及知道这个数据是否被截断. 这样图 1-2(1)中的 3 个“•”就被图 1-2(2)中的 3 个“×”所代替.

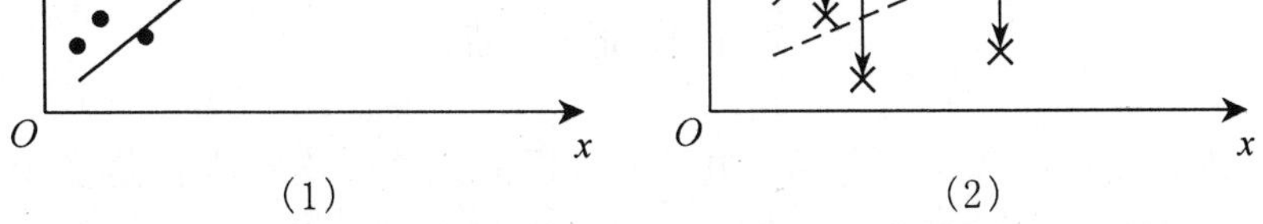

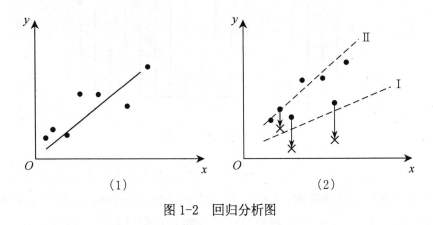

图 1-2　回归分析图

现在要问：这时如何得到 α, β 的估计值？这种截断称为**随机截断**或

随机删失(Random Censorship). 首先我们不能用3个"•"和3个"×"一起直接作线性回归, 因为3个"×"并不是真实值, 如此得到的回归直线 I 显然位置偏低失实. 其次, 我们也不能抛弃3个"×"而只用3个"•"作回归直线 II, 这样不仅会因为不用3个"×"的数据损失了大量的信息, 而且做出的回归分析是在条件 $y_i \le t_i$ 下得到的, 与原意不合. 总之, 对3个"×"不可取, 也不可弃, 要采用新方法建立模型.

例 1.3 某电子元件厂改进工艺研制了一批新的电子元件, 为了测定这批电子元件的平均寿命, 随机抽取了20只电子元件做寿命试验. 假设已知改进工艺前, 电子元件的平均寿命为1000小时. 由于试验条件的限制, 这个试验的持续时间不能超过2000小时. 图1-3是实验结果, 其中"•"表示电子元件损坏时的时间, "×"表示电子元件在2000小时时仍未损坏但必须结束试验. 从图1-3可以看到, 第3, 5, 9, 13, 15, 17, 19号电子元件的寿命超过了2000小时, 但其寿命究竟是多少不得而知. 它们被2000小时这个界线截断, 这种截断方式称为**第一类截断**(Type I Censoring)或**定时截断**.

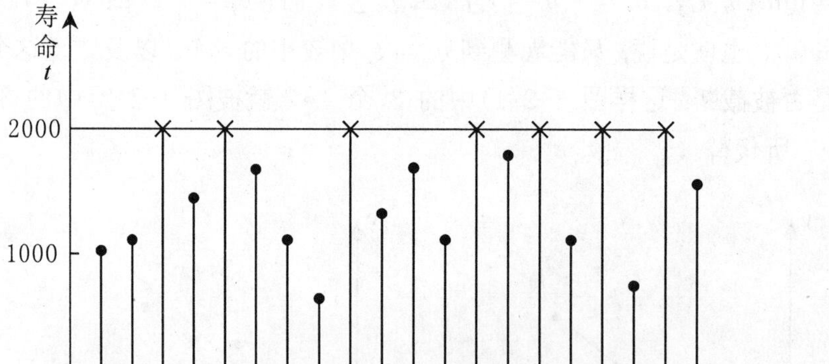

图 1-3　定时截断

现在要问: 改进工艺后, 电子元件厂的元件平均寿命 μ 是多少呢? 如果抛弃那些截断数据, 寿命平均值的估计显然会偏小, 同时白白花费了经费. 那么, 又如何来利用这些数据呢? 从假设检验的角度来看, 我们要问:

$$H_0: \mu = 1500 \quad \text{vs.} \quad H_1: \mu < 1500$$

是否成立？

有时，我们取消2000小时这个界线，而事先确定一个小于20的正整数 n，比如 $n=7$，然后开始试验，直至发生 7 个元件损坏而停止试验. 这种截断方式称为**第二类截断**(Type II Censoring)或**定数截断**.

例 1.4　某农业研究所为了比较 4 种不同的土质 $A_i\ (i=1,2,3,4)$ 对某农作物产量的影响而进行方差分析. 对每一种土质 A_i 在 4 个不同的地区 $F_j\ (j=1,2,3,4)$ 各选择一块土地进行试验，通过比较产量 x_{ij} 来确定这种影响. 当农作物尚未成熟时，就做了产量估计，如表 1-1(a) 所示.

可是正当农作物成熟时，由于受到冰雹的突然袭击，x_{13} 的实际数值将为 82；由于受到虫害的严重影响，x_{33} 的实际数值将为 91；其余与估计值符合得很好，如表 1-1(b) 所示.

现在要问：怎样根据表 1-1(b) 做方差分析呢？表 1-1(a) 的参考价值如何呢？

表 1-1　　**农作物产量预估值和实际值**

土质种类	(a) 收获量 (x_{ij})	土质种类	(b) 收获量 (x_{ij})
A_1	190 190 190 160	A_1	201 189 82* 158
A_2	160 160 150 130	A_2	151 162 148 123
A_3	170 160 180 170	A_3	165 155 91* 169
A_4	190 170 170 180	A_4	187 179 171 175

例 1.5　某化妆品公司为了推销一种新产品，进行了“顾客爱好实验”，以了解这一新产品受欢迎的程度. 随机地向1000名顾客发了“您喜不喜欢它”的问答题，征求顾客的意见. 最后收到 800 封回信，其中 650 封表示喜欢，150 封表示不喜欢. 现在要问：是否有 $\dfrac{650}{800}$ 的顾客会喜欢这种新产品呢？

事实上，这一信息只是从收到的 800 封信中得到的，而发出的 1000 封信中有 200 封没有被人理睬. 广义地说这也是一种截断方式，只是难以处理. 如果对这 200 位“没有回应”的顾客作进一步调查，可能会发现：有些人对此化妆品根本就没有兴趣，不屑一顾；有些人因为工作繁忙而无暇顾及；有些人则认为化妆品公司要求顾客义务回信的方式不对，应该有所报酬等.

从上面的例子看，处理截断数据的问题在实际中经常会遇到，其中一些例子现在还没有令人满意的解法. 从截断的方式来讲，目前统计上比较好处理的也只是第一类截断、第二类截断和随机截断三种. 前两种来自于工程技术方面. 例如工程师要对某元件做寿命试验. 事先随机抽取 n 件此种元件，同时对这 n 件元件进行毁坏性试验，但不希望无休无止地等待下去直至所有受试样品全部毁坏. 因为其中可能有个别元件寿命特别长，这将花费太多的人力、 物力，所以需要事先确定一个界线或者毁坏比率，以便及时结束试验. 随机截断最初来自于生物学试验，截断随机变量与被截断随机变量之间的独立性仅是一种假定，有时并不成立，只是数学上容易处理. 比如，例 1.1 中如果病人是由于药物本身的作用使他们离开治疗，应该看做两者之间是不独立的. 另外，从时间的延伸来看，这个问题又是右截断. 因为至此，病人都还活着，也就是说知道他们的寿命大于某个数. 实际中，还可能遇到另一种截断，我们虽然不知道个体的确切寿命，但知道它小于某个数. 这种截断又称为左截断.

总之，由于截断的引进，统计的内容与方法更加丰富起来. 近年来，生存分析获得了很大的进展. 如 Kaplan-Meier 估计、Cox 模型、Aalen 模型在理论与应用上都取得了大量成果. 本著作将把随机截断数据与用途非常广泛的广义线性模型结合起来进行讨论，其结果是著作者和其他同仁近几年的研究成果，为有兴趣的读者抛砖引玉.

第2章 不完全信息和随机截尾的广义线性模型

本章主要根据实际问题介绍广义线性模型的建模，以及如何将它与不完全信息和随机截断数据结合起来建立模型，而对于模型进行统计推断的问题将在下一章进行研究.

所谓建模，无非是对问题的统计总体的概率性质的一种刻画或规定. 这种规定可以很细，如给出分布的具体形式；也可以很粗，如规定其均值或均值与方差的形式. 本章将按第一种规定来考虑，第6章将按第二种规定来考虑.

2.1 广义线性模型介绍

形式上，广义线性模型(Generalized Linear Model)是常见的正态线性模型的直接推广. 它既可适用于连续数据[52]，又可适用于离散数据[1],[65],[2],[61],[93]. 特别是后者，如属性数据、计数数据. 这在实用上，尤其是生物、医学和经济、社会数据[37],[39],[40]的统计分析上，有重要的意义.

广义线性模型的个别特例起源很早. Fisher在1919年使用过它，最重要的 logistic 模型[73]在20世纪四五十年代曾由 Berkson, Dyke 和 Partterson等人使用过. 1972年Nelder和Wedderburn[54]在一篇论文中引进广义线性模型一词. 自那前后研究工作逐渐增加，研究论文数以千计. 目前，这个方面的研究仍十分活跃.

2.1.1 一维广义线性模型

首先考虑通常的线性模型(Ordinary Linear Regression Model). 设有因变量 $Y \in \mathbb{R}$, 自变量 $\boldsymbol{x} \in \mathbb{R}^p$, 具有以下关系:

(1) $\mathbb{E}Y = \mu = Z^{\mathrm{T}}(\boldsymbol{x}) \cdot \boldsymbol{\beta}$, 其中 $Z(\boldsymbol{x})$ 可以是 $\boldsymbol{x}$ 的函数或向量值函数视 $\boldsymbol{\beta}$ 而定. 简记 $Z(\boldsymbol{x})$ 为 $\boldsymbol{z}$, $Z^{\mathrm{T}}(\boldsymbol{x})$ 表示 $Z(\boldsymbol{x})$ 的转置.

注 线性模型指的是关于 $\boldsymbol{\beta}$ 的线性性.

(2) $\boldsymbol{x}, Z(\boldsymbol{x}), Y$ 都是取连续值的变量. 例如学生的考试成绩、人体身高、农作物产量等.

(3) Y 的分布为正态分布或近似正态分布.

广义线性模型是将通常的线性模型对应地做以下几个方面的推广:

(1) $\mathbb{E}Y = \mu = h(Z^{\mathrm{T}}(\boldsymbol{x}) \cdot \boldsymbol{\beta})$, 其中 $h(\cdot)$ 已知, 为一严格单调充分光滑的函数, $g(\cdot) = h^{-1}(\cdot)$ (h 的反函数)为 **联系函数** (Link Function):

$$g(\mu) = \boldsymbol{z}^{\mathrm{T}}\boldsymbol{\beta}.$$

注 $\mathbb{E}Y$ 不一定等于 $\boldsymbol{z}^{\mathrm{T}}\boldsymbol{\beta}$, 可能是 $\boldsymbol{z}^{\mathrm{T}}\boldsymbol{\beta}$ 的函数. 数理统计中有时称 $y = Z^{\mathrm{T}}(\boldsymbol{x}) \cdot \boldsymbol{\beta}$ 为**估计方程**.

(2) $\boldsymbol{x}, Z(\boldsymbol{x}), Y$ 可取连续值也可取离散值, 在应用中更多见的是取离散值. 例如产品等级、病情的好坏、交通方式等.

(3) Y 的分布属于指数型分布, 正态是其一特例. 此处考虑的是一维指数型, 其形式为

$$C(y)\exp\{\theta y - b(\theta)\}\mathrm{d}\mu(y),$$

其中, $\theta \in \Theta$ (参数空间), θ 称为**自然参数**; $b(\theta)$ 为 θ 的已知函数. 这里, $\mu(\cdot)$ 为一测度(不是随机变量的均值), 有如下两种形式:

① 当 y 为连续变量时, $\mu(y)$ 为 Lebesgue 测度: $\mathrm{d}\mu(y) = \mathrm{d}y$;

② 当 y 为离散变量时, y 取有限个值 $a_1, a_2, \cdots, a_n$ 或可列个值 $a_1, a_2, \cdots$, 则有 $\mu(\{a_i\}) = 1$, $i = 1, 2, \cdots, n$ 或者 $i = 1, 2, \cdots$.

从而有

$$\int_c^d C(y)\exp\{\theta y - b(\theta)\}\mathrm{d}\mu(y) = 1, \tag{2.1.1}$$

其中，$[c,d]$（或 (c,d)，$[c,d)$，$(c,d]$）为 y 的取值区间，其取值区间也可为 $(-\infty,\infty)$，$(-\infty,0)$，$(0,\infty)$；或

$$\sum_i C(a_i)\exp\left\{\theta a_i - b(\theta)\right\} = 1, \tag{2. 1. 2}$$

其中，$C(a_i)\exp\left\{\theta a_i - b(\theta)\right\}$ 为 y 取 a_i 的概率.

由(2. 1. 1)或者(2. 1. 2)知，$\dot{b}(\theta) = \mathbb{E}Y \equiv u$，这里 $\dot{b}(\cdot)$ 为 $b(\cdot)$ 的一阶导数，即 $\theta = \dot{b}^{-1}\big(h(Z(\boldsymbol{x})^{\mathrm{T}}\boldsymbol{\beta})\big)$，从而得到广义线性模型如下：

$$C(y)\exp\left\{\dot{b}^{-1}(h(Z(\boldsymbol{x})^{\mathrm{T}}\boldsymbol{\beta}))y - b\big(\dot{b}^{-1}(h(Z(\boldsymbol{x})^{\mathrm{T}}\boldsymbol{\beta}))\big)\right\}\mathrm{d}\mu(y).$$

下面通过几个例子来看看广义线性模型的应用.

例 2. 1　在医学上，为了研究一些因素(自变量)对“剖腹产后是否有感染”的影响，需要建立统计模型进行分析. 设因变量为 Y，自变量为 $\boldsymbol{x} = (x_1, x_2, x_3)^{\mathrm{T}}$，其取值如下：

$$Y = \begin{cases} 1, & \text{有感染}, \\ 0, & \text{无感染}, \end{cases}$$

$$x_1 = \begin{cases} 1, & \text{剖腹前未计划}, \\ 0, & \text{剖腹前有计划}, \end{cases}$$

$$x_2 = \begin{cases} 1, & \text{服用抗生素}, \\ 0, & \text{未服用抗生素}, \end{cases}$$

$$x_3 = \begin{cases} 1, & \text{有危险因子(如高血压、糖尿病等)}, \\ 0, & \text{无}. \end{cases}$$

记 $\pi = \mathbb{P}\{Y=1\}$. 则有

$$\mathbb{P}\{Y=y\} = \pi^y(1-\pi)^{1-y} = (1-\pi)\exp\left\{y\log\frac{\pi}{1-\pi}\right\}. \tag{2. 1. 3}$$

令 $\theta = \log\dfrac{\pi}{1-\pi}$，则 $1-\pi = \dfrac{1}{1+\mathrm{e}^{\theta}}$，而(2. 1. 3)可写为

$$\mathbb{P}\{Y=y\} = \exp\left\{y\theta - \log(1+\mathrm{e}^{\theta})\right\}, \quad -\infty < \theta < \infty. \tag{2. 1. 4}$$

根据 (2. 1. 2) 知，$b(\theta) = \log(1+\mathrm{e}^{\theta})$，$\mathbb{E}Y = \dfrac{\mathrm{e}^{\theta}}{1+\mathrm{e}^{\theta}}$. 若令 $Z(\boldsymbol{x}) = \boldsymbol{x}$，

$\mathbb{E}Y = h(\boldsymbol{x}^{\mathrm{T}}\beta)$，则 $\theta = \log \dfrac{h(\boldsymbol{x}^{\mathrm{T}}\beta)}{1 - h(\boldsymbol{x}^{\mathrm{T}}\beta)}$ 为联系函数.

如果观测了 n 位产妇，第 i 位的观测值记为 y_i，$\boldsymbol{x}$ 的观测值记为 $\boldsymbol{x}_i = (1, x_{i1}, x_{i2}, x_{i3})^{\mathrm{T}}$，$\pi$ 和 θ 的值分别记为 π_i 和 θ_i，$i = 1, 2, \cdots, n$. 代入(2. 1. 4)，得到 $(y_1, y_2, \cdots, y_n)$ 的联合概率函数为

$$\exp\left\{\sum_{i=1}^{n} y_i \log \frac{h(\boldsymbol{x}_i^{\mathrm{T}}\beta)}{1 - h(\boldsymbol{x}_i^{\mathrm{T}}\beta)} + \sum_{i=1}^{n} \log\left(1 - h(\boldsymbol{x}_i^{\mathrm{T}}\beta)\right)\right\}. \quad (2.1.5)$$

(2. 1. 5)就是例 2. 1 所建立的统计模型，然后据此模型可进行各种统计推断.

例 2. 2 在医学上，为了研究两种化学物质 TNF 与IFN 对引发细胞癌变的影响，需要建立统计模型进行分析. 设自变量为 $\boldsymbol{x} = (x_1, x_2)^{\mathrm{T}}$，因变量为 Y，其取值分别为

$$x_1 = \text{TNF 的剂量}\,(0, 1, 2, \cdots),$$
$$x_2 = \text{IFN 的剂量}\,(0, 1, 2, \cdots),$$
$$Y = \text{观测到的细胞变异数}\,(0, 1, 2, \cdots).$$

因为 Y 取非负整数，所以决定取 Poisson 分布作为 Y 的分布：

$$\mathbb{P}\{Y = y\} = \frac{1}{y!}\mathrm{e}^{-\lambda}\lambda^{y} = \frac{1}{y!}\exp\{y\log\lambda - \lambda\}, \quad \lambda > 0. \quad (2.1.6)$$

令 $\theta = \log\lambda$，则(2. 1. 6)为

$$\mathbb{P}\{Y = y\} = \frac{1}{y!}\exp\{\theta y - \mathrm{e}^{\theta}\}, \quad -\infty < \theta < \infty. \quad (2.1.7)$$

由于 $\mathbb{E}Y = \lambda = h(\boldsymbol{x}^{\mathrm{T}}\beta)$，故引进联系函数 $g(\lambda) = \boldsymbol{x}^{\mathrm{T}}\beta$ 或 $\theta = \log h(\boldsymbol{x}^{\mathrm{T}}\beta)$，其中 $g = h^{-1}$. 假设做了 n 次观察，Y 和 $\boldsymbol{x}$ 对应的第 i 次观察值记为 y_i 和 $\boldsymbol{x}_i$，而 λ 和 θ 的值分别记为 λ_i 和 θ_i，代入(2. 1. 7)，得到 $(y_1, y_2, \cdots, y_n)$ 的联合概率函数为

$$(y_1! y_2! \cdots y_n!)^{-1} \exp\left\{\sum_{i=1}^{n} y_i \log h(\boldsymbol{x}_i^{\mathrm{T}}\beta) - \sum_{i=1}^{n} \log h(\boldsymbol{x}_i^{\mathrm{T}}\beta)\right\}. \quad (2.1.8)$$

(2. 1. 8)就是例2. 2所需要的统计模型，然后据此模型可以进行各种统计推断.

例 2.3　设 Y 是某种极值(水文、地震、材料断裂强度之类). 一般采用 Gamma (或 Γ) 分布来描述 Y, 则有密度函数为

$$f(y|\mu,\nu)=\frac{1}{\Gamma(\nu)}\left(\frac{\nu}{\mu}\right)^{\nu}y^{\nu-1}\exp\left\{-\frac{\nu}{\mu}y\right\}I(y>0),\quad \mu>0,\ \nu>0,\tag{2.1.9}$$

其中 $\Gamma(s)=\int_0^{\infty}\mathrm{e}^{x}x^{s-1}\mathrm{d}x.$

由(2.1.9)知

$$\mathbb{E}Y=\mu,\quad \mathbb{V}\mathrm{ar}(Y)=\frac{\mu^2}{\nu}.\tag{2.1.10}$$

这里关心的参数为 μ, 而将 ν 看做冗余参数. 在讨论中, 冗余参数(如此处的 ν) 看做已知. 当它确实未知时, 可以用样本进行估计, 估计值代入后冗余参数视为已知. 令 $\theta=-\dfrac{\nu}{\mu}$, 则(2.1.9)可以写为

$$f(y|\mu,\nu)=\frac{1}{\Gamma(\nu)}y^{\nu-1}\exp\Big\{\theta y-(-\nu\log(-\theta))\Big\}I(y>0),\quad -\infty<\theta<0.\tag{2.1.11}$$

设 $\boldsymbol{x}=(x_1,x_2,\cdots,x_p)^{\mathrm{T}}$ 为影响 y 的自变量, $\boldsymbol{z}=Z(\boldsymbol{x})$. 联系函数 g, 使得 $g(\mu)=\boldsymbol{z}^{\mathrm{T}}\boldsymbol{\beta}$, 即 $\mu=g^{-1}(\boldsymbol{z}^{\mathrm{T}}\boldsymbol{\beta})\equiv h(\boldsymbol{z}^{\mathrm{T}}\boldsymbol{\beta})$, 知

$$\theta=-\frac{\nu}{h(\boldsymbol{z}^{\mathrm{T}}\boldsymbol{\beta})}.$$

如果进行了 n 次试验, 得到观测值分别记为 y_i, $\boldsymbol{z}_i=Z_i(\boldsymbol{x}_i)$, 以及 $\theta_i=-\dfrac{\nu}{h(\boldsymbol{z}_i^{\mathrm{T}}\boldsymbol{\beta})}$, 则 $(y_1,y_2,\cdots,y_n)$ 的联合密度函数为

$$\prod_{i=1}^{n}\frac{1}{\Gamma(\nu)}y_i^{\nu-1}\exp\left\{-\sum_{i=1}^{n}\frac{\nu}{h(\boldsymbol{z}_i^{\mathrm{T}}\boldsymbol{\beta})}y_i+\sum_{i=1}^{n}\nu\log\frac{\nu}{h(\boldsymbol{z}_i^{\mathrm{T}}\boldsymbol{\beta})}\right\}.\tag{2.1.12}$$

(2.1.12)就是例 2.3 所需要的统计模型, 然后据此模型可进行各种统计推断.

注　此处 μ 相应于 y_i 是可变的, 但冗余参数 ν 相应于 y_i 是不变的.

2.1.2 多维广义线性模型

设目标变量(响应变量) $\boldsymbol{y} \in$ Borel 集 $\mathbb{A} \subseteq \mathbb{R}^q$, 且记 $\boldsymbol{y} = (y_1, y_2, \cdots, y_q)^{\mathrm{T}}$. 应用上 $\mathbb{A}$ 有两种情形:

(1) 离散情形: $\mathbb{A}$ 为有限集或可列集. 例如 $\mathbb{A} = \{\boldsymbol{a}_1, \boldsymbol{a}_2, \cdots, \boldsymbol{a}_q\}$, 其中 $\boldsymbol{a}_1 = (1, 0, \cdots, 0)^{\mathrm{T}}$, $\boldsymbol{a}_j = (0, \cdots, 1, \cdots, 0)^{\mathrm{T}}$, $j = 1, 2, \cdots, q$.

(2) 连续情形: $\mathbb{A}$ 为 $\mathbb{R}^q$ 中的区域, 即形如

$$\mathbb{A} = \{(t_1, t_2, \cdots, t_q):\ a_j < t_j < b_j,\ j = 1, 2, \cdots, q\}$$

之集. 而且不等号也可以为等号, 开区间也可以为半闭半开区间或闭区间等.

多元广义线性模型的第一个要素是 $\boldsymbol{y}$ 的分布为指数型分布:

$$C(\boldsymbol{y}) \exp\left\{\boldsymbol{\theta}^{\mathrm{T}} \boldsymbol{y} - b(\boldsymbol{\theta})\right\} \mathrm{d}\mu(\boldsymbol{y}), \quad \boldsymbol{\theta} \in \Theta, \tag{2.1.13}$$

$\boldsymbol{\theta} = (\theta_1, \theta_2, \cdots, \theta_q)^{\mathrm{T}}$ 为 q 维参数向量.

多元广义线性模型的第二个要素是联系函数. 设自变量 $\boldsymbol{x}$ 为向量, 它影响目标变量 $\boldsymbol{y}$ 的取值. 由 $\boldsymbol{x}$ 产生 $q \times p$ 矩阵 $\boldsymbol{Z} = Z(\boldsymbol{x})$. 例如在 $\boldsymbol{x}$ 的多项式回归中, $\boldsymbol{Z}$ 包含 $\boldsymbol{x}$ 的各个分量的一些幂次以及交叉乘积项等, 而 $\boldsymbol{\beta}$ 为 p 维未知参数. 定义集合

$$\mathbb{F} = \left\{\mu:\ \mu = \int_{\mathbb{A}} \boldsymbol{y} C(\boldsymbol{y}) \exp\left\{\boldsymbol{\theta}^{\mathrm{T}} \boldsymbol{y} - b(\boldsymbol{\theta})\right\} \mathrm{d}\mu(\boldsymbol{y}),\ \boldsymbol{\theta} \in \Theta\right\}, \tag{2.1.14}$$

即 $\boldsymbol{y}$ 的一切期望之集. 联系函数 g 是一个定义于 $\mathbb{F}$ 上且取值于 $\mathbb{R}^q$ 的充分光滑的函数, 满足条件:

$$\mu_1 \neq \mu_2 \Rightarrow g(\mu_1) \neq g(\mu_2), \tag{2.1.15}$$

$$g(\mu) = \boldsymbol{Z}\boldsymbol{\beta}. \tag{2.1.16}$$

(2.1.15) 保证了 g 的反函数存在. 由马尔库夫什维奇《解析函数论》第 1 章可知: 若 Θ 为 $\mathbb{R}^q$ 之开集, 则定义于 $g(\mathbb{B})$ 上的 g 的反函数 h 也是同阶光滑的. 从而由 (2.1.16) 有

$$\mu = h(\boldsymbol{Z}\boldsymbol{\beta}). \tag{2.1.17}$$

由 (2.1.13) 知, $\dot{b}(\boldsymbol{\theta}) = \mu$, 这里 $\dot{b}(\cdot)$ 为 $b(\cdot)$ 的一阶偏导数, 从而有

$\boldsymbol{\theta}=\dot{b}^{-1}(h(\boldsymbol{Z\beta}))$，得到模型如下：

$$C(\boldsymbol{y})\exp\left\{\dot{b}^{-1}(h(\boldsymbol{Z\beta}))^{\mathrm{T}}\boldsymbol{y}-b(\dot{b}^{-1}(h(\boldsymbol{Z\beta})))\right\}\mathrm{d}\mu(\boldsymbol{y}),\quad \boldsymbol{\beta}\in\mathbb{B}\subseteq\mathbb{R}^{p}.$$

下面举例说明如何建立多维广义线性模型.

例 2.4　假设交通部门要研究人们在假期是否出行以及采用何种交通工具受哪些因素(如经济状况；对安全的重视，即节省旅途时间的重视；性别；担负的工作性质；等等)的影响. 目标变量 $\boldsymbol{y}$ 有 4 个状态：

1. 不出行；2. 坐火车；3. 坐汽车；4. 坐飞机.

设 $\boldsymbol{y}$ 表示出行的状态. 则其概率分布如表 2-1 所示，即 $\pi_0=\mathbb{P}\{\boldsymbol{y}=(0,0,0)^{\mathrm{T}}\}$，$\pi_1=\mathbb{P}\{\boldsymbol{y}=(1,0,0)^{\mathrm{T}}\}$，$\pi_2=\mathbb{P}\{\boldsymbol{y}=(0,1,0)^{\mathrm{T}}\}$，$\pi_3=\mathbb{P}\{\boldsymbol{y}=(0,0,1)^{\mathrm{T}}\}$，且 $\pi_0+\pi_1+\pi_2+\pi_3=1$. 于是

$$\mathbb{P}\{\boldsymbol{y}=(y_1,y_2,y_3)^{\mathrm{T}}\}=\pi_0^{1-\sum_{j=1}^{3}y_j}\prod_{j=1}^{3}\pi_j^{y_j},\tag{2.1.18}$$

其中，$y_j=0$ 或者 1，且 $0\leq y_1+y_2+y_3\leq 1$.

表 2-1　　**出行状态概率分布表**

变量 $\boldsymbol{y}$	状态	概率
$(0,0,0)^{\mathrm{T}}$	不出行	π_0
$(1,0,0)^{\mathrm{T}}$	坐火车	π_1
$(0,1,0)^{\mathrm{T}}$	坐汽车	π_2
$(0,0,1)^{\mathrm{T}}$	坐飞机	π_3

一般来讲，经济状况不好者偏好状态 1，其次是状态 2、状态 3，不利于状态 4. 重视安全因素者偏好状态 1、状态 2，而不利于状态 3、状态 4，等等. 这表明对不同的状态要设置不同的参数，而不可用一个统一的参数. 设由自变量 $\boldsymbol{x}$ 构造出有关的 r 维向量 $l(\boldsymbol{x})$，并引入常数项. 则"$\boldsymbol{x}$ 对 $\boldsymbol{y}$ 取状态 j 的影响"应该通过 $\beta_{0j}+l^{\mathrm{T}}(\boldsymbol{x})\boldsymbol{\beta}_j$ $(j=1,2,3,4)$ 去表达，其中 $\boldsymbol{\beta}_j$ 是 r 维列向量. $\beta_{0j},\boldsymbol{\beta}_j$ 依赖于 j，体现出 $\boldsymbol{x}$ 对 $\boldsymbol{y}$ 的各个状态影响不一. 又由于 4 个状态有依赖关系，故令

$$Z(\boldsymbol{x})=\begin{pmatrix}(1,l^{\mathrm{T}}(\boldsymbol{x})) & 0 & 0\\ 0 & (1,l^{\mathrm{T}}(\boldsymbol{x})) & 0\\ 0 & 0 & (1,l^{\mathrm{T}}(\boldsymbol{x}))\end{pmatrix}, \tag{2.1.19}$$

$$\boldsymbol{\beta}=(1,\boldsymbol{\beta}_1^{\mathrm{T}},1,\boldsymbol{\beta}_2^{\mathrm{T}},1,\boldsymbol{\beta}_3^{\mathrm{T}})^{\mathrm{T}}, \tag{2.1.20}$$

$Z(\boldsymbol{x})$ 为 $3\times 3(r+1)$ 矩阵，$\boldsymbol{\beta}$ 为 $3(r+1)$ 维向量.

记 $\widetilde{\theta}_j=\dfrac{\pi_j}{\pi_0}$, $j=1,2,3$. 则

$$\pi_j=\frac{\widetilde{\theta}_j}{1+\widetilde{\theta}_1+\widetilde{\theta}_2+\widetilde{\theta}_3},\ j=1,2,3,\ \ \pi_0=\frac{1}{1+\widetilde{\theta}_1+\widetilde{\theta}_2+\widetilde{\theta}_3}.$$

再令

$$\boldsymbol{\theta}=(\log\widetilde{\theta}_1,\log\widetilde{\theta}_2,\log\widetilde{\theta}_3)^{\mathrm{T}}=\left(\log\frac{\pi_1}{\pi_0},\log\frac{\pi_2}{\pi_0},\log\frac{\pi_3}{\pi_0}\right)^{\mathrm{T}}.$$

根据 $\pi_0=1-\pi_1-\pi_2-\pi_3$，(2. 1. 18) 为

$$\exp\{\boldsymbol{\theta}^{\mathrm{T}}\boldsymbol{y}-b(\boldsymbol{\theta})\},$$

其中 $\boldsymbol{y}$ 的取值为 $(y_1,y_2,y_3)^{\mathrm{T}}$，$b(\boldsymbol{\theta})=\log(1+\widetilde{\theta}_1+\widetilde{\theta}_2+\widetilde{\theta}_3)$. 记

$$\boldsymbol{\mu}=\mathbb{E}\boldsymbol{y}=(\mu_1,\mu_2,\mu_3)^{\mathrm{T}}=(\pi_1,\pi_2,\pi_3)^{\mathrm{T}},$$

联系函数 $g(\boldsymbol{\mu})=(g_1(\boldsymbol{\mu}),g_2(\boldsymbol{\mu}),g_3(\boldsymbol{\mu}))^{\mathrm{T}}=Z(\boldsymbol{x})\boldsymbol{\beta}$. 如果令

$$g_j(\boldsymbol{\mu})=\log\frac{\pi_j}{\pi_0},\quad j=1,2,3,$$

则有 $\boldsymbol{\theta}=Z(\boldsymbol{x})\boldsymbol{\beta}$，此处 g 称为**自然联系函数**.

设有了 n 个样品 $(\boldsymbol{y}_i,\boldsymbol{x}_i)$，$i=1,2,\cdots,n$，且 $\boldsymbol{y}_i=(y_{i1},y_{i2},y_{i3})^{\mathrm{T}}$，对应的参向量 $\boldsymbol{\theta}_i=Z(\boldsymbol{x}_i)\boldsymbol{\beta}$. 于是得到 $(\boldsymbol{y}_1,\boldsymbol{y}_2,\cdots,\boldsymbol{y}_n)^{\mathrm{T}}$ 的联合概率函数为

$$\prod_{i=1}^{n}C(\boldsymbol{y}_i)\exp\left\{\sum_{i=1}^{n}\boldsymbol{y}_i^{\mathrm{T}}Z(\boldsymbol{x}_i)\boldsymbol{\beta}-\sum_{i=1}^{n}b\big(Z(\boldsymbol{x}_i)\boldsymbol{\beta}\big)\right\}. \tag{2.1.21}$$

由 (2. 1. 21) 出发，就可以对 $\boldsymbol{\beta}$ 进行估计和检验等方面的统计推断.

广义线性模型的应用例子可以举出很多，有兴趣者可以参考本书后面所列文献.

2.2　不完全信息和随机截尾的广义线性模型

Elperin 和 Gertsbakb[25] 于 1988 年在指数分布情形下对带有不完全信息的随机截尾模型参数的极大似然估计进行了讨论，并得到了极大似然估计的相合性以及渐近正态性的结果. 这篇文章开创了将随机截尾与不完全信息相结合的先河，接着有很多学者也开始这方面的研究. 宋毅军和李朴喜[66] 于 2003 年研究了带有不完全信息随机截尾模型的极大似然估计的相合性和渐近正态性. 朱强和高付清[96] 于 2008 年研究了带有不完全信息随机截尾模型的极大似然估计的重对数律和中偏差.

在实际生活和科学实验中，广义线性模型、随机截尾数据以及不完全信息相结合的例子非常多. 例如，元件的寿命与电压的波动、环境温度、空气的湿度等因素的关系就遵从广义线性模型的规律. 为了探讨这个规律，我们用某种仪器监测被测试元件的失效状态. 在试验过程中，受试元件如果失效，则以概率 p $(0 \le p \le 1)$ 被仪器立即显示出来，以概率 $1-p$ 没有被仪器立即显示出来，而直到试验被中止时才知道其已失效，在这种情形下真正的失效时间我们是观测不到的，这时，我们就以试验中止的时间作为元件的寿命. 这就是不完全信息的情形. 如果试验结束时还没有失效的元件，其真正的失效时间我们也是观测不到的，这时，我们也以试验中止的时间作为元件寿命. 这就是随机截尾情形. 具体表述为：设 τ_i 表示第 i 个受试元件的失效时间，η_i 表示对受试元件随机中止试验的时间，$i=1,2,\cdots,n$，且假设 $\{\tau_i\}$ 与 $\{\eta_i\}$ 相互独立. 如果第 i 个受试元件在试验中止时还未显示失效，我们就以 η_i 作为元件的寿命；如果在中止试验时间 η_i 之前元件失效，且受试元件的失效状态被立即显示出来，则其失效时间 τ_i 就可以被观测到，且将这种能够被观测到的情形的概率记为 p；虽然受试元件已经失效，但失效状态没有被立即显示，直至试验中止时才发现已失效，也以试验中止时的时间 η_i 作为元件的寿命. 这就是带有不完全信息随机截尾的广义线性模型的一个例子.

又例如，对某种病人进行某种方案的治疗后，其生存寿命与对其影响的相关因素(例如：性别，职业，气候，运动量等) 就遵从广义线性模型的规律. 在对这个问题进行研究时，其数据又会出现下列情形，具体表述如下：设 Y_i 表示第 i 个病人治疗后的生存寿命，$i=1,2,\cdots,n$，治疗后对病人进行回访. 又设对第 i 个 病人回访时间为 U_i，$\{Y_i\}$ 与 $\{U_i\}$ 相互独立. 如果 $Y_i > U_i$，治疗者以后不再作回访，就认为病人生存寿命为 U_i. 这就是随机截尾情形. 经过治疗后死亡的病人分为两种情况：一种情况是病人的死亡时间被准确记录下来，另一种情况是由于某种原因其死亡的具体时间没有被记录下来，直到回访时才知道他已经死亡，因而其真正的生存寿命 Y_i 也是观测不到的，对于这种不完全信息的情形，治疗者也认为 $Y_i = U_i$. 在实际中，设病人的具体死亡时间以概率 $1-p\ (0 \le p \le 1)$ 没有被记录下来. 这就是带有不完全信息随机截尾的广义线性模型的另一个例子.

对于通常的具有不完全信息的随机截尾数据，当 $p=0$ 时，Nelson[55] 于 1982 年进行了讨论，得到了参数估计的渐近正态性以及相合性的结果. 当 $p=1$ 时，就是通常的随机截尾模型，Lawless[44] 于 1982 年得到了参数估计的渐近正态性以及相合性的结果；陈家鼎[20] 于 1977 年讨论了定时截尾情形下的最大似然估计，陈家鼎[19] 于 1988 年讨论了随机截尾情形下的最大似然估计，得到了若干极限定理.

对于通常的具有不完全信息的随机截尾数据，当 $0 < p < 1$ 时，不仅 Elperin 和 Gertsbakb[25] 于 1988 年在指数分布情形下对模型参数的极大似然估计进行了讨论，并得到了极大似然估计的渐近正态性以及相合性的结果，而且陈怡南和叶尔骅[21] 于 1996 年讨论了带有不完全信息的随机试验下 Weibull 分布参数的极大似然估计，杨纪龙和叶尔骅[87] 于 2000 年得到了此模型参数的极大似然估计的渐近正态性和强相合性的结论，宋毅军和李补喜[66] 于 2003 年得到了带有不完全信息随机截尾试验下最大似然估计的渐近正态性和强相合性的结论.

Ritov[62] 于 1990 年讨论了带有删失数据的线性回归模型，得到了未知参数的极大似然估计的相合性与渐进正态性的结果. 王启华和郑忠国[74] 于 1997 年讨论了随机删失半参数回归模型中估计的渐近性质；

Sundarraman 和 Subramania[68] 于 2002 年在缺失信息条件下，讨论了半参数回归模型中估计的渐近正态性以及相合性的结果.

通过历史的回顾，我们可以看到，将带有不完全信息的随机截尾数据与应用性广泛的线性回归模型、半参数回归模型相结合进行研究取得了很多成果. 在本著作中，我们将带有不完全信息的随机截尾数据与应用性更加广泛的广义线性模型结合起来进行研究，得到并证明了不完全信息的随机截尾的广义线性模型的参数的极大似然估计的相合性、渐近正态性和重对数律，这些结果也可以在文献 [81], [82] 中找到.

假设响应变量是 Y_i，回归变量为 $\boldsymbol{x}_i$，这里 Y_i 是一维的，而 $\boldsymbol{x}_i \in \mathbb{X} \subset \mathbb{R}^q$ 是列向量，$i = 1, 2, \cdots, n$. 它们满足下面的要求:

(1) 回归方程为

$$u_i \equiv \mathbb{E}Y_i = m(\boldsymbol{x}_i^{\mathrm{T}}\boldsymbol{\beta}), \quad i = 1, 2, \cdots, n, \tag{2.2.1}$$

这里 $m(\cdot)$ 是一个严格单调上升的已知函数且充分光滑，$\boldsymbol{x}_i^{\mathrm{T}}$ 表示 $\boldsymbol{x}_i$ 的转置，q 维未知参数 $\boldsymbol{\beta} \in \mathbb{B}$，$\mathbb{B}(\subseteq \mathbb{R}^q)$ 是非空开凸集. 令 $g = m^{-1}$ (m 的逆映射)，g 被称为**联系函数**. 也就是，$g(u_i) = \boldsymbol{x}_i^{\mathrm{T}}\boldsymbol{\beta}$.

(2) Y_i 的分布属于指数族，即

$$\mathbb{P}\{Y_i \in \mathrm{d}y\} = C(y)\exp\{\theta_i y - b(\theta_i)\}\mu(\mathrm{d}y), \quad i = 1, 2, \cdots, n, \tag{2.2.2}$$

这里未知参数 $\theta_i \in \Theta$ $(i = 1, 2, \cdots, n)$,

$$\Theta \equiv \left\{\theta:\ 0 < \int C(y)\exp\{\theta y\}\mu(\mathrm{d}y) < \infty\right\}$$

是自然参数空间(以 Θ_0 表示 Θ 的内点集).

$b(\cdot)$ 是一个已知函数，μ 是 σ-有限测度，具有下面两种形式之一:

① μ 是 $(-\infty, \infty)$ 上的 Lebesgue 测度，即 $\mu(\mathrm{d}y) = \mathrm{d}y$，这对应于 Y_i 是连续型随机变量情形;

② $\mu(\{a_i\}) = 1$, $i = 1, 2, \cdots$，这对应于 Y_i 是离散型随机变量且它在 $\{a_i,\ i = 1, 2, \cdots\}$ 上取值的情形.

由指数族的性质知，$b(\cdot)$ 无穷次可微. 以 $\dot{b}(\cdot), \ddot{b}(\cdot), \dddot{b}(\cdot), \ddddot{b}(\cdot)$ 分别表示 $b(\cdot)$ 的第一阶至第四阶导数. 我们有

$$\int_{-\infty}^{\infty} C(y)\exp\{\theta y - b(\theta)\}\mathrm{d}y = 1, \quad \forall \theta \in \Theta, \text{ (连续型情形)}$$

或者

$$\sum_{i\geq 1} C(a_i)\exp\{\theta a_i - b(\theta)\} = 1, \quad \forall\theta\in\Theta. \text{（离散型情形）}$$

[18] 已经证明如下结论：

$$\mathbb{E}Y_i = \dot{b}(\theta_i),\ \mathbb{V}\mathrm{ar}(Y_i) = \ddot{b}(\theta), \quad i=1,2,\cdots,n.$$

因此，有 $\dot{b}(\theta_i) = \mathbb{E}Y_i = m(\boldsymbol{x}_i^{\mathrm{T}}\boldsymbol{\beta})$. 在本章中，我们假设 $m=\dot{b}$（$\dot{b}^{-1}$ 被称为自然联系函数）. 那么有 $\theta_i = \boldsymbol{x}_i^{\mathrm{T}}\boldsymbol{\beta}$，以及

$$\mathbb{P}\{Y_i\in \mathrm{d}y\} = C(y)\exp\left\{\boldsymbol{x}_i^{\mathrm{T}}\boldsymbol{\beta}y - b(\boldsymbol{x}_i^{\mathrm{T}}\boldsymbol{\beta})\right\}\mu(\mathrm{d}y), \quad i=1,2,\cdots,n.$$

下面，我们引进随机截尾变量序列 $U_i,\ i=1,2,\cdots,n$. 假设U_i, $i=1,2,\cdots,n$ 相互独立但不必同分布，令 $G_i(u)$ 表示 U_i 的分布函数，且 $\mathrm{d}G_i(u)=g_i(u)\mu(\mathrm{d}u)$. 进一步，假设$\{U_i\}$和$\{Y_i\}$相互独立. 再令

$$\alpha_i = I_{\{Y_i<U_i\}}, \quad i=1,2,\cdots,n. \tag{2.2.3}$$

我们现在引进下面的示性函数：

$$\delta_i = \begin{cases} 0, & \text{如果} Y_i < U_i, \text{但是 } Y_i \text{ 的实际值没有被观察到}, \\ 1, & \text{其他}, \end{cases}$$

$$i=1,2,\cdots,n. \tag{2.2.4}$$

又令

$$Z_i = \begin{cases} Y_i, & \text{如果}\alpha_i = 1, \delta_i = 1, \\ U_i, & \text{如果}\alpha_i = 1, \delta_i = 0, \quad i=1,2,\cdots,n, \\ U_i, & \text{如果}\alpha_i = 0, \end{cases} \tag{2.2.5}$$

且假设

$$\mathbb{P}\{\delta_i = 1 \mid Y_i = y,\ U_i = u\} = p, \text{ 如果 } y<u, \tag{2.2.6}$$

$$\mathbb{P}\{\delta_i = 0 \mid Y_i = y,\ U_i = u\} = 1-p, \text{ 如果 } y<u, \tag{2.2.7}$$

这里 $0\leq p\leq 1$. (2.2.6) 就是 2.2 节中第一个例子中“元件失效后以概率 p 被立即显示”和第二个例子中“病人死亡时间以概率 p 被记录下来”的数学抽象. 当 $p=1$ 时就是通常的随机截尾模型，当 $p=0$ 时意味着所有的 Y_i 的实际值都观测不到. 本问题的观测变量为 (Z_i,α_i,δ_i), $i=1,2,\cdots,n$, 它们是相互独立的. 令

$$f_i(y) \equiv f(y;\boldsymbol{x}_i^{\mathrm{T}}\boldsymbol{\beta}) = C(y)\exp\{\boldsymbol{x}_i^{\mathrm{T}}\boldsymbol{\beta}y - b(\boldsymbol{x}_i^{\mathrm{T}}\boldsymbol{\beta})\}, \tag{2.2.8}$$

$$F_i(z) \equiv F(z;\boldsymbol{x}_i^{\mathrm{T}}\boldsymbol{\beta}) = \int_{-\infty}^{z} C(y)\exp\{\boldsymbol{x}_i^{\mathrm{T}}\boldsymbol{\beta}y - b(\boldsymbol{x}_i^{\mathrm{T}}\boldsymbol{\beta})\}\mathrm{d}\mu(y), \tag{2.2.9}$$

$$\overline{F}_i(z) = 1 - F_i(z), \tag{2.2.10}$$

$$\overline{G}_i(z) = 1 - G_i(z), \quad i = 1, 2, \cdots, n.$$

在 (2.2.3)～(2.2.7) 等假设下，可以得到下面的式子：

$$\begin{aligned}
&\mathbb{P}\{Z_i < z,\ \alpha_i = 1,\ \delta_i = 1\} \\
&\quad = \mathbb{P}\{Y_i < z,\ Y_i < U_i,\ \delta_i = 1\} = \mathbb{E}\big(I_{\{Y_i<z,\ Y_i<U_i,\ \delta_i=1\}}\big) \\
&\quad = \mathbb{E}\Big(\mathbb{E}\big(I_{\{Y_i<z,\ Y_i<U_i,\ \delta_i=1\}}\big) \mid Y_i, U_i\Big) \\
&\quad = \mathbb{E}\Big(I_{\{Y_i<z\}}I_{\{Y_i<U_i\}}\mathbb{E}\big(I_{\{\delta_i=1\}} \mid Y_i, U_i\big)\Big) \\
&\quad = \int_{-\infty}^{z}\int_{y}^{\infty}\mathbb{E}(I_{\{\delta_i=1\}} \mid Y_i = y,\ U_i = u)\mathrm{d}G_i(u)\mathrm{d}F_i(y) \\
&\quad = p\int_{-\infty}^{z}\overline{G}_i(y)\mathrm{d}F_i(y) = p\int_{-\infty}^{z}\overline{G}_i(y)f_i(y)\mu(\mathrm{d}y).
\end{aligned} \tag{2.2.11}$$

类似地，有

$$\begin{aligned}
\mathbb{P}\{Z_i < z,\ \alpha_i = 1,\ \delta_i = 0\} &= (1-p)\int_{-\infty}^{z}F_i(y)\mathrm{d}G_i(y) \\
&= (1-p)\int_{-\infty}^{z}F_i(y)g_i(y)\mu(\mathrm{d}y).
\end{aligned} \tag{2.2.12}$$

$$\begin{aligned}
\mathbb{P}\{Z_i < z,\ \alpha_i = 0\} &= \int_{-\infty}^{z}\overline{F}_i(y)\mathrm{d}G_i(y) \\
&= \int_{-\infty}^{z}\overline{F}_i(y)g_i(y)\mu(\mathrm{d}y).
\end{aligned} \tag{2.2.13}$$

所以，由 (2.2.11)～(2.2.13)，可得到观测变量 $(Z_i, \alpha_i, \delta_i)$ 的分布为

$$\begin{aligned}
&\mathbb{P}\big\{Z_i \in \mathrm{d}z_i,\ \alpha_i = \alpha_i',\ \delta_i = \delta_i'\big\} \\
&\quad = \big(p\overline{G}_i(z_i)f(z_i;\boldsymbol{x}_i^{\mathrm{T}}\boldsymbol{\beta})\big)^{\alpha_i'\delta_i'}\big[(1-p)F(z_i;\boldsymbol{x}_i^{\mathrm{T}}\boldsymbol{\beta})g_i(z_i)\big]^{\alpha_i'(1-\delta_i')} \\
&\qquad \cdot \big(\overline{F}(z_i;\boldsymbol{x}_i^{\mathrm{T}}\boldsymbol{\beta})g_i(z_i)\big)^{1-\alpha_i'}\mu(\mathrm{d}z_i).
\end{aligned} \tag{2.2.14}$$

$(Z_1, \alpha_1, \delta_1), \cdots, (Z_n, \alpha_n, \delta_n)$ 的联合分布如下:

$$\prod_{i=1}^{n}\Big\{\big(p\overline{G}_i(z_i)f(z_i;\boldsymbol{x}_i^{\mathrm{T}}\boldsymbol{\beta})\big)^{\alpha_i'\delta_i'}\big[(1-p)F(z_i;\boldsymbol{x}_i^{\mathrm{T}}\boldsymbol{\beta})g_i(z_i)\big]^{\alpha_i'(1-\delta_i')} \cdot\big[\overline{F}(z_i;\boldsymbol{x}_i^{\mathrm{T}}\boldsymbol{\beta})g_i(z_i)\big]^{1-\alpha_i'}\mu(\mathrm{d}z_i)\Big\}. \tag{2.2.15}$$

这个模型被称为**带有不完全信息的随机截尾的广义线性模型**(简记为 RCGLMII).

附注 2.2.1 (1) 文献 [46] 考虑了 Y_i, $i=1,2,\cdots,n$ 独立同分布, 而截尾变量 U_i, $i=1,2,\cdots,n$ 是独立但不必同分布的情形. 我们所考虑的是 Y_i, $i=1,2,\cdots,n$ 和截尾变量 U_i, $i=1,2,\cdots,n$ 都是独立但不必同分布的情形. 因此, 本书的工作是 [46] 的推广和深化, 且解决 [46] 的问题的方法和条件不完全适合于本书所讨论的问题.

(2) 尽管文献 [5] 考虑了变量 Y_i, $i=1,2,\cdots,n$ 独立不必同分布的情形, 但是, 它要求截尾变量 U_i, $i=1,2,\cdots,n$ 是独立同分布的. 所以, 本书的工作也是文献 [5] 的推广和深化, 且用于 [5] 的方法和条件也不完全适合于本书所讨论的模型.

对应于(2.2.15)的概率测度记为 $\mathbb{P}_\beta$. 同时, 令 $\mathbb{E}_\beta(\cdot)$ 和 $\mathbb{V}\mathrm{ar}_\beta(\cdot)$ 分别表示在概率测度 $\mathbb{P}_\beta$ 下的数学期望和方差. 令 β_0 表示 β 的真值. 为了记号的简单, 再记 $\mathbb{P}\equiv\mathbb{P}_{\beta_0}$, $\mathbb{E}(\cdot)\equiv\mathbb{E}_{\beta_0}(\cdot)$ 和 $\mathbb{V}\mathrm{ar}(\cdot)\equiv\mathbb{V}\mathrm{ar}_{\beta_0}(\cdot)$.

为了记号使用的方便, 对于每章通用的记号放在下面, 以后出现时不再说明.

方阵 $\boldsymbol{A}>0$ 意指矩阵 $\boldsymbol{A}$ 为正定矩阵, 方阵 $\boldsymbol{A}>\boldsymbol{B}$ 意指 $\boldsymbol{A}-\boldsymbol{B}>0$.

$\lambda_{\min}(\boldsymbol{A})$, $\lambda_{\max}(\boldsymbol{A})$ 分别表示矩阵 $\boldsymbol{A}$ 的最小、最大特征值.

$\|\boldsymbol{a}\|$ 是向量 $\boldsymbol{a}$ 的 Euclid 范数.

$\boldsymbol{A}=(a_{ij})_{p\times q}$ 的 Euclid 范数定义为 $\|\boldsymbol{A}\|=\sqrt{\sum_{i=1}^{p}\sum_{j=1}^{q}a_{ij}^2}$.

$\boldsymbol{A}=(a_{ij})_{p\times q}$ 的最大元范数定义为 $|\boldsymbol{A}|=\max\limits_{i,j}|a_{ij}|$.

常数 C, c 在不同的地方可以取不同的值. 例如 $Ce^{cx}+\sin cx$ 中的 c 可以取不同的值.

第3章 不完全信息随机截尾广义线性模型的极大似然估计的相合性与渐近正态性

我们知道广义线性模型(GLM)在1970年早期由J. A. Nelder和R. W. Wedderburn 正式提出，其后得到广泛的应用. 到 1985 年，L. Fahrmeir 和 H. Kaufmann[26] 在响应变量遵从指数分布的情形下，给出了此类模型的未知参数向量 β 的极大似然估计(MLE) $\hat{\beta}_n$，并严格讨论了 $\hat{\beta}_n$ 的相合性与渐近正态性.

2.2 节中的例子告诉我们，在实际工作中，观测变量有时是被随机截断的，真实信息有时也不可能精确得到. 自然地，我们将这种现象引入广义线性模型中，然后对这种随机截尾并带有不完全信息的广义线性模型的未知参数向量的极大似然估计进行研究. 文献 [26] 研究了广义线性模型的回归系数的极大似然估计，文献 [34],[86] 研究了随机截尾的线性回归模型的回归系数的极大似然估计，广义线性模型是线性回归模型的推广，它们都是 2.2 节中定义的带有不完全信息的随机截尾的广义线性模型的特例. 因此，本章的结果是对文献已有结果的推广与深化. 下面对 2.2 节的模型的参数进行估计，并对估计量的基本性质进行讨论.

3.1 记号与引理

因为任何问题的研究，都要建立在若干合理假设下，所以对于 2.2

节中建立的不完全信息随机截尾的广义线性模型，我们给出下列假设：

(C1) $\boldsymbol{x}_i^{\mathrm{T}}\beta \in \Theta_0$, $\forall i \geq 1$, $\forall \beta \in \mathbb{B}$; $\boldsymbol{x}_i \in \mathbb{X}$, $\mathbb{X}$ 是紧集；

(C2) $\exists c > 0$, 使得当 n 充分大时，$\lambda_{\min}\left(\sum_{i=1}^{n} \boldsymbol{x}_i\boldsymbol{x}_i^{\mathrm{T}}\right) \geq cn$;

(C2*) $\exists c_1 > 0,\ c_2 > 0$, 使得当 n 充分大时，

$$\lambda_{\min}\left(\sum_{i=1}^{n} \boldsymbol{x}_i\boldsymbol{x}_i^{\mathrm{T}}\right) \geq c_1\lambda_{\max}\left(\sum_{i=1}^{n} \boldsymbol{x}_i\boldsymbol{x}_i^{\mathrm{T}}\right) \geq c_2 n.$$

附注 3.1.1 文献 [27] 在讨论广义线性模型参数的极大似然估计时曾使用过条件(C1)和(C2)，很多实际问题都满足这两个条件. (C1)保证回归变量的取值比较集中，不能有太多的异常值. (C2)保证回归变量的观测值矩阵不太病态.

现在，根据(2.2.15)给出关于观测变量 $(Z_i, \alpha_i, \delta_i)$, $i = 1, 2, \cdots, n$ 的似然函数：

$$L_n^*(\boldsymbol{\beta}) = \prod_{i=1}^{n}\left\{\left(p\overline{G}_i(Z_i)f(Z_i;\boldsymbol{x}_i^{\mathrm{T}}\boldsymbol{\beta})\right)^{\alpha_i\delta_i}\left[(1-p)F(Z_i;\boldsymbol{x}_i^{\mathrm{T}}\boldsymbol{\beta})g_i(Z_i)\right]^{\alpha_i(1-\delta_i)} \cdot \left(\overline{F}(Z_i;\boldsymbol{x}_i^{\mathrm{T}}\boldsymbol{\beta})g_i(Z_i)\right)^{1-\alpha_i}\right\}.$$

因为 p, $g_i(Z_i)$ 和 $\overline{G}_i(Z_i)$ 与 $\boldsymbol{\beta}$ 无关，为了记号的简洁和计算的方便，去掉 p, $g_i(Z_i)$ 和 $\overline{G}_i(Z_i)$，得到

$$\begin{aligned} L_n(\boldsymbol{\beta}) &= \prod_{i=1}^{n}\left(f_i(Z_i)\right)^{\alpha_i\delta_i}\left(F_i(Z_i)\right)^{\alpha_i(1-\delta_i)}\left(\overline{F}_i(Z_i)\right)^{1-\alpha_i} \\ &= \prod_{i=1}^{n}\left(f(Z_i;\boldsymbol{x}_i^{\mathrm{T}}\boldsymbol{\beta})\right)^{\alpha_i\delta_i}\left(F(Z_i;\boldsymbol{x}_i^{\mathrm{T}}\boldsymbol{\beta})\right)^{\alpha_i(1-\delta_i)}\left(\overline{F}(Z_i;\boldsymbol{x}_i^{\mathrm{T}}\boldsymbol{\beta})\right)^{1-\alpha_i}. \end{aligned}$$

对上式取对数，得到关于观测变量 $(Z_i, \alpha_i, \delta_i)$, $i = 1, 2, \cdots, n$ 的对数似然函数如下：

$$\begin{aligned} l_n(\boldsymbol{\beta}) &\equiv l_n(\boldsymbol{\beta}; Z_1, \alpha_1, \delta_1, \boldsymbol{x}_1, \cdots, Z_n, \alpha_n, \delta_n, \boldsymbol{x}_n) \\ &= \sum_{i=1}^{n}\left[\alpha_i\delta_i \log f(Z_i;\boldsymbol{x}_i^{\mathrm{T}}\boldsymbol{\beta}) + \alpha_i(1-\delta_i)\log F(Z_i;\boldsymbol{x}_i^{\mathrm{T}}\boldsymbol{\beta}) \right. \\ &\quad \left. + (1-\alpha_i)\log \overline{F}(Z_i;\boldsymbol{x}_i^{\mathrm{T}}\boldsymbol{\beta})\right]. \end{aligned} \tag{3.1.1}$$

首先，我们给出下面的引理，其证明是显然的.

引理 3.1.1　如果 $F_i(z)=0$，那么

$$\int_{-\infty}^{z} yf_i(y)\mu(\mathrm{d}y)=0,\qquad \int_{-\infty}^{z} y^2 f_i(y)\mu(\mathrm{d}y)=0;$$

如果 $\overline{F}_i(z)=0$，那么 $\displaystyle\int_{z}^{\infty} yf_i(y)\mu(\mathrm{d}y)=0,\ \int_{z}^{\infty} y^2 f_i(y)\mu(\mathrm{d}y)=0.$

当 $F_i(z)=0$ 时，约定

$$\frac{1}{F_i(z)}\int_{-\infty}^{z} yf_i(y)\mu(\mathrm{d}y)=0,\qquad \frac{1}{F_i(z)}\int_{-\infty}^{z} y^2 f_i(y)\mu(\mathrm{d}y)=0;$$

当 $\overline{F}_i(z)=0$ 时，约定

$$\frac{1}{\overline{F}_i(z)}\int_{z}^{\infty} yf_i(y)\mu(\mathrm{d}y)=0,\qquad \frac{1}{\overline{F}_i(z)}\int_{z}^{\infty} y^2 f_i(y)\mu(\mathrm{d}y)=0.$$

引理 3.1.2　$f(y;\boldsymbol{x}_i^{\mathrm{T}}\boldsymbol{\beta})$, $F(y;\boldsymbol{x}_i^{\mathrm{T}}\boldsymbol{\beta})$ 和 $\overline{F}(y,\boldsymbol{x}_i^{\mathrm{T}}\boldsymbol{\beta})$ 关于 $(\boldsymbol{x}_i,\boldsymbol{\beta})$ 无穷阶可微.

证　$f(y;\boldsymbol{x}_i^{\mathrm{T}}\boldsymbol{\beta})$ 关于 $(\boldsymbol{x}_i,\boldsymbol{\beta})$ 无穷阶可微显然成立. 剩下证明 $F(y;\boldsymbol{x}_i^{\mathrm{T}}\boldsymbol{\beta})$ 和 $\overline{F}(y;\boldsymbol{x}_i^{\mathrm{T}}\boldsymbol{\beta})$ 关于 $(\boldsymbol{x}_i,\boldsymbol{\beta})$ 无穷阶可微. 我们只需证明关于 $F(y;\boldsymbol{x}_i^{\mathrm{T}}\boldsymbol{\beta})$ 的结论，而关于 $\overline{F}(y,\boldsymbol{x}_i^{\mathrm{T}}\boldsymbol{\beta})$ 的结论可由关于 $F(y;\boldsymbol{x}_i^{\mathrm{T}}\boldsymbol{\beta})$ 的结论立即得到.

事实上，对任何可测函数 $\varphi(y)$，如果 θ_0 是集合 Θ' 的内点，这里

$$\Theta'=\Big\{\theta:\int_{-\infty}^{\infty}\mathrm{e}^{\theta y}C(y)\big|\varphi(y)\big|\mu(\mathrm{d}y)<\infty\Big\},$$

那么

$$J(\theta)\equiv\int_{-\infty}^{z}\mathrm{e}^{\theta y}C(y)\varphi(y)\mu(\mathrm{d}y)$$

在点 θ_0 是可微的. 证明如下.

因为 θ_0 是 Θ' 的内点，所以存在 $\Delta>0$ 使得 $[\theta_0-\Delta,\,\theta_0+\Delta]\subset\Theta'$. 对任何满足 $0<|h|<\Delta$ 的 h，注意到

$$\frac{J(\theta_0+h)-J(\theta_0)}{h}=\int_{-\infty}^{z}\frac{\mathrm{e}^{(\theta_0+h)y}-\mathrm{e}^{\theta_0 y}}{h}C(y)\varphi(y)\mu(\mathrm{d}y)$$

$$= \int_{-\infty}^{z} \frac{e^{hy}-1}{h} e^{\theta_0 y} C(y)\varphi(y)\mu(dy)$$
$$= \int_{-\infty}^{z} y e^{h'y} e^{\theta_0 y} C(y)\varphi(y)\mu(dy)$$
$$= \int_{-\infty}^{z} y e^{(h'+\theta_0)y} C(y)\varphi(y)\mu(dy), \tag{3.1.2}$$

这里 h' 在 0 和 h 之间取值，我们有

$$e^{h'y} \le e^{-\Delta_1|y|}\left(e^{(\theta_0+\Delta)y}+e^{(\theta_0-\Delta)y}\right), \quad \Delta_1=\Delta-|h|>0,$$

因为 $\sup_y\left\{|y|e^{-\Delta_1|y|}\right\} \equiv l<\infty$，故

$$\left|y e^{h'y} e^{\theta_0 y} C(y)\varphi(y)\right| \le l\left(e^{(\theta_0+\Delta)y}+e^{(\theta_0-\Delta)y}\right)|C(y)\varphi(y)|, \tag{3.1.3}$$

由(3.1.2), (3.1.3)及控制收敛定理，得到

$$\left.\frac{dJ(\theta)}{d\theta}\right|_{\theta=\theta_0} = \int_{-\infty}^{z} y e^{\theta_0 y} C(y)\varphi(y)\mu(dy). \tag{3.1.4}$$

当 $\varphi(y)$ 是 y 的指数函数时，很容易看到 $\Theta'=\Theta$. 令 $\theta_0=\boldsymbol{x}_i^{\mathrm{T}}\beta$，并在(3.1.4)中令 $\varphi(y)$ 分别为 $1, y, y^2, \cdots$，就得到所想要的结果. □

引理 3.1.3 $\forall i \ge 1$, $\mathbb{E}_\beta\left[\alpha_i(1-\delta_i)\frac{1}{F_i^2(Z_i)}\left(\int_{-\infty}^{Z_i} y f_i(y)\mu(dy)\right)^2\right]$,

$$\mathbb{E}_\beta\left[\alpha_i(1-\delta_i)\frac{1}{F_i(Z_i)}\int_{-\infty}^{Z_i} y^2 f_i(y)\mu(dy)\right],$$
$$\mathbb{E}_\beta\left[(1-\alpha_i)\frac{1}{\overline{F}_i^2(Z_i)}\left(\int_{Z_i}^{\infty} y f_i(y)\mu(dy)\right)^2\right]$$

及 $\mathbb{E}_\beta\left[(1-\alpha_i)\frac{1}{\overline{F}_i(Z_i)}\int_{Z_i}^{\infty} y^2 f_i(y)\mu(dy)\right]$ 关于 $(\boldsymbol{x}_i,\boldsymbol{\beta})$ 是可微的.

证 我们仅证 $\mathbb{E}_\beta\left[\alpha_i(1-\delta_i)\frac{1}{F_i^2(Z_i)}\left(\int_{-\infty}^{Z_i} y f_i(y)\mu(dy)\right)^2\right]$ 的可微性，其他结论的证明与之类似.

首先给出 $\Gamma(\theta)$ 可微性的证明，这里

$$\Gamma(\theta) \equiv \int_{-\infty}^{\infty}(1-p)\frac{1}{F^2(z;\theta)}\left(\int_{-\infty}^{z} y f(y;\theta)\mu(dy)\right)^2 F(z;\theta)g_i(z)\mu(dz).$$

令 $\Psi(z;\theta)=\dfrac{1}{F(z;\theta)}\left(\int_{-\infty}^{z}yf(y;\theta)\mu(\mathrm{d}y)\right)^2$，有

$$\Gamma(\theta)=(1-p)\int_{-\infty}^{\infty}\Psi(z;\theta)g_i(z)\mu(\mathrm{d}z).$$

由(3. 1. 4)得到

$$\begin{aligned}\frac{\mathrm{d}\Psi(z;\theta)}{\mathrm{d}\theta}=&\frac{1}{F(z;\theta)}\Big[2\int_{-\infty}^{z}yf(y;\theta)\mu(\mathrm{d}y)\int_{-\infty}^{z}y^2f(y;\theta)\mu(\mathrm{d}y)\\&-\dot{b}(\theta)\Big(\int_{-\infty}^{z}yf(y;\theta)\mu(\mathrm{d}y)\Big)^2\Big]\\&-\frac{1}{F^2(z;\theta)}\Big(\int_{-\infty}^{z}yf(y;\theta)\mu(\mathrm{d}y)\Big)^3.\end{aligned}$$

根据 Cauchy-Schwartz 不等式，有

$$\begin{aligned}\left|\frac{\mathrm{d}\Psi(z;\theta)}{\mathrm{d}\theta}\right|&\le 3\Big(\int_{-\infty}^{z}y^2f(y;\theta)\mu(\mathrm{d}y)\int_{-\infty}^{z}y^4f(y;\theta)\mu(\mathrm{d}y)\Big)^{\frac{1}{2}}\\&\quad+\dot{b}(\theta)\int_{-\infty}^{z}y^2f(y;\theta)\mu(\mathrm{d}y)\\&\le 3\Big(\int_{-\infty}^{\infty}y^2f(y;\theta)\mu(\mathrm{d}y)\int_{-\infty}^{\infty}y^4f(y;\theta)\mu(\mathrm{d}y)\Big)^{\frac{1}{2}}\\&\quad+\dot{b}(\theta)\int_{-\infty}^{\infty}y^2f(y;\theta)\mu(\mathrm{d}y)\\&=\Psi^*(\theta),\end{aligned}\tag{3. 1. 5}$$

这里

$$\begin{aligned}\Psi^*(\theta)=&3\Big[\big(\dot{b}^2(\theta)+\ddot{b}(\theta)\big)\big(\dot{b}^4(\theta)+6\dot{b}^2(\theta)\ddot{b}(\theta)+4\dot{b}(\theta)\dddot{b}(\theta)\\&+3\ddot{b}^2(\theta)+\ddddot{b}(\theta)\big)\Big]^{\frac{1}{2}}+\dot{b}(\theta)\big(\dot{b}^2(\theta)+\ddot{b}(\theta)\big).\end{aligned}$$

取 $h>0$ 使得 $(\theta-h,\theta+h)\subset\Theta_0$. 那么存在 $\nu\in(-1,1)$ 使得

$$\begin{aligned}\frac{\Gamma(\theta+h)-\Gamma(\theta)}{h}&=(1-p)\int_{-\infty}^{\infty}\frac{\Psi(z;\theta+h)-\Psi(z;\theta)}{h}g_i(z)\mu(\mathrm{d}z)\\&=(1-p)\int_{-\infty}^{\infty}\frac{\mathrm{d}\Psi(z;\theta+\nu h)}{\mathrm{d}\theta}g_i(z)\mu(\mathrm{d}z).\end{aligned}\tag{3. 1. 6}$$

因为 $\left|\dfrac{\mathrm{d}\Psi(z;\theta+\nu h)}{\mathrm{d}\theta}\right|\le\Psi^*(\theta+\nu h)\le M$，且

$$\int_{-\infty}^{\infty} M g_i(z)\mu(\mathrm{d}z) = M < \infty,$$

根据控制收敛定理，由(3. 1. 6)得到

$$\frac{\mathrm{d}\Gamma(\theta)}{\mathrm{d}\theta} = (1-p)\int_{-\infty}^{\infty} \frac{\mathrm{d}\Psi(z;\theta)}{\mathrm{d}\theta} g_i(z)\mu(\mathrm{d}z).$$

注意到

$$\mathbb{E}_{\beta}\left[\alpha_i(1-\delta_i)\frac{1}{F^2(Z_i;\boldsymbol{x}_i^{\mathrm{T}}\boldsymbol{\beta})}\left(\int_{-\infty}^{Z_i} yf(y;\boldsymbol{x}_i^{\mathrm{T}}\boldsymbol{\beta})\mu(\mathrm{d}y)\right)^2\right] = \Gamma(\boldsymbol{x}_i^{\mathrm{T}}\boldsymbol{\beta}),$$

就有

$$\frac{\partial \mathbb{E}_{\beta}\left[\alpha_i(1-\delta_i)\frac{1}{F^2(Z_i;\boldsymbol{x}_i^{\mathrm{T}}\boldsymbol{\beta})}\left(\int_{-\infty}^{Z_i} yf(y;\boldsymbol{x}_i^{\mathrm{T}}\boldsymbol{\beta})\mu(\mathrm{d}y)\right)^2\right]}{\partial \boldsymbol{\beta}}$$
$$= \frac{\partial \Gamma(\boldsymbol{x}_i^{\mathrm{T}}\boldsymbol{\beta})}{\partial \boldsymbol{\beta}} = (1-p)\int_{-\infty}^{\infty} \frac{\partial \Psi(z;\boldsymbol{x}_i^{\mathrm{T}}\boldsymbol{\beta})}{\partial \boldsymbol{\beta}} g_i(z)\mu(\mathrm{d}z).$$

至此，完成了引理的证明. □

为了记号的简便，令

$$\Upsilon_1(z;\theta) = \frac{\int_{-\infty}^{z} yf(y;\theta)\mu(\mathrm{d}y)}{F(z;\theta)}, \quad \Upsilon_2(z;\theta) = \frac{\int_{-\infty}^{z} y^2 f(y;\theta)\mu(\mathrm{d}y)}{F(z;\theta)},$$

$$\Upsilon_3(z;\theta) = \frac{\int_{z}^{\infty} yf(y;\theta)\mu(\mathrm{d}y)}{\overline{F}(z;\theta)}, \quad \Upsilon_4(z;\theta) = \frac{\int_{z}^{\infty} y^2 f(y;\theta)\mu(\mathrm{d}y)}{\overline{F}(z;\theta)}.$$

再作下面的假设:

(C3) $\forall \boldsymbol{\beta}_1, \boldsymbol{\beta}_2 \in \mathbb{B}$,

$$\left|\Upsilon_1^2(z;\boldsymbol{x}^{\mathrm{T}}\boldsymbol{\beta}_1) - \Upsilon_1^2(z;\boldsymbol{x}^{\mathrm{T}}\boldsymbol{\beta}_2)\right| \le L_1(z;\boldsymbol{x})\|\boldsymbol{\beta}_1-\boldsymbol{\beta}_2\|, \tag{3. 1. 7}$$

$$\left|\Upsilon_2(z;\boldsymbol{x}^{\mathrm{T}}\boldsymbol{\beta}_1) - \Upsilon_2(z;\boldsymbol{x}^{\mathrm{T}}\boldsymbol{\beta}_2)\right| \le L_2(z;\boldsymbol{x})\|\boldsymbol{\beta}_1-\boldsymbol{\beta}_2\|, \tag{3. 1. 8}$$

$$\left|\Upsilon_3^2(z;\boldsymbol{x}^{\mathrm{T}}\boldsymbol{\beta}_1) - \Upsilon_3^2(z;\boldsymbol{x}^{\mathrm{T}}\boldsymbol{\beta}_2)\right| \le L_3(z;\boldsymbol{x})\|\boldsymbol{\beta}_1-\boldsymbol{\beta}_2\|, \tag{3. 1. 9}$$

$$\left|\Upsilon_4(z;\boldsymbol{x}^{\mathrm{T}}\boldsymbol{\beta}_1) - \Upsilon_4(z;\boldsymbol{x}^{\mathrm{T}}\boldsymbol{\beta}_2)\right| \le L_4(z;\boldsymbol{x})\|\boldsymbol{\beta}_1-\boldsymbol{\beta}_2\|, \tag{3. 1. 10}$$

这里 $\sup\limits_{i\ge 1}\mathbb{E}\Big(L_j(Z_i;\boldsymbol{x}_i)I\big(L_j(Z_i;\boldsymbol{x}_i) > N\big)\Big) \to 0\,(N\to\infty),\ j=1,2,3,4.$

(C3*) $\forall \boldsymbol{\beta}_1, \boldsymbol{\beta}_2 \in \mathbb{B}$，(3. 1. 7)～(3. 1. 10)成立，此处要求

$$\sup_{i\geq 1}\mathbb{E}\big(L_j^b(Z_i;\boldsymbol{x}_i)\big)\leq L_j<\infty,\quad j=1,2,3,4,\ b>1.$$

很容易验证 0-1 分布、指数分布和 Weibull 分布满足假设(C3*).

令 $T_n(\beta)\equiv\dfrac{\partial l_n(\beta)}{\partial\beta}$ (为列向量), 称其为**得分函数**. 由引理 3. 1. 2 得到

$$\begin{aligned}T_n(\beta)&\equiv T_n(\beta;Z_1,\alpha_1,\delta_1,\boldsymbol{x}_1,\cdots,Z_n,\alpha_n,\delta_n,\boldsymbol{x}_n)\\&=\sum_{i=1}^n\boldsymbol{x}_i\bigg[\alpha_i\delta_iZ_i-\dot{b}(\boldsymbol{x}_i^{\mathrm{T}}\beta)+\alpha_i(1-\delta_i)\frac{1}{F_i(Z_i)}\int_{-\infty}^{Z_i}yf_i(y)\mu(\mathrm{d}y)\\&\quad+(1-\alpha_i)\frac{1}{\overline{F}_i(Z_i)}\int_{Z_i}^{\infty}yf_i(y)\mu(\mathrm{d}y)\bigg].\end{aligned}\tag{3.1.11}$$

将似然方程

$$T_n(\beta)=\mathbf{0}\tag{3.1.12}$$

的解记为

$$\hat{\beta}_n\equiv\hat{\beta}_n(Z_1,\alpha_1,\delta_1,\boldsymbol{x}_1,\cdots,Z_n,\alpha_n,\delta_n,\boldsymbol{x}_n).\tag{3.1.13}$$

将在定理 3. 2. 1 和定理 3. 2. 2 中证明这个解在一定的条件下分别是依概率和几乎处处存在. 为了记号的简便, 再令

$$\begin{aligned}t(\boldsymbol{x}_i^{\mathrm{T}}\beta)=&\alpha_i\delta_iZ_i-\dot{b}(\boldsymbol{x}_i^{\mathrm{T}}\beta)+\alpha_i(1-\delta_i)\frac{1}{F(Z_i;\boldsymbol{x}_i^{\mathrm{T}}\beta)}\int_{-\infty}^{Z_i}yf(y;\boldsymbol{x}_i^{\mathrm{T}}\beta)\mu(\mathrm{d}y)\\&+(1-\alpha_i)\frac{1}{\overline{F}(Z_i;\boldsymbol{x}_i^{\mathrm{T}}\beta)}\int_{Z_i}^{\infty}yf(y;\boldsymbol{x}_i^{\mathrm{T}}\beta)\mu(\mathrm{d}y),\end{aligned}$$

那么 $T_n(\beta)=\sum\limits_{i=1}^n\boldsymbol{x}_it(\boldsymbol{x}_i^{\mathrm{T}}\beta)$.

下面的引理将被用来证明本章的主要结果.

引理 3. 1. 4　$\mathbb{E}_\beta\big(T_n(\beta)\big)=\mathbf{0},\ \forall\beta\in\mathbb{B}.$

证　易知, 对于一切 $i\geq 1$ 有

$$\begin{aligned}\mathbb{E}_\beta\big(\|\boldsymbol{x}_it(\boldsymbol{x}_i^{\mathrm{T}}\beta)\|\big)\leq\|\boldsymbol{x}_i\|\mathbb{E}_\beta&\bigg[\alpha_i\delta_i|Z_i|+\big|\dot{b}(\boldsymbol{x}_i^{\mathrm{T}}\beta)\big|\\&+\alpha_i(1-\delta_i)\frac{1}{F(Z_i;\boldsymbol{x}_i^{\mathrm{T}}\beta)}\bigg|\int_{-\infty}^{Z_i}yf(y;\boldsymbol{x}_i^{\mathrm{T}}\beta)\mu(\mathrm{d}y)\bigg|\\&+(1-\alpha_i)\frac{1}{\overline{F}(Z_i;\boldsymbol{x}_i^{\mathrm{T}}\beta)}\bigg|\int_{Z_i}^{\infty}yf(y;\boldsymbol{x}_i^{\mathrm{T}}\beta)\mu(\mathrm{d}y)\bigg|\bigg]\end{aligned}$$

$$
\begin{aligned}
&= \|\boldsymbol{x}_i\| \bigg[p \bigg| \int_{-\infty}^{\infty} |y| \overline{G}_i(y) \mathrm{d}F_i(y) \bigg| + \big| \dot{b}(\boldsymbol{x}_i^{\mathrm{T}}\boldsymbol{\beta}) \big| \\
&\quad + (1-p) \int_{-\infty}^{\infty} \bigg| \int_{-\infty}^{z} y f(y; \boldsymbol{x}_i^{\mathrm{T}}\boldsymbol{\beta}) \mu(\mathrm{d}y) \bigg| \mathrm{d}G_i(z) \\
&\quad + \int_{-\infty}^{\infty} \bigg| \int_{z}^{\infty} y f(y; \boldsymbol{x}_i^{\mathrm{T}}\boldsymbol{\beta}) \mu(\mathrm{d}y) \bigg| \mathrm{d}G_i(z) \bigg] \\
&\le \|\boldsymbol{x}_i\| \bigg\{ p \Big[\ddot{b}(\boldsymbol{x}_i^{\mathrm{T}}\boldsymbol{\beta}) + \big(\dot{b}(\boldsymbol{x}_i^{\mathrm{T}}\boldsymbol{\beta})\big)^2 \Big]^{\frac{1}{2}} + \big| \dot{b}(\boldsymbol{x}_i^{\mathrm{T}}\boldsymbol{\beta}) \big| \\
&\quad + (1-p) \Big[\ddot{b}(\boldsymbol{x}_i^{\mathrm{T}}\boldsymbol{\beta}) + \big(\dot{b}(\boldsymbol{x}_i^{\mathrm{T}}\boldsymbol{\beta})\big)^2 \Big]^{\frac{1}{2}} \\
&\quad + \Big[\ddot{b}(\boldsymbol{x}_i^{\mathrm{T}}\boldsymbol{\beta}) + \big(\dot{b}(\boldsymbol{x}_i^{\mathrm{T}}\boldsymbol{\beta})\big)^2 \Big]^{\frac{1}{2}} \bigg\} \\
&\le 2\|\boldsymbol{x}_i\| \cdot \Big[\ddot{b}(\boldsymbol{x}_i^{\mathrm{T}}\boldsymbol{\beta}) + \big(\dot{b}(\boldsymbol{x}_i^{\mathrm{T}}\boldsymbol{\beta})\big)^2 \Big]^{\frac{1}{2}} + \big| \dot{b}(\boldsymbol{x}_i^{\mathrm{T}}\boldsymbol{\beta}) \big| \\
&< +\infty.
\end{aligned}
$$

上面的第三个不等式是由积分变换和 Cauchy-Schwartz 不等式得到的，最后一个不等式是由(C1)和 $b(\cdot)$ 的性质得到的.

进一步，由(2.2.11)，(2.2.12)和(2.2.13)，得到

$$
\begin{aligned}
\mathbb{E}_{\boldsymbol{\beta}}\big(t(\boldsymbol{x}_i^{\mathrm{T}}\boldsymbol{\beta})\big) &= \mathbb{E}_{\boldsymbol{\beta}} \bigg[\alpha_i \delta_i Z_i - \dot{b}(\boldsymbol{x}_i^{\mathrm{T}}\boldsymbol{\beta}) \\
&\quad + \alpha_i (1-\delta_i) \frac{1}{F(Z_i; \boldsymbol{x}_i^{\mathrm{T}}\boldsymbol{\beta})} \int_{-\infty}^{Z_i} y f(y; \boldsymbol{x}_i^{\mathrm{T}}\boldsymbol{\beta}) \mu(\mathrm{d}y) \\
&\quad + (1-\alpha_i) \frac{1}{\overline{F}(Z_i; \boldsymbol{x}_i^{\mathrm{T}}\boldsymbol{\beta})} \int_{Z_i}^{\infty} y f(y; \boldsymbol{x}_i^{\mathrm{T}}\boldsymbol{\beta}) \mu(\mathrm{d}y) \bigg] \\
&= p \int_{-\infty}^{\infty} z \overline{G}_i(z) \mathrm{d}F_i(z) \\
&\quad + (1-p) \int_{-\infty}^{\infty} \frac{1}{F_i(z)} \int_{-\infty}^{z} y f_i(y) \mu(\mathrm{d}y) \mathrm{d}G_i(z) \\
&\quad + \int_{-\infty}^{\infty} \frac{1}{\overline{F}_i(z)} \int_{z}^{\infty} y f_i(y) \mu(\mathrm{d}y) \mathrm{d}G_i(z) - \dot{b}(\boldsymbol{x}_i^{\mathrm{T}}\boldsymbol{\beta}) \\
&= p \int_{-\infty}^{\infty} z \overline{G}_i(z) \mathrm{d}F_i(z) + (1-p) \int_{-\infty}^{\infty} y \overline{G}_i(y) \mathrm{d}F_i(y) \\
&\quad + \int_{-\infty}^{\infty} y G_i(y) \mathrm{d}F_i(y) - \dot{b}(\boldsymbol{x}_i^{\mathrm{T}}\boldsymbol{\beta})
\end{aligned}
$$

$$= \int_{-\infty}^{\infty} y \mathrm{d}F_i(y) - \dot{b}(\boldsymbol{x}_i^{\mathrm{T}}\boldsymbol{\beta}) = 0. \tag{3.1.14}$$

由此得到

$$\mathbb{E}_{\beta}\big(T_n(\boldsymbol{\beta})\big) = \mathbb{E}_{\beta}\Big(\sum_{i=1}^{n} \boldsymbol{x}_i t(\boldsymbol{x}_i^{\mathrm{T}}\boldsymbol{\beta})\Big) = \sum_{i=1}^{n} \mathbb{E}_{\beta}\boldsymbol{x}_i\big(t(\boldsymbol{x}_i^{\mathrm{T}}\boldsymbol{\beta})\big) = \mathbf{0}. \qquad \square$$

引理 3.1.5　对于一切 $\boldsymbol{\beta} \in \mathbb{B}$, 有

$$\begin{aligned}
&\mathbb{E}_{\beta}\big(T_n(\boldsymbol{\beta})T_n^{\mathrm{T}}(\boldsymbol{\beta})\big)\\
&= \sum_{i=1}^{n} \boldsymbol{x}_i\boldsymbol{x}_i^{\mathrm{T}}\Bigg[\ddot{b}(\boldsymbol{x}_i^{\mathrm{T}}\boldsymbol{\beta}) + \mathbb{E}_{\beta}\Bigg\{\alpha_i(1-\delta_i)\Bigg[\frac{1}{F_i^2(Z_i)}\Big(\int_{-\infty}^{Z_i} y f_i(y)\mu(\mathrm{d}y)\Big)^2\\
&\quad - \frac{1}{F_i(Z_i)}\int_{-\infty}^{Z_i} y^2 f_i(y)\mu(\mathrm{d}y)\Bigg] + (1-\alpha_i)\Bigg[\frac{1}{\overline{F}_i^2(Z_i)}\Big(\int_{Z_i}^{\infty} y f_i(y)\mu(\mathrm{d}y)\Big)^2\\
&\quad - \frac{1}{\overline{F}_i(Z_i)}\int_{Z_i}^{\infty} y^2 f_i(y)\mu(\mathrm{d}y)\Bigg]\Bigg\}\Bigg].
\end{aligned}$$

证　由 Cauchy-Schwartz 不等式知

$$\begin{aligned}
&\mathbb{E}_{\beta}\Bigg[\alpha_i(1-\delta_i)\frac{1}{F_i^2(Z_i)}\Big(\int_{-\infty}^{Z_i} y f_i(y)\mu(\mathrm{d}y)\Big)^2\Bigg]\\
&\qquad \le \ddot{b}(\boldsymbol{x}_i^{\mathrm{T}}\boldsymbol{\beta}) + \big(\dot{b}(\boldsymbol{x}_i^{\mathrm{T}}\boldsymbol{\beta})\big)^2 < \infty;
\end{aligned}\tag{3.1.15}$$

$$\begin{aligned}
&\mathbb{E}_{\beta}\Bigg[\alpha_i(1-\delta_i)\frac{1}{F_i(Z_i)}\int_{-\infty}^{Z_i} y^2 f_i(y)\mu(\mathrm{d}y)\Bigg]\\
&\qquad \le \ddot{b}(\boldsymbol{x}_i^{\mathrm{T}}\boldsymbol{\beta}) + \big(\dot{b}(\boldsymbol{x}_i^{\mathrm{T}}\boldsymbol{\beta})\big)^2 < \infty;
\end{aligned}\tag{3.1.16}$$

$$\begin{aligned}
&\mathbb{E}_{\beta}\Bigg[(1-\alpha_i)\frac{1}{\overline{F}_i^2(Z_i)}\Big(\int_{Z_i}^{\infty} y f_i(y)\mu(\mathrm{d}y)\Big)^2\Bigg]\\
&\qquad \le \ddot{b}(\boldsymbol{x}_i^{\mathrm{T}}\boldsymbol{\beta}) + \big(\dot{b}(\boldsymbol{x}_i^{\mathrm{T}}\boldsymbol{\beta})\big)^2 < \infty;
\end{aligned}\tag{3.1.17}$$

$$\begin{aligned}
&\mathbb{E}_{\beta}\Bigg[(1-\alpha_i)\frac{1}{\overline{F}_i(z_i)}\int_{Z_i}^{\infty} y^2 f_i(y)\mu(\mathrm{d}y)\Bigg]\\
&\qquad \le \ddot{b}(\boldsymbol{x}_i^{\mathrm{T}}\boldsymbol{\beta}) + \big(\dot{b}(\boldsymbol{x}_i^{\mathrm{T}}\boldsymbol{\beta})\big)^2 < \infty.
\end{aligned}\tag{3.1.18}$$

根据 $(Z_i, \alpha_i, \delta_i)$, $i = 1, 2, \cdots, n$ 的相互独立性及 (3.1.14), 我们有

$$\mathbb{E}_{\beta}\big(T_n(\boldsymbol{\beta})T_n^{\mathrm{T}}(\boldsymbol{\beta})\big) = \mathbb{E}_{\beta}\Bigg(\sum_{i=1}^{n} \boldsymbol{x}_i\boldsymbol{x}_i^{\mathrm{T}}\big(t(\boldsymbol{x}_i^{\mathrm{T}}\boldsymbol{\beta})\big)^2\Bigg), \tag{3.1.19}$$

以及

$$\begin{aligned}\left(t(\boldsymbol{x}_i^{\mathrm{T}}\boldsymbol{\beta})\right)^2 &= \alpha_i\delta_i Z_i^2 + \left(\dot{b}(\boldsymbol{x}_i^{\mathrm{T}}\boldsymbol{\beta})\right)^2 \\ &\quad + \alpha_i(1-\delta_i)\frac{1}{F_i^2(Z_i)}\left(\int_{-\infty}^{Z_i} y f_i(y)\mu(\mathrm{d}y)\right)^2 \\ &\quad + (1-\alpha_i)\frac{1}{\overline{F}_i^2(Z_i)}\left(\int_{Z_i}^{\infty} y f_i(y)\mu(\mathrm{d}y)\right)^2 \\ &\quad - 2\dot{b}(\boldsymbol{x}_i^{\mathrm{T}}\boldsymbol{\beta})\Big[\alpha_i\delta_i Z_i + \alpha_i(1-\delta_i)\frac{1}{F_i(Z_i)}\int_{-\infty}^{Z_i} y f_i(y)\mu(\mathrm{d}y) \\ &\quad + (1-\alpha_i)\frac{1}{\overline{F}_i(Z_i)}\int_{Z_i}^{\infty} y f_i(y)\mu(\mathrm{d}y)\Big] \\ &= \alpha_i\delta_i Z_i^2 - \left(\dot{b}(\boldsymbol{x}_i^{\mathrm{T}}\boldsymbol{\beta})\right)^2 + \alpha_i(1-\delta_i)\frac{1}{F_i^2(Z_i)}\left(\int_{-\infty}^{Z_i} y f_i(y)\mu(\mathrm{d}y)\right)^2 \\ &\quad + (1-\alpha_i)\frac{1}{\overline{F}_i^2(Z_i)}\left(\int_{Z_i}^{\infty} y f_i(y)\mu(\mathrm{d}y)\right)^2 - 2\dot{b}(\boldsymbol{x}_i^{\mathrm{T}}\boldsymbol{\beta})t(\boldsymbol{x}_i^{\mathrm{T}}\boldsymbol{\beta}).\end{aligned} \tag{3. 1. 20}$$

注意到

$$\mathbb{E}_{\boldsymbol{\beta}}(\alpha_i\delta_i Z_i^2) = p\int_{-\infty}^{\infty} z^2\overline{G}_i(z)\mathrm{d}F_i(z), \tag{3. 1. 21}$$

$$\begin{aligned}&\mathbb{E}_{\boldsymbol{\beta}}\left[\alpha_i(1-\delta_i)\frac{1}{F_i(Z_i)}\int_{-\infty}^{Z_i} y^2 f_i(y)\mu(\mathrm{d}y)\right] \\ &\quad = (1-p)\int_{-\infty}^{\infty}\frac{1}{F_i(z)}\int_{-\infty}^{z} y^2 f_i(y)\mu(\mathrm{d}y)F_i(z)\mathrm{d}G(z) \\ &\quad = (1-p)\int_{-\infty}^{\infty}\int_{-\infty}^{z} y^2\mathrm{d}F_i(y)\mathrm{d}G(z) \\ &\quad = (1-p)\int_{-\infty}^{\infty}\int_{y}^{\infty} y^2\mathrm{d}G(z)\mathrm{d}F_i(y) \\ &\quad = (1-p)\int_{-\infty}^{\infty} z^2\overline{G}_i(z)\mathrm{d}F_i(z),\end{aligned} \tag{3. 1. 22}$$

以及

$$\mathbb{E}_{\boldsymbol{\beta}}\left[(1-\alpha_i)\frac{1}{\overline{F}_i(Z_i)}\int_{Z_i}^{\infty} y^2 f_i(y)\mu(\mathrm{d}y)\right] = \int_{-\infty}^{\infty} z^2 G_i(z)\mathrm{d}F_i(z), \tag{3. 1. 23}$$

综合(3.1.19)～(3.1.23)，我们得到了想要的结果. □

根据(3.1.4)可以计算出

$$
\begin{aligned}
H_n(\beta) &\equiv H_n(\beta; Z_1, \alpha_1, \delta_1, \boldsymbol{x}_1, \cdots, Z_n, \alpha_n, \delta_n, \boldsymbol{x}_n) \\
&\equiv -\frac{\partial^2 l_n(\beta)}{\partial\beta\,\partial\beta^{\mathrm{T}}} \\
&= \sum_{i=1}^n \boldsymbol{x}_i\boldsymbol{x}_i^{\mathrm{T}}\Big\{\ddot{b}(\boldsymbol{x}_i^{\mathrm{T}}\beta) + \alpha_i(1-\delta_i)\Big[\frac{1}{F_i^2(Z_i)}\Big(\int_{-\infty}^{Z_i} y f_i(y)\mu(\mathrm{d}y)\Big)^2 \\
&\quad - \frac{1}{F_i(Z_i)}\int_{-\infty}^{Z_i} y^2 f_i(y)\mu(\mathrm{d}y)\Big] \\
&\quad + (1-\alpha_i)\Big[\frac{1}{\overline{F}_i^2(z_i)}\Big(\int_{Z_i}^{\infty} y f_i(y)\mu(\mathrm{d}y)\Big)^2 \\
&\quad - \frac{1}{\overline{F}_i(Z_i)}\int_{Z_i}^{\infty} y^2 f_i(y)\mu(\mathrm{d}y)\Big]\Big\}. \qquad (3.1.24)
\end{aligned}
$$

$H_n(\beta)$ 称为 Hess 矩阵. 再由引理 3.1.5 即得

引理 3.1.6　$\mathbb{E}_\beta\big(H_n(\beta)\big) = \mathbb{E}_\beta\big(T_n(\beta)T_n^{\mathrm{T}}(\beta)\big)$.

为了记号的简便, 令

$$
\Lambda_n(\beta) \equiv \Lambda_n(\beta; \boldsymbol{x}_1, \cdots, \boldsymbol{x}_n) \equiv \mathbb{E}_\beta\big(T_n(\beta)T_n^{\mathrm{T}}(\beta)\big), \qquad (3.1.25)
$$

$$
\begin{aligned}
\Delta(\boldsymbol{x}_i^{\mathrm{T}}\beta) &\equiv \ddot{b}(\boldsymbol{x}_i^{\mathrm{T}}\beta) + \mathbb{E}_\beta\Big\{\alpha_i(1-\delta_i)\Big[\frac{1}{F_i^2(Z_i)}\Big(\int_{-\infty}^{Z_i} y f_i(y)\mu(\mathrm{d}y)\Big)^2 \\
&\quad - \frac{1}{F_i(Z_i)}\int_{-\infty}^{Z_i} y^2 f_i(y)\mu(\mathrm{d}y)\Big] \\
&\quad + (1-\alpha_i)\Big[\frac{1}{\overline{F}_i^2(Z_i)}\Big(\int_{Z_i}^{\infty} y f_i(y)\mu(\mathrm{d}y)\Big)^2 \\
&\quad - \frac{1}{\overline{F}_i(Z_i)}\int_{Z_i}^{\infty} y^2 f_i(y)\mu(\mathrm{d}y)\Big]\Big\} \\
&= \mathbb{E}_\beta\Big(\big(t(\boldsymbol{x}_i^{\mathrm{T}}\beta)\big)^2\Big).
\end{aligned}
$$

显然 $\Lambda_n(\beta) = \sum_{i=1}^n \boldsymbol{x}_i\boldsymbol{x}_i^{\mathrm{T}}\Delta(\boldsymbol{x}_i^{\mathrm{T}}\beta)$. □

为了得到本章内容的主要结果, 还需要作出下面的假设.

(C4) $\mathbb{E}_{\beta}\big(t^2(\boldsymbol{x}_i^{\mathrm{T}}\boldsymbol{\beta})\big) > 0$, $\forall \boldsymbol{\beta} \in \mathbb{B}$ 和 $\boldsymbol{x}_i \in \mathbb{X}$, $i \geq 1$.

引理 3.1.7 令 $\boldsymbol{\Lambda}_n \equiv \Lambda_n(\boldsymbol{\beta}_0)$, 以及

$$\mathbb{N}_n(\delta) = \big\{\boldsymbol{\beta} : \|\boldsymbol{\Lambda}_n^{\mathrm{T}/2}(\boldsymbol{\beta} - \boldsymbol{\beta}_0)\| \leq \delta\big\}, \quad n \geq 1, \ \delta > 0.$$

(i) 在(C1), (C2)和(C4)下, $\exists c_1 > 0$ 使得当 n 充分大时,

$$\lambda_{\min}\big(\boldsymbol{\Lambda}_n\big) \geq c_1 n;$$

(i*) 在(C1), (C2*)和(C4)下, $\exists c_1, c_2 > 0$ 使得当 n 充分大时,

$$c_1 n \leq \lambda_{\min}\big(\boldsymbol{\Lambda}_n\big) \leq c_2 n;$$

(ii) 在(C1), (C2)和(C4)下, $\forall\, \delta > 0$,

$$\max_{\boldsymbol{\beta} \in \mathbb{N}_n(\delta)} \|V_n(\boldsymbol{\beta}) - \boldsymbol{I}\| \to 0 \quad (n \to \infty),$$

这里 $V_n(\boldsymbol{\beta}) = \boldsymbol{\Lambda}_n^{-1/2} \Lambda_n(\boldsymbol{\beta}) \boldsymbol{\Lambda}_n^{-\mathrm{T}/2}$ 是规范化了的信息矩阵;

(iii) 在(C1), (C2)和(C4)下, $\max\limits_{1 \leq i \leq n} \big\{\boldsymbol{x}_i^{\mathrm{T}} \boldsymbol{\Lambda}_n^{-1} \boldsymbol{x}_i\big\} \to 0 \ (n \to \infty)$;

(iv) 在(C1), (C2)和(C4)下, $\exists M_1, M_2, n_0$ 使得

$$0 < M_1 \leq \sum_{i=1}^{n} \boldsymbol{x}_i^{\mathrm{T}} \boldsymbol{\Lambda}_n^{-1} \boldsymbol{x}_i \leq M_2 < \infty, \quad \forall\, n > n_0.$$

证 根据 (3.1.15)～(3.1.18), 同时由假设(C1)和(C4), 得到

$$0 < c_1 \leq \inf_{\boldsymbol{x}_i \in \mathbb{X}} \Delta(\boldsymbol{x}_i^{\mathrm{T}}\boldsymbol{\beta}) \leq \sup_{\boldsymbol{x}_i \in \mathbb{X}} \Delta(\boldsymbol{x}_i^{\mathrm{T}}\boldsymbol{\beta}) \leq c_2 < \infty. \tag{3.1.26}$$

由

$$\boldsymbol{\lambda}^{\mathrm{T}} \boldsymbol{\Lambda}_n \boldsymbol{\lambda} = \sum_{i=1}^{n} \boldsymbol{\lambda}^{\mathrm{T}} \boldsymbol{x}_i \boldsymbol{x}_i^{\mathrm{T}} \Delta(\boldsymbol{x}_i^{\mathrm{T}}\boldsymbol{\beta}) \boldsymbol{\lambda} \geq c_1 \sum_{i=1}^{n} \boldsymbol{\lambda}^{\mathrm{T}} \boldsymbol{x}_i \boldsymbol{x}_i^{\mathrm{T}} \boldsymbol{\lambda}, \quad \forall \boldsymbol{\lambda} \in \mathbb{R}^q,$$

以及如下事实: 对任何正定矩阵 $\boldsymbol{A}$, 由

$$\inf_{\|\boldsymbol{\lambda}\|=1} \boldsymbol{\lambda}^{\mathrm{T}} \boldsymbol{A} \boldsymbol{\lambda} = \lambda_{\min}(\boldsymbol{A}), \quad \sup_{\|\boldsymbol{\lambda}\|=1} \boldsymbol{\lambda}^{\mathrm{T}} \boldsymbol{A} \boldsymbol{\lambda} = \lambda_{\max}(\boldsymbol{A})$$

可得到命题(i). 由上述事实及条件(C2*)可得到命题(i*).

命题(ii)等价于

$$\big|\boldsymbol{\lambda}^{\mathrm{T}} \Lambda_n(\boldsymbol{\beta}) \boldsymbol{\lambda} - \boldsymbol{\lambda}^{\mathrm{T}} \boldsymbol{\Lambda}_n \boldsymbol{\lambda}\big| \leq \varepsilon \boldsymbol{\lambda}^{\mathrm{T}} \boldsymbol{\Lambda}_n \boldsymbol{\lambda}, \quad \forall \boldsymbol{\lambda} \in \mathbb{R}^q, \ \boldsymbol{\beta} \in \mathbb{N}_n(\delta), \ n \geq n_1. \tag{3.1.27}$$

由引理 3.1.3 知 $\Delta(\boldsymbol{x}_i^{\mathrm{T}}\beta)$ 关于 β 的导数对于 i 是一致有界的. 根据 Taylor 展开式, 得到, 对任意的 $\delta>0$ 以及 $\varepsilon>0$, 存在某个常数 n_1 使得

$$\left|\Delta(\boldsymbol{x}_i^{\mathrm{T}}\beta)-\Delta(\boldsymbol{x}_i^{\mathrm{T}}\beta_0)\right|\le\varepsilon\Delta(\boldsymbol{x}_i^{\mathrm{T}}\beta_0),\quad \forall\beta\in\mathbb{N}_n(\delta),\ n\ge n_1.$$

用 $\boldsymbol{\lambda}^{\mathrm{T}}\boldsymbol{x}_i\boldsymbol{x}_i^{\mathrm{T}}\boldsymbol{\lambda}$ 乘以上面不等式的两边, 有

$$\left|\boldsymbol{\lambda}^{\mathrm{T}}\boldsymbol{x}_i\boldsymbol{x}_i^{\mathrm{T}}\boldsymbol{\lambda}\Delta(\boldsymbol{x}_i^{\mathrm{T}}\beta)-\boldsymbol{\lambda}^{\mathrm{T}}\boldsymbol{x}_i\boldsymbol{x}_i^{\mathrm{T}}\boldsymbol{\lambda}\Delta(\boldsymbol{x}_i^{\mathrm{T}}\beta_0)\right|\le\varepsilon\boldsymbol{\lambda}^{\mathrm{T}}\boldsymbol{x}_i\boldsymbol{x}_i^{\mathrm{T}}\boldsymbol{\lambda}\Delta(\boldsymbol{x}_i^{\mathrm{T}}\beta_0). \tag{3.1.28}$$

因此, 由(3.1.28)及三角不等式, 就得到(3.1.27).

因为 $\boldsymbol{\Lambda}_n^{-1}$ 是正定矩阵, 故存在一个正交矩阵 $\boldsymbol{P}$ 使得

$$\boldsymbol{P}^{\mathrm{T}}\boldsymbol{\Lambda}_n^{-1}\boldsymbol{P}=\mathrm{diag}\left(\lambda_q^{-1},\lambda_{q-1}^{-1},\cdots,\lambda_1^{-1}\right),$$

这里 $\lambda_1\le\lambda_2\le\cdots\le\lambda_q$ 是 $\boldsymbol{\Lambda}_n$ 的特征值. 由 $\mathbb{X}$ 的紧性, 我们得到 $\max\limits_{i\ge1}\|\boldsymbol{x}_i\|\le M<\infty$. 从而, 通过令 $\boldsymbol{w}_i=\boldsymbol{P}^{\mathrm{T}}\boldsymbol{x}_i$, 根据命题(i), 我们有

$$\begin{aligned}\boldsymbol{x}_i^{\mathrm{T}}\boldsymbol{\Lambda}_n^{-1}\boldsymbol{x}_i&=\boldsymbol{w}_i^{\mathrm{T}}\boldsymbol{P}^{\mathrm{T}}\mathrm{diag}\left(\lambda_q^{-1},\lambda_{q-1}^{-1},\cdots,\lambda_1^{-1}\right)\boldsymbol{P}\boldsymbol{w}_i\\&\le\boldsymbol{w}_i^{\mathrm{T}}\boldsymbol{P}^{\mathrm{T}}\lambda_1^{-1}\boldsymbol{I}\boldsymbol{P}\boldsymbol{w}_i=\lambda_1^{-1}\|\boldsymbol{w}_i\|^2=\lambda_1^{-1}\|\boldsymbol{x}_i\|^2\\&\le\lambda_1^{-1}M^2\to0\quad(n\to\infty),\end{aligned}$$

其中 $\boldsymbol{I}$ 是单位矩阵, 这样, 结论(iii)就被证明了.

由(3.1.26)知, 如果 $n>n_0$, 就有

$$0<c_1\sum_{i=1}^n\boldsymbol{x}_i\boldsymbol{x}_i^{\mathrm{T}}\le\sum_{i=1}^n\boldsymbol{x}_i\boldsymbol{x}_i^{\mathrm{T}}\Delta(\boldsymbol{x}_i^{\mathrm{T}}\beta)\le c_2\sum_{i=1}^n\boldsymbol{x}_i\boldsymbol{x}_i^{\mathrm{T}},$$

即

$$0<c_1\sum_{i=1}^n\boldsymbol{x}_i\boldsymbol{x}_i^{\mathrm{T}}\le\boldsymbol{\Lambda}_n\le c_2\sum_{i=1}^n\boldsymbol{x}_i\boldsymbol{x}_i^{\mathrm{T}}. \tag{3.1.29}$$

再分别用 $\boldsymbol{\Lambda}_n^{-\frac{1}{2}}$ 左乘(3.1.29), 以及 $\boldsymbol{\Lambda}_n^{-\frac{\mathrm{T}}{2}}$ 右乘(3.1.29), 有

$$0<c_1\sum_{i=1}^n\boldsymbol{\Lambda}_n^{-\frac{1}{2}}\boldsymbol{x}_i\boldsymbol{x}_i^{\mathrm{T}}\boldsymbol{\Lambda}_n^{-\frac{\mathrm{T}}{2}}\le\boldsymbol{I}\le c_2\sum_{i=1}^n\boldsymbol{\Lambda}_n^{-\frac{1}{2}}\boldsymbol{x}_i\boldsymbol{x}_i^{\mathrm{T}}\boldsymbol{\Lambda}_n^{-\frac{\mathrm{T}}{2}}. \tag{3.1.30}$$

再对(3.1.30)取迹(trace), 又有

$$0<c_1\mathrm{tr}\left(\sum_{i=1}^n\boldsymbol{\Lambda}_n^{-\frac{1}{2}}\boldsymbol{x}_i\boldsymbol{x}_i^{\mathrm{T}}\boldsymbol{\Lambda}_n^{-\frac{\mathrm{T}}{2}}\right)\le q\le c_2\mathrm{tr}\left(\sum_{i=1}^n\boldsymbol{\Lambda}_n^{-\frac{1}{2}}\boldsymbol{x}_i\boldsymbol{x}_i^{\mathrm{T}}\boldsymbol{\Lambda}_n^{-\frac{\mathrm{T}}{2}}\right),$$

即

$$0 < c_1 \sum_{i=1}^{n} \boldsymbol{x}_i^{\mathrm{T}} \boldsymbol{\Lambda}_n^{-1} \boldsymbol{x}_i \le q \le c_2 \sum_{i=1}^{n} \boldsymbol{x}_i^{\mathrm{T}} \boldsymbol{\Lambda}_n^{-1} \boldsymbol{x}_i. \tag{3.1.31}$$

通过令 $M_1 = \dfrac{q}{c_2}$, $M_2 = \dfrac{q}{c_1}$, 我们就得到了本引理的结论(iv). □

引理 3.1.8 如果 $\boldsymbol{A}$ 是一个 $q \times q$ 正定矩阵, 那么有

(i) $\max\limits_{1\le s\le q} \{\boldsymbol{e}_s^{\mathrm{T}} \boldsymbol{A} \boldsymbol{e}_s\} = \max\limits_{1\le s,k\le q} \{|\boldsymbol{e}_s^{\mathrm{T}} \boldsymbol{A} \boldsymbol{e}_k|\}$;

(ii) $\min\limits_{1\le s\le q} \{\boldsymbol{e}_s^{\mathrm{T}} \boldsymbol{A} \boldsymbol{e}_s\} \ge \lambda_{\min}(\boldsymbol{A})$,

这里 $\boldsymbol{e}_s = (0, \cdots, 1, \cdots, 0)^{\mathrm{T}}$ 表示第 s 个元素是 1 而其他的元素是 0 的 q 维向量.

证 为了记号的简便, 记 $a_{sk} = \boldsymbol{e}_s^{\mathrm{T}} \boldsymbol{A} \boldsymbol{e}_k$, $s, k = 1, 2, \cdots, q$. 由矩阵 $\boldsymbol{A}$ 的正定性, 我们可以找到正定矩阵 $\boldsymbol{A}$ 的某个主子式使得

$$\begin{vmatrix} a_{ss} & a_{sk} \\ a_{ks} & a_{kk} \end{vmatrix} > 0,$$

即 $a_{ss}a_{kk} - a_{sk}^2 > 0$. 从而 $|a_{sk}| < \sqrt{a_{ss}a_{kk}} \le \max\{a_{ss}, a_{kk}\}$. 所以, 本引理的断言(i)成立.

因为 $\boldsymbol{A}$ 是正定的, 所以存在一个正交矩阵 $\boldsymbol{P}$ 使得

$$\boldsymbol{P}^{\mathrm{T}} \boldsymbol{A} \boldsymbol{P} = \mathrm{diag}(\lambda_1, \lambda_2, \cdots, \lambda_q) \ge \lambda_1 \boldsymbol{I},$$

这里 $\lambda_1 \le \lambda_2 \le \cdots \le \lambda_q$ 是矩阵 $\boldsymbol{A}$ 的特征值, $\boldsymbol{I}$ 是单位矩阵.

容易看到 $\boldsymbol{P}^{\mathrm{T}}(\boldsymbol{A} - \lambda_1 \boldsymbol{I})\boldsymbol{P} \ge 0$, 即 $\boldsymbol{A} - \lambda_1 \boldsymbol{I} \ge 0$. 所以, 本引理的断言(ii)成立. □

引理 3.1.9 在(C1), (C2), (C3)和(C4)等条件下, $\forall \delta > 0$, $\forall \varepsilon > 0$, 有

$$\lim_{n\to\infty} \mathbb{P}\left\{ \max_{\beta \in \mathbb{N}_n(\delta)} \|V_n^*(\beta) - \boldsymbol{I}_q\| \ge \varepsilon \right\} = 0, \tag{3.1.32}$$

这里 $V_n^*(\beta) = \boldsymbol{\Lambda}_n^{-1/2} H_n(\beta) \boldsymbol{\Lambda}_n^{-\mathrm{T}/2}$, $\mathbb{N}_n(\delta)$ 的定义如引理 3.1.7.

证 为了记号的简化, 令 $f_{i0}(y) = f(y; \boldsymbol{x}_i^{\mathrm{T}} \boldsymbol{\beta}_0)$, $F_{i0}(z) = F(z; \boldsymbol{x}_i^{\mathrm{T}} \boldsymbol{\beta}_0)$,

$\overline{F}_{i0}(z)=\overline{F}(z;\boldsymbol{x}_i^{\mathrm{T}}\beta_0)$, 以及 $\boldsymbol{a}_{ni}=\boldsymbol{\Lambda}_n^{-1/2}\boldsymbol{x}_i$. 分解 $V_n^*(\boldsymbol{\beta})-\boldsymbol{I}_q$ 为

$$\boldsymbol{A}_n+\boldsymbol{B}_n+\boldsymbol{C}_n-\boldsymbol{D}_n-\boldsymbol{E}_n+\boldsymbol{H}_n+\boldsymbol{G}_n,$$

此处

$$\boldsymbol{A}_n=V_n(\boldsymbol{\beta})-\boldsymbol{I}_q;$$

$$\begin{aligned}\boldsymbol{B}_n=\sum_{i=1}^n\boldsymbol{a}_{ni}\boldsymbol{a}_{ni}^{\mathrm{T}}\alpha_i(1-\delta_i)\Bigg\{&\Bigg[\frac{1}{F_i^2(Z_i)}\Big(\int_{-\infty}^{Z_i}yf_i(y)\mu(\mathrm{d}y)\Big)^2\\&-\frac{1}{F_i(Z_i)}\int_{-\infty}^{Z_i}y^2f_i(y)\mu(\mathrm{d}y)\Bigg]-\Bigg[\frac{1}{F_{i0}^2(Z_i)}\Big(\int_{-\infty}^{Z_i}yf_{i0}(y)\mu(\mathrm{d}y)\Big)^2\\&-\frac{1}{F_{i0}(Z_i)}\int_{-\infty}^{Z_i}y^2f_{i0}(y)\mu(\mathrm{d}y)\Bigg]\Bigg\};\end{aligned}$$

$$\begin{aligned}\boldsymbol{C}_n=\sum_{i=1}^n\boldsymbol{a}_{ni}\boldsymbol{a}_{ni}^{\mathrm{T}}(1-\alpha_i)\Bigg\{&\Bigg[\frac{1}{\overline{F}_i^2(Z_i)}\Big(\int_{Z_i}^{\infty}yf_i(y)\mu(\mathrm{d}y)\Big)^2\\&-\frac{1}{\overline{F}_i(Z_i)}\int_{Z_i}^{\infty}y^2f_i(y)\mu(\mathrm{d}y)\Bigg]-\Bigg[\frac{1}{\overline{F}_{i0}^2(Z_i)}\Big(\int_{Z_i}^{\infty}yf_{i0}(y)\mu(\mathrm{d}y)\Big)^2\\&-\frac{1}{\overline{F}_{i0}(Z_i)}\int_{Z_i}^{\infty}y^2f_{i0}(y)\mu(\mathrm{d}y)\Bigg]\Bigg\};\end{aligned}$$

$$\begin{aligned}\boldsymbol{D}_n=\sum_{i=1}^n\boldsymbol{a}_{ni}\boldsymbol{a}_{ni}^{\mathrm{T}}\Bigg\{&\mathbb{E}_{\boldsymbol{\beta}}\Bigg(\alpha_i(1-\delta_i)\Big[\frac{1}{F_i^2(Z_i)}\Big(\int_{-\infty}^{Z_i}yf_i(y)\mu(\mathrm{d}y)\Big)^2\\&-\frac{1}{F_i(Z_i)}\int_{-\infty}^{Z_i}y^2f_i(y)\mu(\mathrm{d}y)\Big]\Bigg)\\&-\mathbb{E}_{\boldsymbol{\beta}_0}\Bigg(\alpha_i(1-\delta_i)\Big[\frac{1}{F_{i0}^2(Z_i)}\Big(\int_{-\infty}^{Z_i}yf_{i0}(y)\mu(\mathrm{d}y)\Big)^2\\&-\frac{1}{F_{i0}(Z_i)}\int_{-\infty}^{Z_i}y^2f_{i0}(y)\mu(\mathrm{d}y)\Big]\Bigg)\Bigg\};\end{aligned}$$

$$\begin{aligned}\boldsymbol{E}_n=\sum_{i=1}^n\boldsymbol{a}_{ni}\boldsymbol{a}_{ni}^{\mathrm{T}}\Bigg\{&\mathbb{E}_{\boldsymbol{\beta}}\Bigg((1-\alpha_i)\Big[\frac{1}{\overline{F}_i^2(Z_i)}\Big(\int_{Z_i}^{\infty}yf_i(y)\mu(\mathrm{d}y)\Big)^2\\&-\frac{1}{\overline{F}_i(Z_i)}\int_{Z_i}^{\infty}y^2f_i(y)\mu(\mathrm{d}y)\Big]\Bigg)\\&-\mathbb{E}_{\boldsymbol{\beta}_0}\Bigg((1-\alpha_i)\Big[\frac{1}{\overline{F}_{i0}^2(Z_i)}\Big(\int_{Z_i}^{\infty}yf_{i0}(y)\mu(\mathrm{d}y)\Big)^2\\&-\frac{1}{\overline{F}_{i0}(Z_i)}\int_{Z_i}^{\infty}y^2f_{i0}(y)\mu(\mathrm{d}y)\Big]\Bigg)\Bigg\};\end{aligned}$$

$$\boldsymbol{H}_n = \sum_{i=1}^{n} \boldsymbol{a}_{ni}\boldsymbol{a}_{ni}^{\mathrm{T}}\Big\{\alpha_i(1-\delta_i)\Big[\frac{1}{F_{i0}^2(Z_i)}\Big(\int_{-\infty}^{Z_i} y f_{i0}(y)\mu(\mathrm{d}y)\Big)^2 - \frac{1}{F_{i0}(Z_i)}\int_{-\infty}^{Z_i} y^2 f_{i0}(y)\mu(\mathrm{d}y)\Big] - \mathbb{E}\,\alpha_i(1-\delta_i)\Big[\frac{1}{F_{i0}^2(Z_i)}\Big(\int_{-\infty}^{Z_i} y f_{i0}(y)\mu(\mathrm{d}y)\Big)^2 - \frac{1}{F_{i0}(Z_i)}\int_{-\infty}^{Z_i} y^2 f_{i0}(y)\mu(\mathrm{d}y)\Big]\Big\};$$

$$\boldsymbol{G}_n = \sum_{i=1}^{n} \boldsymbol{a}_{ni}\boldsymbol{a}_{ni}^{\mathrm{T}}\Big\{(1-\alpha_i)\Big[\frac{1}{\overline{F}_{i0}^2(Z_i)}\Big(\int_{Z_i}^{\infty} y f_{i0}(y)\mu(\mathrm{d}y)\Big)^2 - \frac{1}{\overline{F}_{i0}(Z_i)}\int_{Z_i}^{\infty} y^2 f_{i0}(y)\mu(\mathrm{d}y)\Big] - \mathbb{E}\,(1-\alpha_i)\Big[\frac{1}{\overline{F}_{i0}^2(Z_i)}\Big(\int_{Z_i}^{\infty} y f_{i0}(y)\mu(\mathrm{d}y)\Big)^2 - \frac{1}{\overline{F}_{i0}(Z_i)}\int_{Z_i}^{\infty} y^2 f_{i0}(y)\mu(\mathrm{d}y)\Big]\Big\}.$$

由引理3.1.7(ii)，知 $\max_{\beta\in\mathbb{N}_n(\delta)}\|\boldsymbol{A}_n\| \to 0$. 首先，给出结论“$\max_{\beta\in\mathbb{N}_n(\delta)}\|\boldsymbol{B}_n\| \xrightarrow{\mathbb{P}} 0$”的证明；用相同的方法可证明结论“$\max_{\beta\in\mathbb{N}_n(\delta)}\|\boldsymbol{C}_n\| \xrightarrow{\mathbb{P}} 0$”. 其次，给出结论“$\max_{\beta\in\mathbb{N}_n(\delta)}\|\boldsymbol{D}_n\| \to 0$”的证明；用相同的方法可证明结论“$\max_{\beta\in\mathbb{N}_n(\delta)}\|\boldsymbol{E}_n\| \to 0$”. 最后，给出结论“$\|\boldsymbol{H}_n\| \xrightarrow{\mathbb{P}} 0$”的证明；用相同的方法可证明结论“$\|\boldsymbol{G}_n\| \xrightarrow{\mathbb{P}} 0$”. 令

$$\begin{aligned} B^*(Z;\theta,\theta_0) &= \Big[\frac{1}{F^2(Z;\theta)}\Big(\int_{-\infty}^{Z} y f(y;\theta)\mu(\mathrm{d}y)\Big)^2 - \frac{1}{F(Z;\theta)}\int_{-\infty}^{Z} y^2 f(y;\theta)\mu(\mathrm{d}y)\Big] \\ &\quad - \Big[\frac{1}{F^2(Z;\theta_0)}\Big(\int_{-\infty}^{Z} y f(y;\theta_0)\mu(\mathrm{d}y)\Big)^2 - \frac{1}{F(Z;\theta_0)}\int_{-\infty}^{Z} y^2 f(y;\theta_0)\mu(\mathrm{d}y)\Big] \\ &= \big(\Upsilon_1^2(Z;\theta) - \Upsilon_1^2(Z;\theta_0)\big) - \big(\Upsilon_2(Z;\theta) - \Upsilon_2(Z;\theta_0)\big), \end{aligned}$$

有

$$B_n = \sum_{i=1}^{n} \boldsymbol{a}_{ni}\boldsymbol{a}_{ni}^{\mathrm{T}}\alpha_i(1-\delta_i)B^*\big(Z_i;\boldsymbol{x}_i^{\mathrm{T}}\beta,\boldsymbol{x}_i^{\mathrm{T}}\beta_0\big).$$

由假设(C3)和 $\mathbb{X}$ 的紧性，得到

$$\Big|B^*\big(Z_i;\boldsymbol{x}_i^{\mathrm{T}}\boldsymbol{\beta},\boldsymbol{x}_i^{\mathrm{T}}\boldsymbol{\beta}_0\big)\Big| \le \big(L_1(Z_i;\boldsymbol{x}_i)+L_2(Z_i;\boldsymbol{x}_i)\big)\|\boldsymbol{\beta}-\boldsymbol{\beta}_0\|,$$

即有

$$\|\boldsymbol{B}_n\| \le \sum_{i=1}^{n} \|\boldsymbol{a}_{ni}\boldsymbol{a}_{ni}^{\mathrm{T}}\|\alpha_i(1-\delta_i)\big(L_1(Z_i;\boldsymbol{x}_i)+L_2(Z_i;\boldsymbol{x}_i)\big)\|\boldsymbol{\beta}-\boldsymbol{\beta}_0\|.$$

由引理 3. 1. 7 的(i)知，存在某个绝对常数 $c_1>0$ 使得

$$\lambda_{\min}(\boldsymbol{\Lambda}_n) \ge c_1 n,$$

以及

$$\begin{aligned}
\|\boldsymbol{B}_n\| &\le \sum_{i=1}^{n} \boldsymbol{x}_i^{\mathrm{T}}\boldsymbol{\Lambda}_n^{-1}\boldsymbol{x}_i\big(L_1(Z_i;\boldsymbol{x}_i)+L_2(Z_i;\boldsymbol{x}_i)\big)\|\boldsymbol{\beta}-\boldsymbol{\beta}_0\| \\
&\le \lambda_{\min}\big(\|\boldsymbol{x}_i\|(\boldsymbol{\Lambda}_n)^{-1}\big)\|\boldsymbol{\beta}-\boldsymbol{\beta}_0\|\sum_{i=1}^{n}\big(L_1(Z_i;\boldsymbol{x}_i)+L_2(Z_i;\boldsymbol{x}_i)\big) \\
&\le c^{-1}M_3\|\boldsymbol{\beta}-\boldsymbol{\beta}_0\|\frac{1}{n}\sum_{i=1}^{n}\big(L_1(Z_i;\boldsymbol{x}_i)+L_2(Z_i;\boldsymbol{x}_i)\big) \\
&= c^{-1}M_3\big(\lambda_{\min}(\boldsymbol{\Lambda}_n)\big)^{-1/2}\big(\lambda_{\min}(\boldsymbol{\Lambda}_n)\big)^{1/2}\|\boldsymbol{\beta}-\boldsymbol{\beta}_0\| \\
&\quad \frac{1}{n}\sum_{i=1}^{n}\big(L_1(Z_i;\boldsymbol{x}_i)+L_2(Z_i;\boldsymbol{x}_i)\big) \\
&\le c^{-1}M_3\big(\lambda_{\min}(\boldsymbol{\Lambda}_n)\big)^{-1/2}\|\boldsymbol{\Lambda}_n^{1/2}(\boldsymbol{\beta}-\boldsymbol{\beta}_0)\| \\
&\quad \frac{1}{n}\sum_{i=1}^{n}\big(L_1(Z_i;\boldsymbol{x}_i)+L_2(Z_i;\boldsymbol{x}_i)\big),
\end{aligned} \tag{3. 1. 33}$$

从而有

$$\max_{\boldsymbol{\beta}\in\mathbb{N}_n(\delta)} \|\boldsymbol{B}_n\| \le c^{-1}M_3\big(\lambda_{\min}(\boldsymbol{\Lambda}_n)\big)^{-1/2}\delta\frac{1}{n}\sum_{i=1}^{n}\big(L_1(Z_i;\boldsymbol{x}_i)+L_2(Z_i;\boldsymbol{x}_i)\big). \tag{3. 1. 34}$$

又由引理 3. 1. 7 的(i)知，$\forall\varepsilon>0$，$\exists n_0$ 使得对 $n>n_0$ 有

$$\left(\lambda_{\min}(\boldsymbol{\Lambda}_n)\right)^{-1} < \frac{c\varepsilon}{M_3\delta}$$

成立, 从而有

$$\max_{\beta\in\mathbb{N}_n(\delta)} \left\|\boldsymbol{B}_n\right\| \le \varepsilon\frac{1}{n}\sum_{i=1}^{n}\left(L_1(Z_i;\boldsymbol{x}_i)+L_2(Z_i;\boldsymbol{x}_i)\right). \quad (3.1.35)$$

为了证明

$$\max_{\beta\in\mathbb{N}_n(\delta)} \|\boldsymbol{B}_n\| \xrightarrow{\mathbb{P}} 0, \quad (3.1.36)$$

需要先证明: 存在常数 $M<\infty$, 使得

$$\lim_{n\to\infty}\mathbb{P}\left\{\frac{1}{n}\sum_{i=1}^{n}(L_1\left(Z_i;\boldsymbol{x}_i\right)+L_2(Z_i;\boldsymbol{x}_i))\le M\right\}=1. \quad (3.1.37)$$

为此, 只需证明: 存在常数 $M_1<\infty$, 使得

$$\lim_{n\to\infty}\mathbb{P}\left\{\frac{1}{n}\sum_{i=1}^{n}L_1(Z_i;\boldsymbol{x}_i)\le M_1\right\}=1. \quad (3.1.38)$$

类似可证存在常数 $M_2<\infty$ 满足

$$\lim_{n\to\infty}\mathbb{P}\left\{\frac{1}{n}\sum_{i=1}^{n}L_2(Z_i;\boldsymbol{x}_i)\le M_2\right\}=1. \quad (3.1.39)$$

事实上, 由(C3)和引理 1.3.7 知, $\forall\varepsilon>0$, 有

$$\lim_{n\to\infty}\mathbb{P}\left\{\frac{1}{n}\left|\sum_{i=1}^{n}\left(L_1(Z_i;\boldsymbol{x}_i)-\mathbb{E}\left(L_1(Z_i;\boldsymbol{x}_i)\right)\right)\right|\le\varepsilon\right\}=1.$$

由此得

$$\lim_{n\to\infty}\mathbb{P}\left\{\frac{1}{n}\sum_{i=1}^{n}L_1(Z_i;\boldsymbol{x}_i)\le\frac{1}{n}\mathbb{E}\left(L_1(Z_i;\boldsymbol{x}_i)\right)+\varepsilon\right\}=1,$$

即有

$$\lim_{n\to\infty}\mathbb{P}\left\{\frac{1}{n}\sum_{i=1}^{n}L_1(Z_i;\boldsymbol{x}_i)\le L_1+\varepsilon\right\}=1.$$

(3.1.38)得证.

由 (3.1.38) 和 (3.1.39) 得 (3.1.37). 由 (3.1.35) 和 (3.1.37) 得 (3.1.36).

下面证明 $\max\limits_{\beta\in\mathbb{N}_n(\delta)}\|\boldsymbol{D}_n\|\to 0$. 令

$$\Psi(z;\theta)=\frac{1}{F(z;\theta)}\Big(\int_{-\infty}^{z}yf(y;\theta)\mu(\mathrm{d}y)\Big)^2,$$

$\Xi(z;\theta)=\displaystyle\int_{-\infty}^{z}y^2f(y;\theta)\mu(\mathrm{d}y)$，以及

$$\begin{aligned}D^*(\theta,\theta_0)=&(1-p)\Big[\int_{-\infty}^{\infty}\frac{1}{F(y;\theta)}\Big(\int_{-\infty}^{z}yf(y;\theta)\mu(\mathrm{d}y)\Big)^2\mathrm{d}G_i(z)\\&-\int_{-\infty}^{\infty}\frac{1}{F(y;\theta_0)}\Big(\int_{-\infty}^{z}yf(y;\theta_0)\mu(\mathrm{d}y)\Big)^2\mathrm{d}G_i(z)\Big]\\&-(1-p)\Big[\int_{-\infty}^{\infty}\int_{-\infty}^{z}y^2f(y;\theta)\mu(\mathrm{d}y)\mathrm{d}G_i(z)\\&-\int_{-\infty}^{\infty}\int_{-\infty}^{z}y^2f(y;\theta_0)\mu(\mathrm{d}y)\mathrm{d}G_i(z)\Big]\\=&(1-p)\Big[\int_{-\infty}^{\infty}\big(\Psi(z;\theta)-\Psi(z;\theta_0)\big)\mathrm{d}G_i(z)\\&-\int_{-\infty}^{\infty}\big(\Xi(z;\theta)-\Xi(z;\theta_0)\big)\mathrm{d}G_i(z)\Big],\end{aligned}$$

有

$$\boldsymbol{D}_n=\sum_{i=1}^{n}\boldsymbol{a}_{ni}\boldsymbol{a}_{ni}^{\mathrm{T}}D^*(\boldsymbol{x}_i^{\mathrm{T}}\boldsymbol{\beta};\boldsymbol{x}_i^{\mathrm{T}}\boldsymbol{\beta}_0).$$

由 (3. 1. 4) 和引理 3. 1. 3 容易得到 $\exists\,\nu\in(-1,1)$ 使得

$$\begin{aligned}&\big|\Psi(z;\boldsymbol{x}_i^{\mathrm{T}}\boldsymbol{\beta})-\Psi(z;\boldsymbol{x}_i^{\mathrm{T}}\boldsymbol{\beta}_0)\big|\\&=\left|\frac{\partial\Psi\big(z;\boldsymbol{x}_i^{\mathrm{T}}\big(\boldsymbol{\beta}_0+\nu(\boldsymbol{\beta}-\boldsymbol{\beta}_0)\big)\big)}{\partial\boldsymbol{\beta}}\boldsymbol{x}_i^{\mathrm{T}}(\boldsymbol{\beta}-\boldsymbol{\beta}_0)\right|\\&\le\left|\frac{\partial\Psi\big(z;\boldsymbol{x}_i^{\mathrm{T}}\big(\boldsymbol{\beta}_0+\nu(\boldsymbol{\beta}-\boldsymbol{\beta}_0)\big)\big)}{\partial\boldsymbol{\beta}}\right|\|\boldsymbol{x}_i\|\|\boldsymbol{\beta}-\boldsymbol{\beta}_0\|\\&\le M_4\|\boldsymbol{\beta}-\boldsymbol{\beta}_0\|.\end{aligned}$$

类似地，有

$$\big|\Xi(z;\boldsymbol{x}_i^{\mathrm{T}}\boldsymbol{\beta})-\Xi(z;\boldsymbol{x}_i^{\mathrm{T}}\boldsymbol{\beta}_0)\big|\le M_5\|\boldsymbol{\beta}-\boldsymbol{\beta}_0\|.$$

再根据事实：对充分小的 $\varepsilon>0$，存在常数 n_0 使得当 $n>n_0$ 时，有

$$\big(\lambda_{\min}(\boldsymbol{\Lambda}_n)\big)^{-1}<\frac{\varepsilon}{M_4+M_5},$$

可以得到

$$\begin{aligned}\left|D^*(\boldsymbol{x}_i^{\mathrm{T}}\beta;\boldsymbol{x}_i^{\mathrm{T}}\beta_0)\right| &\le (M_4+M_5)\|\beta-\beta_0\| \\ &= (M_4+M_5)\lambda_{\min}(\boldsymbol{\Lambda}_n)\frac{\|\beta-\beta_0\|}{\lambda_{\min}(\boldsymbol{\Lambda}_n)} \\ &\le \varepsilon\lambda_{\min}(\boldsymbol{\Lambda}_n)\|\beta-\beta_0\| \\ &\le \varepsilon\left\|\boldsymbol{\Lambda}_n^{\frac{\mathrm{T}}{2}}(\beta-\beta_0)\right\| \\ &\le \varepsilon\delta.\end{aligned}$$

因此，由引理 3.1.7(iii)，得

$$\left\|\boldsymbol{D}_n\right\| \le \sum_{i=1}^n \left\|\boldsymbol{\Lambda}_n^{-\frac{1}{2}}\boldsymbol{x}_i\boldsymbol{x}_i^{\mathrm{T}}\boldsymbol{\Lambda}_n^{-\frac{\mathrm{T}}{2}}\right\|\varepsilon\delta = \sum_{i=1}^n \boldsymbol{x}_i^{\mathrm{T}}\boldsymbol{\Lambda}_n^{-1}\boldsymbol{x}_i\varepsilon\delta \le M_2\varepsilon\delta.$$

这证明了当 $n\to\infty$ 时，$\max\limits_{\beta\in\mathbb{N}_n(\delta)}\left\|\boldsymbol{D}_n\right\|\to 0$.

最后，证明 $\max\limits_{\beta\in\mathbb{N}_n(\delta)}\|\boldsymbol{H}_n\|\to 0$. 令

$$\begin{aligned}J(Z_i;\boldsymbol{x}_i^{\mathrm{T}}\beta_0) &= \alpha_i(1-\delta_i)\left[\frac{1}{F_{i0}^2(Z_i)}\Big(\int_{-\infty}^{Z_i} y f_{i0}(y)\mu(\mathrm{d}y)\Big)^2\right. \\ &\quad \left. - \frac{1}{F_{i0}(Z_i)}\int_{-\infty}^{Z_i} y^2 f_{i0}(y)\mu(\mathrm{d}y)\right] \\ &\quad - \mathbb{E}\left(\alpha_i(1-\delta_i)\left[\frac{1}{F_{i0}^2(Z_i)}\Big(\int_{-\infty}^{Z_i} y f_{i0}(y)\mu(\mathrm{d}y)\Big)^2\right.\right. \\ &\quad \left.\left. - \frac{1}{F_{i0}(Z_i)}\int_{-\infty}^{Z_i} y^2 f_{i0}(y)\mu(\mathrm{d}y)\right]\right).\end{aligned}$$

则 $\boldsymbol{H}_n=\sum\limits_{i=1}^n \boldsymbol{a}_{ni}\boldsymbol{a}_{ni}^{\mathrm{T}}J(Z_i;\boldsymbol{x}_i^{\mathrm{T}}\beta_0)$. 易见，$\mathbb{E}\big(J(Z_i;\boldsymbol{x}_i^{\mathrm{T}}\beta_0)\big)=0$,

$$\begin{aligned}\mathbb{V}\mathrm{ar}\big(J(Z_i;\boldsymbol{x}_i^{\mathrm{T}}\beta_0)\big) &\le \mathbb{E}\left\{\alpha_i(1-\delta_i)\left[\frac{1}{F_{i0}^2(Z_i)}\Big(\int_{-\infty}^{Z_i} y f_{i0}(y)\mu(\mathrm{d}y)\Big)^2\right.\right. \\ &\quad \left.\left. - \frac{1}{F_{i0}(Z_i)}\int_{-\infty}^{Z_i} y^2 f_{i0}(y)\mu(\mathrm{d}y)\right]\right\}^2 \\ &\le 2\mathbb{E}\left\{\alpha_i(1-\delta_i)\left[\frac{1}{F_{i0}^4(Z_i)}\Big(\int_{-\infty}^{Z_i} y f_{i0}(y)\mu(\mathrm{d}y)\Big)^4\right.\right. \\ &\quad \left.\left. + \Big(\frac{1}{F_{i0}(Z_i)}\int_{-\infty}^{Z_i} y^2 f_{i0}(y)\mu(\mathrm{d}y)\Big)^2\right]\right\}\end{aligned}$$

$$
\begin{aligned}
&= 2(1-p)\int_{-\infty}^{\infty}\left[\frac{1}{F_{i0}^3(z)}\Big(\int_{-\infty}^{z} y f_{i0}(y)\mu(\mathrm{d}y)\Big)^4\right.\\
&\quad\left.+\Big(\frac{1}{F_{i0}(z)}\int_{-\infty}^{z} y^2 f_{i0}(y)\mu(\mathrm{d}y)\Big)^2\right]\mathrm{d}G_i(z)\\
&\le 4(1-p)\int_{-\infty}^{\infty}\int_{-\infty}^{z} y^4 f_{i0}(y)\mu(\mathrm{d}y)\mathrm{d}G_i(z)\\
&= 4(1-p)\int_{-\infty}^{\infty} y^4\overline{G}_i(y)\mathrm{d}F_{i0}(y)\\
&\le 4(1-p)\int_{-\infty}^{\infty} y^4\mathrm{d}F_{i0}(y)\\
&= 4(1-p)\Big[\ddddot{b}(\boldsymbol{x}_i^{\mathrm{T}}\boldsymbol{\beta}_0)+4\dot{b}(\boldsymbol{x}_i^{\mathrm{T}}\boldsymbol{\beta}_0)\dddot{b}(\boldsymbol{x}_i^{\mathrm{T}}\boldsymbol{\beta}_0)\\
&\quad+3\ddot{b}^2(\boldsymbol{x}_i^{\mathrm{T}}\boldsymbol{\beta}_0)+6\dot{b}^2(\boldsymbol{x}_i^{\mathrm{T}}\boldsymbol{\beta}_0)\ddot{b}(\boldsymbol{x}_i^{\mathrm{T}}\boldsymbol{\beta}_0)+\dot{b}^4(\boldsymbol{x}_i^{\mathrm{T}}\boldsymbol{\beta}_0)\Big].
\end{aligned}
$$

又根据 $\mathbb{X}$ 的紧性，存在常数 $0<K_3<\infty$，使得

$$
\begin{aligned}
&\sup_{i\ge 1}\Big(\ddddot{b}(\boldsymbol{x}_i^{\mathrm{T}}\boldsymbol{\beta}_0)+4\dot{b}(\boldsymbol{x}_i^{\mathrm{T}}\boldsymbol{\beta}_0)\dddot{b}(\boldsymbol{x}_i^{\mathrm{T}}\boldsymbol{\beta}_0)+3\ddot{b}^2(\boldsymbol{x}_i^{\mathrm{T}}\boldsymbol{\beta}_0)\\
&\quad+6\dot{b}^2(\boldsymbol{x}_i^{\mathrm{T}}\boldsymbol{\beta}_0)\ddot{b}(\boldsymbol{x}_i^{\mathrm{T}}\boldsymbol{\beta}_0)+\dot{b}^4(\boldsymbol{x}_i^{\mathrm{T}}\boldsymbol{\beta}_0)\Big)\le K_3<\infty,
\end{aligned}
$$

即

$$
\sup_{i\ge 1}\mathbb{V}\mathrm{ar}\big(J(Z_i;\boldsymbol{x}_i^{\mathrm{T}}\boldsymbol{\beta}_0)\big)\le 4(1-p)K_3.
$$

根据 Kolmogorov 强大数定律，有

$$
\frac{1}{n}\sum_{i=1}^{n}J(Z_i;\boldsymbol{x}_i^{\mathrm{T}}\boldsymbol{\beta}_0)\to 0,\quad \mathbb{P}\text{-a.s.},
$$

故

$$
\begin{aligned}
\overline{\lim_{n\to\infty}}\max_{\boldsymbol{\beta}\in\mathbb{N}_n(\delta)}\|\boldsymbol{H}_n\| &= \overline{\lim_{n\to\infty}}\left\|\max_{\boldsymbol{\beta}\in\mathbb{N}_n(\delta)}\sum_{i=1}^{n}\boldsymbol{a}_{ni}\boldsymbol{a}_{ni}^{\mathrm{T}}J(Z_i;\boldsymbol{x}_i^{\mathrm{T}}\boldsymbol{\beta}_0)\right\|\\
&\le \overline{\lim_{n\to\infty}}\max_{\boldsymbol{\beta}\in\mathbb{N}_n(\delta)}\sum_{i=1}^{n}\|\boldsymbol{a}_{ni}\boldsymbol{a}_{ni}^{\mathrm{T}}\|J(Z_i;\boldsymbol{x}_i^{\mathrm{T}}\boldsymbol{\beta}_0)\\
&\le \overline{\lim_{n\to\infty}}\max_{\boldsymbol{\beta}\in\mathbb{N}_n(\delta)}\sum_{i=1}^{n}\|\boldsymbol{x}_i\|\lambda_{\min}(\boldsymbol{\Lambda}_n^{-1})J(Z_i;\boldsymbol{x}_i^{\mathrm{T}}\boldsymbol{\beta}_0)\\
&\le Mc^{-1}\,\overline{\lim_{n\to\infty}}\frac{1}{n}\sum_{i=1}^{n}J(Z_i;\boldsymbol{x}_i^{\mathrm{T}}\boldsymbol{\beta}_0)=0,\ \mathbb{P}\text{-a.s.}
\end{aligned}
$$

所以，想要的结论得到了证明. □

引理 3.1.10 在(C1), (C2), (C3*)和(C4)等条件下，$\forall \delta > 0$，有

$$\lim_{n\to\infty} \max_{\beta\in\mathbb{N}_n(\delta)} \left\| V_n^*(\beta) - \boldsymbol{I}_q \right\| = 0, \quad \mathbb{P}\text{-a.s.}, \tag{3.1.40}$$

这里 $V_n^*(\beta) = \boldsymbol{\Lambda}_n^{-1/2} H_n(\beta) \boldsymbol{\Lambda}_n^{-\mathrm{T}/2}$，$\mathbb{N}_n(\delta)$ 的定义如引理 3.1.7.

证 与引理 3.1.9 一样作分解. 只需证明结论 "$\max_{\beta\in\mathbb{N}_n(\delta)} \|\boldsymbol{B}_n\| \to 0$, $\mathbb{P}$-a.s." 和 "$\max_{\beta\in\mathbb{N}_n(\delta)} \|\boldsymbol{C}_n\| \to 0$, $\mathbb{P}$-a.s."，其他的结论已经在引理 3.1.9 中得到证明. 为了证明 $\max_{\beta\in\mathbb{N}_n(\delta)} \|\boldsymbol{B}_n\| \to 0$, $\mathbb{P}$-a.s., 需要证明对 $\mathbb{P}$-a.s. 的 ω，存在 $M = M(\omega) < \infty$ 使得

$$\frac{1}{n}\sum_{i=1}^{n} \big(L_1(Z_i;\boldsymbol{x}_i) + L_2(Z_i;\boldsymbol{x}_i)\big) \le M.$$

现在，只证明对 $\mathbb{P}$-a.s. 的 ω，存在 $M_1 = M_1(\omega) < \infty$ 使得

$$\frac{1}{n}\sum_{i=1}^{n} L_1(Z_i;\boldsymbol{x}_i) \le M_1.$$

对另外一个，可以用与之相同的方法证明.

$\forall \varepsilon > 0$，令

$$B_N^* = \left\{\omega:\ \sup_{n\ge N} \frac{1}{n}\sum_{i=1}^{n} L_1(Z_i;\boldsymbol{x}_i) - \sup_{i\ge1} \mathbb{E}\big(L_1(Z_i;\boldsymbol{x}_i)\big) \le \varepsilon\right\}.$$

记

$$K_n = \left\{\omega:\ \left|\frac{1}{n}\sum_{i=1}^{n} \big(L_1(Z_i;\boldsymbol{x}_i) - \mathbb{E}\big(L_1(Z_i;\boldsymbol{x}_i)\big)\big)\right| > \varepsilon\right\},$$

以及

$$K_n^{(1)} = \left\{\omega:\ \frac{1}{n}\sum_{i=1}^{n} \big(L_1(Z_i;\boldsymbol{x}_i) - \mathbb{E}\big(L_1(Z_i;\boldsymbol{x}_i)\big)\big) > \varepsilon\right\},$$

那么 $K_n^{(1)} \subseteq K_n$. 根据假设(C3*)和引理 1.3.8，知

$$\mathbb{P}\Big(\bigcap_{l=1}^{\infty}\bigcup_{n=l}^{\infty} K_n\Big) = \lim_{l\to\infty} \mathbb{P}\Big(\bigcup_{n=l}^{\infty} K_n\Big) = 0.$$

进而

$$\mathbb{P}\Big(\bigcap_{l=1}^{\infty}\bigcup_{n=l}^{\infty}K_n^{(1)}\Big)=\lim_{l\to\infty}\mathbb{P}\Big(\bigcup_{n=l}^{\infty}K_n^{(1)}\Big)=0.$$

记 $\overline{B_N^*}=\Omega-B_N^*$. 容易看到 $\overline{B_N^*}\subseteq\bigcup_{n=N}^{\infty}K_n^{(1)}$. 根据 B_N^* 的单调性，有 $\lim_{N\to\infty}\mathbb{P}(B_N^*)=1$. 因此，对所有的 $n\geq N$，在 B_N^* 上，有

$$\frac{1}{n}\sum_{i=1}^{n}L_1(Z_i;\boldsymbol{x}_i)\leq\sup_{i\geq 1}\mathbb{E}\big(L_1(Z_i;\boldsymbol{x}_i)\big)+\varepsilon\leq L_1^{1/2}+\varepsilon.$$

再由假设(C2)知，存在某个绝对常数 $c_1>0$ 使得

$$\lambda_{\min}(\boldsymbol{\Lambda}_n)\geq c_1 n,$$

以及

$$\begin{aligned}\Big\|\sum_{i=1}^{n}\boldsymbol{a}_{ni}\boldsymbol{a}_{ni}^{\mathrm{T}}\alpha_i(1-\delta_i)L_1(Z_i;\boldsymbol{x}_i)\Big\|&\leq\sum_{i=1}^{n}\boldsymbol{x}_i^{\mathrm{T}}\boldsymbol{\Lambda}_n^{-1}\boldsymbol{x}_i\alpha_i(1-\delta_i)L_1(Z_i;\boldsymbol{x}_i)\\&\leq\lambda_{\min}(\boldsymbol{\Lambda}_n)^{-1}M_3\sum_{i=1}^{n}L_1(Z_i;\boldsymbol{x}_i)\\&\leq c_1^{-1}M_3\frac{1}{n}\sum_{i=1}^{n}L_1(Z_i;\boldsymbol{x}_i)\\&\leq M_3^*.\end{aligned}\tag{3.1.41}$$

类似地，$\forall n\geq N$，在 B_N^* 上，有

$$\Big\|\sum_{i=1}^{n}\boldsymbol{a}_{ni}\boldsymbol{a}_{ni}^{\mathrm{T}}\alpha_i(1-\delta_i)L_2(Z_i;\boldsymbol{x}_i)\Big\|\leq M_4^*.$$

根据事实：存在常数 n_0 使得对 $n>n_0$ 有

$$\big(\lambda_{\min}(\boldsymbol{\Lambda}_n)\big)^{-1/2}<\frac{\varepsilon}{M_3^*+M_4^*}$$

成立，我们知道，如果 $n\geq\max\{N,n_0\}$，那么在集合 B_N^* 上，有

$$\max_{\boldsymbol{\beta}\in\mathbb{N}_n(\delta)}\|\boldsymbol{B}_n\|\leq(M_3^*+M_4^*)\big(\lambda_{\min}(\boldsymbol{\Lambda}_n)\big)^{1/2}\max_{\boldsymbol{\beta}\in\mathbb{N}_n(\delta)}\|\boldsymbol{\beta}-\boldsymbol{\beta}_0\|\big(\lambda_{\min}(\boldsymbol{\Lambda}_n)\big)^{-1/2}$$

$$
\begin{aligned}
&\leq \varepsilon\big(\lambda_{\min}(\boldsymbol{\Lambda}_n)\big)^{\mathrm{T}/2}\max_{\beta\in\mathbb{N}_n(\delta)}\|\beta-\beta_0\| \\
&\leq \varepsilon\max_{\beta\in\mathbb{N}_n(\delta)}\big\|\boldsymbol{\Lambda}_n^{\mathrm{T}/2}(\beta-\beta_0)\big\| \\
&\leq \varepsilon\delta. \qquad (3.1.42)
\end{aligned}
$$

令

$$
B_N^*(m)=\left\{\omega:\ \sup_{n\geq N}\max_{\beta\in\mathbb{N}_n(\delta)}\|\boldsymbol{B}_n\|\leq\frac{1}{m}\delta\right\},
$$

$B_0(m)=\bigcup_{N=1}^{\infty}B_N^*(m)$ 且 $B_0=\bigcap_{m=1}^{\infty}B_0(m)$. 根据 (3.1.42), 我们有 $\mathbb{P}(B_0)=1$. 此事实蕴涵着

$$
\max_{\beta\in\mathbb{N}_n(\delta)}\|\boldsymbol{B}_n\|\to 0,\quad \mathbb{P}\text{-a.s.}
$$

从而, 引理得证. □

引理 3.1.11 假设 $\mathbb{B}$ 是 $\mathbb{R}^q$ 的开凸子集, $f(\beta)=f(\beta_1,\beta_2,\cdots,\beta_q)$ 是定义在 $\mathbb{B}$ 上的一个实值函数, 而且 f 在 $\mathbb{B}$ 上几乎处处有二阶偏导数. 若 q 阶方阵

$$
A(\beta)\equiv\left(-\frac{\partial^2}{\partial\beta_i\,\partial\beta_j}\right)>0,\quad \forall\beta\in\mathbb{B},
$$

那么, 方程

$$
\frac{\partial f}{\partial\beta_i}=0,\quad i=1,2,\cdots,q \qquad (3.1.43)
$$

至多有一个解. 而且如果这个解存在, 我们把它记为 $\hat{\beta}_n$, 那么 $\hat{\beta}_n$ 一定是 f 在 $\mathbb{B}$ 上的极大值点.

证 设方程(3.1.43)有两个解 β^* 和 β^{**}, 且 $\beta^*\neq\beta^{**}$. 因为 $\mathbb{B}$ 是 $\mathbb{R}^q$ 的开凸子集, 所以连接 β^* 和 β^{**}的线段全在 $\mathbb{B}$ 内, 故函数

$$
H(t)=f\big(t\beta^*+(1-t)\beta^{**}\big)
$$

当 $0\leq t\leq 1$ 时有定义. 由于 β^* 和 β^{**} 都是(3.1.43)的解, 所以有

$$
H'(0)=H'(1)=0.
$$

由 Rolle 中值公式知, 存在 $t_0\in(0,1)$, 使

$$0 = H''(t_0) = -(\boldsymbol{\beta}^* - \boldsymbol{\beta}^{**})^{\mathrm{T}} A\big(t_0\boldsymbol{\beta}^* - (1-t_0)\boldsymbol{\beta}^{**}\big)(\boldsymbol{\beta}^* - \boldsymbol{\beta}^{**}). \tag{3.1.44}$$

由于对任何 $\boldsymbol{\beta} \in \mathbb{B}$, $A(\boldsymbol{\beta}) > 0$, 由正定矩阵的性质知, (3. 1. 44) 成立, 必有 $\boldsymbol{\beta}^* - \boldsymbol{\beta}^{**} = \mathbf{0}$. 这个矛盾表明(3. 1. 43)至多只有一个解.

其次, 设 $\hat{\boldsymbol{\beta}}_n$ 为(3. 1. 43)的一个解, $\boldsymbol{\beta}^*$ 为 $\mathbb{B}$ 内任意一个点, 令

$$H(t) = f\big(t\hat{\boldsymbol{\beta}}_n + (1-t)\boldsymbol{\beta}^*\big).$$

由(3. 1. 43)有 $H'(1) = 0$. 因为对任意的 $t \in [0,1)$, 有

$$H''(t) = -(\hat{\boldsymbol{\beta}}_n - \boldsymbol{\beta}^*)^{\mathrm{T}} A\big(t\hat{\boldsymbol{\beta}}_n - (1-t)\boldsymbol{\beta}^*\big)(\hat{\boldsymbol{\beta}}_n - \boldsymbol{\beta}^*) < 0,$$

从而知 $H'(t) > H'(1)$, 进而有 $f(\hat{\boldsymbol{\beta}}_n) = H(1) > H(0) = f(\boldsymbol{\beta}^*)$. 这就证明了 $\hat{\boldsymbol{\beta}}_n$ 一定是 f 在 $\mathbb{B}$ 上的极大值点. □

引理 3. 1. 12　在(C1), (C2), (C3)和(C4)诸假设下, 规范化的得分函数具有渐近正态分布, 即 $\boldsymbol{\Lambda}_n^{-1/2} T_n(\boldsymbol{\beta}_0) \xrightarrow{d} N(\mathbf{0}, \boldsymbol{I})$.

证　取定 $\boldsymbol{\lambda} \in \mathbb{R}^q$, 且满足 $\boldsymbol{\lambda}^{\mathrm{T}}\boldsymbol{\lambda} = 1$. 令

$$T_{ni} = \boldsymbol{\lambda}^{\mathrm{T}} \boldsymbol{\Lambda}_n^{-1/2} \boldsymbol{x}_i t(\boldsymbol{x}_i^{\mathrm{T}}\boldsymbol{\beta}_0),$$

对于排列 $\{T_{ni}\}$, 显然有

$$\mathbb{E}\, T_{ni} = 0, \quad \mathbb{V}\mathrm{ar}\Big(\sum_{i=1}^{n} T_{ni}\Big) = \mathbb{V}\mathrm{ar}\big(\boldsymbol{\lambda}^{\mathrm{T}}\boldsymbol{\Lambda}_n^{-1/2} T_n(\boldsymbol{\beta}_0)\big) = 1.$$

为了证明此引理的断言, 我们只需证明 Lindeberg 条件能够得到满足, 即 $\forall \delta > 0$,

$$g_n(\delta) = \sum_{i=1}^{n} \int_{\{t^2 > \delta^2\}} t^2 \mathrm{d}F_{ni} \to 0, \quad n \to \infty, \tag{3.1.45}$$

这里, F_{ni} 是 T_{ni} 的分布函数. 再令 $\alpha_{ni}^{\mathrm{T}} = \boldsymbol{\lambda}^{\mathrm{T}}\boldsymbol{\Lambda}_n^{-1/2}\boldsymbol{x}_i$, $\alpha_{ni} = \boldsymbol{x}_i^{\mathrm{T}}\boldsymbol{\Lambda}_n^{-\mathrm{T}/2}\boldsymbol{\lambda}$, 并将其代入 (3. 1. 45) 中. 由 $T_{ni}^2 \le \alpha_{ni}^{\mathrm{T}}\alpha_{ni}\big|t(\boldsymbol{x}_i^{\mathrm{T}}\boldsymbol{\beta}_0)\big|^2$ 知,

$$g_n(\delta) \le \sum_{i=1}^{n} \alpha_{ni}^{\mathrm{T}}\alpha_{ni} \int_{B(n,i)} y^2 \mathrm{d}H_{t(\boldsymbol{x}_i^{\mathrm{T}}\boldsymbol{\beta}_0)}, \tag{3.1.46}$$

这里 $H_{t(\boldsymbol{x}_i^{\mathrm{T}}\boldsymbol{\beta}_0)}$ 是 $\big|t(\boldsymbol{x}_i^{\mathrm{T}}\boldsymbol{\beta}_0)\big|$ 的分布函数, $i = 1, 2, \cdots, n$,

$$B(n,i) = \left\{ y^2 > \frac{\delta^2}{\alpha_{ni}^{\mathrm{T}}\alpha_{ni}} \right\}.$$

由引理 3.1.7 知，$\lambda_{\min}(\boldsymbol{\Lambda}_n)\to\infty$，$\mathbb{V}\mathrm{ar}\big(t(\boldsymbol{x}_i^{\mathrm{T}}\boldsymbol{\beta}_0)\big)<\infty$，$i=1,2,\cdots,n$，$\boldsymbol{x}_i^{\mathrm{T}}\boldsymbol{\Lambda}_n^{-1}\boldsymbol{x}_i\to 0$，以及

$$0<K_1\le\sum_{i=1}^{n}\boldsymbol{x}_i^{\mathrm{T}}\boldsymbol{\Lambda}_n^{-1}\boldsymbol{x}_i\le K_2<\infty,$$

从而有

$$\max_{i=1,2,\cdots,n}\ \alpha_{ni}^{\mathrm{T}}\alpha_{ni}\to 0. \tag{3.1.47}$$

定义 $h_c(T)=\displaystyle\int_{\{y^2>\delta^2c\}}y^2\mathrm{d}H_T$. 由(3.1.47)知，对任意大的 $c>0$，存在充分大的 $n_2(c)>0$ 使得当 $n\ge n_2(c)$ 时，

$$\int_{B(n,i)}y^2\mathrm{d}H_{t(\boldsymbol{x}_i^{\mathrm{T}}\boldsymbol{\beta}_0)}\le h_c\big(t(\boldsymbol{x}_i^{\mathrm{T}}\boldsymbol{\beta}_0)\big)$$

成立. 将此式代入(3.1.46)中有

$$g_n(\delta)\le\sum_{i=1}^{n}\alpha_{ni}^{\mathrm{T}}\alpha_{ni}h_c\big(t(\boldsymbol{x}_i^{\mathrm{T}}\boldsymbol{\beta}_0)\big),\quad n\ge n_2(c).$$

经过计算知，

$$\begin{aligned}\mathbb{V}\mathrm{ar}\big(t(\boldsymbol{x}_i^{\mathrm{T}}\boldsymbol{\beta}_0)^2\big)&\le 16\big(\overset{\cdots\cdot}{b}(\boldsymbol{x}_i^{\mathrm{T}}\boldsymbol{\beta}_0)+4\dot{b}(\boldsymbol{x}_i^{\mathrm{T}}\boldsymbol{\beta}_0)\dddot{b}(\boldsymbol{x}_i^{\mathrm{T}}\boldsymbol{\beta}_0)\\&\quad+6\dot{b}^2(\boldsymbol{x}_i^{\mathrm{T}}\boldsymbol{\beta}_0)\ddot{b}(\boldsymbol{x}_i^{\mathrm{T}}\boldsymbol{\beta}_0)+\dot{b}^4(\boldsymbol{x}_i^{\mathrm{T}}\boldsymbol{\beta}_0)\big)\\&<\infty.\end{aligned}$$

由 Neveu 一致可积性定理[56] 知，当 $c\to\infty$ 时，$\displaystyle\sup_{i=1,2,\cdots,n}\ h_c\big(t(\boldsymbol{x}_i^{\mathrm{T}}\boldsymbol{\beta}_0)\big)\to 0$，又由于

$$\begin{aligned}\sum_{i=1}^{n}\alpha_{ni}^{\mathrm{T}}\alpha_{ni}&=\boldsymbol{\lambda}^{\mathrm{T}}\sum_{i=1}^{n}\boldsymbol{\Lambda}_n^{-1/2}\boldsymbol{x}_i\boldsymbol{x}_i^{\mathrm{T}}\boldsymbol{\Lambda}_n^{-\mathrm{T}/2}\boldsymbol{\lambda}\\&=\mathrm{tr}\left(\boldsymbol{\lambda}^{\mathrm{T}}\sum_{i=1}^{n}\boldsymbol{\Lambda}_n^{-\mathrm{T}/2}\boldsymbol{x}_i\boldsymbol{x}_i^{\mathrm{T}}\boldsymbol{\Lambda}_n^{-1/2}\boldsymbol{\lambda}\right)\\&=\sum_{i=1}^{n}\mathrm{tr}(\boldsymbol{x}_i^{\mathrm{T}}\boldsymbol{\Lambda}_n^{-1/2}\boldsymbol{\lambda}\boldsymbol{\lambda}^{\mathrm{T}}\boldsymbol{\Lambda}_n^{-\mathrm{T}/2}\boldsymbol{x}_i)\\&\le\mathrm{tr}\sum_{i=1}^{n}\boldsymbol{x}_i^{\mathrm{T}}\boldsymbol{\Lambda}_n^{-1}\boldsymbol{x}_i\le K<\infty,\end{aligned}$$

上式的不等式成立是因为 $\boldsymbol{\lambda}\boldsymbol{\lambda}^{\mathrm{T}}$ 是投影矩阵，因此有

$$g_n(\delta) \le K \sup_{i=1,2,\cdots,n} h_c(Z_i) \to 0, \quad n \to \infty.$$

从而证明了本引理的结论. □

3.2　不完全信息随机截尾广义线性模型的极大似然估计的相合性与渐近正态性

现在给出本章的主要结果以及它们的证明.

定理 3.2.1　在条件(C1), (C2), (C3)和(C4)下，存在一个随机变量序列 $\{\hat{\beta}_n\}$ 满足

(i) $\mathbb{P}\{T_n(\hat{\beta}_n) = \mathbf{0}\} \to 1$；(存在性)

(ii) $\hat{\beta}_n \xrightarrow{\mathbb{P}} \beta_0$；(弱相合性)

(iii) $\boldsymbol{\Lambda}_n^{\mathrm{T}/2}(\hat{\beta}_n - \beta_0) \xrightarrow{d} N(\mathbf{0}, \boldsymbol{I})$. (渐近正态性)

证　根据条件(C1), (C2), (C3)和(C4)知，引理 3.1.9 成立. 因此，$\forall \boldsymbol{\beta} \in \mathbb{N}_n(\delta)$，能够找到一个与 δ 无关的常数 $c > 0$ 使得当 $n \ge n_2(\delta)$ 时，矩阵 $H_n(\beta) - c\boldsymbol{H}_n$ 是半正定的，即依概率 $\mathbb{P}$ 有 $H_n(\beta) > 0$，所以，由引理 3.1.11 知，得分函数 $T_n(\beta)$ 至多存在一个零点. 如果这个零点存在的话，这个零点就给出了似然函数 $l_n(\beta)$ 的一个(局部以及整体)的极大值. 如果这个零点不存在，将定义极大似然估计为 $\mathbb{B}$ 中的任意常数. 将这个极大值点记为 $\hat{\beta}_n$. 记随机事件

$$\overline{A}_n = \{\forall\, \delta > 0,\ l_n(\boldsymbol{\beta}) - l_n(\boldsymbol{\beta}_0) < 0,\ \forall\, \boldsymbol{\beta} \in \partial\,\mathbb{N}_n(\delta)\}, \quad (3.2.1)$$

$$\overline{B}_n = \{\forall\, \delta > 0,\ l_n(\boldsymbol{\beta}) \text{ 在 } \mathbb{N}_n(\delta) \text{ 的内部存在着一个局部极大值点}\}. \quad (3.2.2)$$

则有

$$\overline{A}_n \subseteq \overline{B}_n. \quad (3.2.3)$$

首先注意到如下事实(A)：设 $l_n(\boldsymbol{\beta})$：$\boldsymbol{\beta} \in \mathbb{B} \subset \mathbb{R}^q \to \mathbb{R}^1_+$，为 $\boldsymbol{\beta}$ 的连续可

微函数. 取闭球 $S(\boldsymbol{\beta}_0,\eta)=\{\boldsymbol{\beta}:\ \|\boldsymbol{\beta}-\boldsymbol{\beta}_0\|\le\eta\}\subset\mathbb{B}$, 则开球为

$$S^0(\boldsymbol{\beta}_0,\eta)=\{\boldsymbol{\beta}:\ \|\boldsymbol{\beta}-\boldsymbol{\beta}_0\|<\eta\},$$

边界为

$$\partial S(\boldsymbol{\beta}_0,\eta)=\{\boldsymbol{\beta}:\ \|\boldsymbol{\beta}-\boldsymbol{\beta}_0\|=\eta\}.$$

如果 $l_n(\boldsymbol{\beta}_0)>\sup\{l_n(\boldsymbol{\beta}):\ \boldsymbol{\beta}\in\overline{S}\}$ ，那么 $\exists\boldsymbol{\beta}^*\in S^0$ 使得

$$l_n(\boldsymbol{\beta}^*)=\sup_{\boldsymbol{\beta}\in S}l_n(\boldsymbol{\beta})=\sup_{\boldsymbol{\beta}\in S^0}l_n(\boldsymbol{\beta}).$$

事实(A)的证明如下:

根据 $l_n(\cdot)$ 的连续性以及 S 的紧性, $\exists\boldsymbol{\beta}^*\in S$ 使得

$$l_n(\boldsymbol{\beta}^*)=\sup_{\boldsymbol{\beta}\in S}l_n(\boldsymbol{\beta}).$$

因 $l_n(\boldsymbol{\beta}^*)\ge l_n(\boldsymbol{\beta}_0)>\sup_{\boldsymbol{\beta}\in\partial S}l_n(\boldsymbol{\beta})$, 故 $\boldsymbol{\beta}^*\notin\partial S$, 即知 $\boldsymbol{\beta}^*\in S^0$.

由事实(A)知关系(3.2.3)成立. 因此, 要证明 $l_n(\boldsymbol{\beta})$ 依概率有极大值点就只需证明: 对任意的 $\eta>0$, 存在 $\delta>0$ 以及 $n_1>0$, 使得

$$\mathbb{P}\big\{l_n(\boldsymbol{\beta})-l_n(\boldsymbol{\beta}_0)<0,\ \forall\,\boldsymbol{\beta}\in\partial\mathbb{N}_n(\delta)\big\}\ge1-\eta,\quad n>n_1.\tag{3.2.4}$$

现在, $\forall\boldsymbol{\beta}\in\partial\mathbb{N}_n(\delta)$, 令 $\boldsymbol{\lambda}=\dfrac{\boldsymbol{\Lambda}_n^{\mathrm{T}/2}(\boldsymbol{\beta}-\boldsymbol{\beta}_0)}{\delta}$, 则 $\boldsymbol{\lambda}^{\mathrm{T}}\boldsymbol{\lambda}=1$. 对数似然函数的 Taylor 展开式为

$$\begin{aligned}l_n(\boldsymbol{\beta})-l_n(\boldsymbol{\beta}_0)=&\ \delta\boldsymbol{\lambda}^{\mathrm{T}}\boldsymbol{\Lambda}_n^{-1/2}T_n(\boldsymbol{\beta}_0)-\frac{\delta^2}{2}\boldsymbol{\lambda}^{\mathrm{T}}V_n(\widetilde{\boldsymbol{\beta}})\boldsymbol{\lambda}\\&-\frac{\delta^2}{2}\boldsymbol{\lambda}^{\mathrm{T}}\big(V_n^*(\widetilde{\boldsymbol{\beta}})-\boldsymbol{I}\big)\boldsymbol{\lambda}+\frac{\delta^2}{2}\boldsymbol{\lambda}^{\mathrm{T}}\big(V_n(\widetilde{\boldsymbol{\beta}})-\boldsymbol{I}\big)\boldsymbol{\lambda},\end{aligned}\tag{3.2.5}$$

此处 $\widetilde{\boldsymbol{\beta}}$ 位于 $\boldsymbol{\beta}$ 和 $\boldsymbol{\beta}_0$ 之间. 易知

$$\max_{\boldsymbol{\lambda}^{\mathrm{T}}\boldsymbol{\lambda}=1}\boldsymbol{\lambda}^{\mathrm{T}}\boldsymbol{\Lambda}_n^{-1/2}T_n(\boldsymbol{\beta}_0)=\big\|\boldsymbol{\Lambda}_n^{-1/2}T_n(\boldsymbol{\beta}_0)\big\|.$$

注意到, 要使(3.2.4)成立, 必须有下式成立: 对任意的 $\eta>0$, 都有

$$\mathbb{P}\left\{\big\|\boldsymbol{\Lambda}_n^{-1/2}T_n(\boldsymbol{\beta}_0)\big\|^2<\frac{\delta^2\lambda_{\min}\big(V_n(\widetilde{\boldsymbol{\beta}})\big)}{4}\right\}\ge1-\eta\tag{3.2.6}$$

对某个 $\delta>0$ 和充分大的 n 成立. 注意到有

$$\mathbb{E}\Big(\big\|\boldsymbol{\Lambda}_n^{-1/2}T_n(\boldsymbol{\beta}_0)\big\|\Big)^2=q,$$

又由 Markov 不等式，我们知道

$$\mathbb{P}\left\{\left\|\boldsymbol{\Lambda}_n^{-1/2}T_n(\boldsymbol{\beta}_0)\right\|^2 < \frac{(\delta c)^2}{4}\right\} \geq 1 - \frac{4q}{(\delta c)^2} = 1 - \eta \quad (3.2.7)$$

对 $\delta^2 = \dfrac{4q}{c^2\eta}$ 以及充分大的 n 成立. 在(3.2.7)中，取 $c = \sqrt{\lambda_{\min}\big(V_n(\widetilde{\boldsymbol{\beta}})\big)}$，就得到(3.2.6). 由引理 3.1.7 和引理 3.1.9 知，

$$\frac{\delta^2}{2}\boldsymbol{\lambda}^{\mathrm{T}}\big(V_n(\widetilde{\boldsymbol{\beta}}) - \boldsymbol{I}\big)\boldsymbol{\lambda} \to 0,\ \ \frac{\delta^2}{2}\boldsymbol{\lambda}^{\mathrm{T}}\big(V_n^*(\widetilde{\boldsymbol{\beta}}) - \boldsymbol{I}\big)\boldsymbol{\lambda} \to 0,\ \ \text{依概率 } \mathbb{P},$$

进而就有(3.2.4)成立. 所以 $\hat{\boldsymbol{\beta}}_n$ 存在于邻域 $\mathbb{N}_n(\delta)$ 中，也就得到结论(i)成立.

当 n 是充分大的正整数，且对某个常数 $\delta > 0$，如果有 $\hat{\boldsymbol{\beta}}_n \in \mathbb{N}_n(\delta)$，那么根据(3.2.4)以及 $\lambda_{\min}(\boldsymbol{\Lambda}_n) \to \infty$ 知

$$\{\|\hat{\boldsymbol{\beta}}_n - \boldsymbol{\beta}_0\| < \delta,\ \forall\, \delta > 0\} \supseteq \{\hat{\boldsymbol{\beta}}_n \in \mathbb{N}_n(\delta),\ \forall\, \delta > 0\},$$

于是得到

$$\mathbb{P}\{\|\hat{\boldsymbol{\beta}}_n - \boldsymbol{\beta}_0\| \leq \delta\} \geq 1 - \eta, \quad \forall\, n \ \geq\ n_1. \quad (3.2.8)$$

故结论(ii)成立.

下面证明结论(iii)成立. 通常地，将 $T_n(\boldsymbol{\beta}_0)$ 在点 $\hat{\boldsymbol{\beta}}_n$ 处展开. 根据向量值函数的均值定理(见[35]，p. 278)，得到

$$T_n(\boldsymbol{\beta}_0) = \int_0^1 H_n\big(\boldsymbol{\beta}_0 + t(\hat{\boldsymbol{\beta}}_n - \boldsymbol{\beta}_0)\big)\mathrm{d}t\ (\hat{\boldsymbol{\beta}}_n - \boldsymbol{\beta}_0).$$

进而有

$$\boldsymbol{\Lambda}_n^{-1/2}T_n(\boldsymbol{\beta}_0) = \int_0^1 V_n^*\big(\boldsymbol{\beta}_0 + t(\hat{\boldsymbol{\beta}}_n - \boldsymbol{\beta}_0)\big)\mathrm{d}t\boldsymbol{\Lambda}_n^{\mathrm{T}/2}(\hat{\boldsymbol{\beta}}_n - \boldsymbol{\beta}_0).$$

由引理 3.1.9，我们知道对任意的 $\varepsilon > 0$，

$$\left\|\int_0^1 V_n^*\big(\boldsymbol{\beta}_0 + t(\hat{\boldsymbol{\beta}}_n - \boldsymbol{\beta}_0)\big)\mathrm{d}t - \boldsymbol{I}\right\| \leq \int_0^1 \varepsilon \mathrm{d}t = \varepsilon.$$

由(3.2.8)知，δ 能够被选择使得这个事件发生的概率任意地接近于 1. 从而有

$$\int_0^1 V_n^*\big(\boldsymbol{\beta}_0 + t(\hat{\boldsymbol{\beta}}_n - \boldsymbol{\beta}_0)\big)\mathrm{d}t \xrightarrow{\mathbb{P}} \boldsymbol{I}.$$

又由引理 3.1.12，就得到

$$\boldsymbol{\Lambda}_n^{\mathrm{T}/2}(\hat{\beta}_n - \beta_0) \xrightarrow{d} N(\mathbf{0}, \boldsymbol{I}) . \qquad \square$$

为了完成定理 3.2.2 的证明，首先证明下面的引理 3.2.1.

引理 3.2.1 在条件(C1)，(C2*)，(C3*)和(C4)下，存在 β_0 的一个邻域 $\mathbb{N} \subset \mathbb{B}$ 使得对常数 $c>0$，$\delta>0$ 以及 $n_1>0$ 几乎处处有

$$\lambda_{\min}\big(H_n(\beta)\big) \geq c\lambda_{\max}(\boldsymbol{\Lambda}_n), \quad \beta \in \mathbb{N}, \ n \geq n_1. \tag{3.2.9}$$

证 类似于引理 3.1.9 的分解，有

$$H_n(\beta) = \Lambda_n(\beta) + \boldsymbol{H}_{n1} + \boldsymbol{H}_{n2} - \boldsymbol{H}_{n3} - \boldsymbol{H}_{n4} + \boldsymbol{H}_{n5} + \boldsymbol{H}_{n6}, \tag{3.2.10}$$

这里 $\boldsymbol{H}_{n1}, \boldsymbol{H}_{n2}, \boldsymbol{H}_{n3}, \boldsymbol{H}_{n4}, \boldsymbol{H}_{n5}, \boldsymbol{H}_{n6}$ 分别由 $\boldsymbol{B}_n, \boldsymbol{C}_n, \boldsymbol{D}_n, \boldsymbol{E}_n, \boldsymbol{H}_n, \boldsymbol{G}_n$ 中的 $\boldsymbol{a}_{ni}\boldsymbol{a}_{ni}^{\mathrm{T}}$ 被 $\boldsymbol{x}_i\boldsymbol{x}_i^{\mathrm{T}}$ 所取代而得到. 取 $\boldsymbol{\lambda} \in \mathbb{R}^q$，且满足 $\boldsymbol{\lambda}^{\mathrm{T}}\boldsymbol{\lambda} = 1$. 我们用 $\boldsymbol{\lambda}$ 右乘(3.2.10)的两边，用 $\boldsymbol{\lambda}^{\mathrm{T}}$ 左乘(3.2.10)的两边，有

$$\begin{aligned} \boldsymbol{\lambda}^{\mathrm{T}} H_n(\beta)\boldsymbol{\lambda} = {} & \boldsymbol{\lambda}^{\mathrm{T}}\boldsymbol{\Lambda}_n\boldsymbol{\lambda} + \boldsymbol{\lambda}^{\mathrm{T}}\boldsymbol{H}_{n1}\boldsymbol{\lambda} + \boldsymbol{\lambda}^{\mathrm{T}}\boldsymbol{H}_{n2}\boldsymbol{\lambda} - \boldsymbol{\lambda}^{\mathrm{T}}\boldsymbol{H}_{n3}\boldsymbol{\lambda} \\ & - \boldsymbol{\lambda}^{\mathrm{T}}\boldsymbol{H}_{n4}\boldsymbol{\lambda} + \boldsymbol{\lambda}^{\mathrm{T}}\boldsymbol{H}_{n5}\boldsymbol{\lambda} + \boldsymbol{\lambda}^{\mathrm{T}}\boldsymbol{H}_{n6}\boldsymbol{\lambda}. \end{aligned} \tag{3.2.11}$$

由(3.2.11)知

$$\begin{aligned} \lambda_{\min}\big(H_n(\beta)\big) \geq {} & \lambda_{\min}(\boldsymbol{\Lambda}_n) - \lambda_{\max}(\boldsymbol{H}_{n1}) - \lambda_{\max}(\boldsymbol{H}_{n2}) - \lambda_{\max}(\boldsymbol{H}_{n3}) \\ & - \lambda_{\max}(\boldsymbol{H}_{n4}) + \lambda_{\min}(\boldsymbol{H}_{n5}) + \lambda_{\min}(\boldsymbol{H}_{n6}). \end{aligned} \tag{3.2.12}$$

由条件(C2*)知，存在常数 $c>0$ 使得 $\lambda_{\min}(\boldsymbol{\Lambda}_n) \geq c\lambda_{\max}(\boldsymbol{\Lambda}_n)$. 模仿引理 3.1.10 中“$\max\limits_{\beta\in\mathbb{N}_n(\delta)} \|\boldsymbol{B}_n\| \to 0$, $\mathbb{P}$-a.s.”，“$\max\limits_{\beta\in\mathbb{N}_n(\delta)} \|\boldsymbol{C}_n\| \to 0$, $\mathbb{P}$-a.s.”，“$\max\limits_{\beta\in\mathbb{N}_n(\delta)} \|\boldsymbol{D}_n\| \to 0$”，“$\max\limits_{\beta\in\mathbb{N}_n(\delta)} \|\boldsymbol{E}_n\| \to 0$”，“$\|\boldsymbol{H}_n\| \to 0$, $\mathbb{P}$-a.s.”，以及“$\|\boldsymbol{G}_n\| \to 0$, $\mathbb{P}$-a.s.”的证明方法知，

$$\frac{\lambda_{\max}(\boldsymbol{H}_{nj})}{\lambda_{\min}(\boldsymbol{\Lambda}_n)} \to 0, \ \mathbb{P}\text{-a.s.}, \quad j = 1, 2, 5, 6,$$

$$\frac{\lambda_{\max}(\boldsymbol{H}_{nj})}{\lambda_{\min}(\boldsymbol{\Lambda}_n)} \to 0, \quad j = 3, 4.$$

由引理 3.1.7 的(i*)立刻得到(3.2.9). $\square$

定理 3.2.2　在条件(C1), (C2*), (C3*)和(C4)下，存在一个随机序列 $\{\hat{\boldsymbol{\beta}}_n\}$，满足

(i) $\mathbb{P}\{\exists n_2>0$, 使得 $T_n(\hat{\boldsymbol{\beta}}_n)=\mathbf{0}, \forall n>n_2\}=1$;

(ii) $\hat{\boldsymbol{\beta}} \xrightarrow{\mathbb{P}\text{-a.s.}} \boldsymbol{\beta}_0$; (强相合性)

(iii) $\boldsymbol{\Lambda}_n^{\mathrm{T}/2}(\hat{\boldsymbol{\beta}}-\boldsymbol{\beta}_0) \xrightarrow{d} N(\mathbf{0}, \boldsymbol{I})$. (渐近正态性)

证　本定理的命题(iii)包含在定理 3.2.1 中. 下面，仅仅考虑本定理中的论断(i)和(ii).

令 $\lambda_n=\lambda_{\max}(\boldsymbol{\Lambda}_n)$, $n=1,2,\cdots$. 给定一个任意的常数 $\varepsilon>0$，使得

$$K_\varepsilon(\boldsymbol{\beta}_0)=\{\boldsymbol{\beta}: \|\boldsymbol{\beta}-\boldsymbol{\beta}_0\|\le\varepsilon\}$$

包含在邻域 $\mathbb{N}$ 中，此处 $\mathbb{N}$ 在引理 3.2.1 中给出. 现在证明，对于一个充分大的常数 $n_2>0$，事件

$$l_n(\boldsymbol{\beta})-l_n(\boldsymbol{\beta}_0)<0, \quad \forall \boldsymbol{\beta}\in\partial K_\varepsilon(\boldsymbol{\beta}_0), \forall n\ge n_2 \tag{3.2.13}$$

以概率 1 发生. 这就证明了极大似然估计的强相合性.

现在，$\forall \boldsymbol{\beta}\in\partial K_\varepsilon(\boldsymbol{\beta}_0)$，令 $\boldsymbol{\lambda}=\dfrac{\boldsymbol{\beta}-\boldsymbol{\beta}_0}{\varepsilon}$. 那么对数似然函数的 Taylor 展开式为

$$l_n(\boldsymbol{\beta})-l_n(\boldsymbol{\beta}_0)=\varepsilon\boldsymbol{\lambda}^{\mathrm{T}}T_n(\boldsymbol{\beta}_0)-\frac{\varepsilon^2}{2}\boldsymbol{\lambda}^{\mathrm{T}}H_n(\widetilde{\boldsymbol{\beta}})\boldsymbol{\lambda},$$

此处 $\widetilde{\boldsymbol{\beta}}$ 位于 $\boldsymbol{\beta}$ 和 $\boldsymbol{\beta}_0$ 之间. 上式除以 λ_n，注意到事件

$$\frac{\boldsymbol{\lambda}^{\mathrm{T}}T_n(\boldsymbol{\beta}_0)}{\lambda_n}\le\frac{\varepsilon}{2}\frac{\boldsymbol{\lambda}^{\mathrm{T}}H_n(\widetilde{\boldsymbol{\beta}})\boldsymbol{\lambda}}{\lambda_n}, \quad \boldsymbol{\lambda}^{\mathrm{T}}\boldsymbol{\lambda}=1, \quad n\ge n_2 \tag{3.2.14}$$

等价于事件(3.2.13). 因为 $T_n(\boldsymbol{\beta}_0)$ 的每一个分量有一个小于 λ_n 的方差. 通过 Kolmogorov 强大数定律的分量形式([80], 引理 2)的应用，就得到

$$\frac{T_n(\boldsymbol{\beta}_0)}{\lambda_n}\xrightarrow{\mathbb{P}\text{-a.s.}}0.$$

再根据 Chauchy-Schwarz 不等式，(3.2.14)的左边一致地对所有满足 $\boldsymbol{\lambda}^{\mathrm{T}}\boldsymbol{\lambda}=1$ 的 $\boldsymbol{\lambda}$ 几乎处处收敛到 0.

又由引理 3.2.1，当 $n>n_2$ 时，(3.2.14)的右边大于 $\dfrac{c\varepsilon}{2}$. 因此就得到事件(3.2.13)几乎处处成立. 用类似于定理 3.2.1 的证明思路，可得

证本定理的(i)和(ii). □

附注 3.2.1 (1) 在本章中，仅仅讨论了自然联系函数的情形. 对于非自然联系函数的情形，可以用类似的方法进行讨论，只是其计算过程更加冗长与繁琐. 因此，不再作讨论.

(2) 在本章中，借鉴了 L. Fahrmeir 和 H. Kaufmann 处理问题的技巧，但是，本章处理问题的技巧与 Fahrmeir 和 Kaufmann 的文章中的细节上还是有很大差别的，解决问题的难度也比他们的更大. 如果既不考虑随机删失变量，又不考虑不完全信息，本章的问题就和他们的问题一样了.

(3) 很容易验证，2.2节的模型包含着很多情形，例如，0-1分布，二项分布，Poisson 分布，Γ 分布，指数分布，对数正态分布，以及 Weibull 分布，等等.

第4章 不完全信息随机截尾广义线性模型的极大似然估计的重对数律

参数估计的相合性和渐近正态性是最基本的统计大样本性质，为模型的检验奠定了一定的基础. 随着样本容量的增多，估计量与参数的真实值接近的程度如何也应该是我们研究的课题. 众所周知，通常的线性回归模型，有大量的文献研究了其参数估计的相合性和渐近正态性以及重对数律. 还有诸如文献 [9],[43],[62]和[34]研究了带有截断数据的线性回归模型的回归参数的极大似然估计 $\hat{\beta}_n$ 的相合性以及渐近正态性. 文献[32]研究了在随机截尾的情形下乘积极限估计的 Chung-Smirnov 重对数律，文献[31]研究了随机截尾的情形下分布函数的乘积极限估计的重对数律；文献[46],[96]研究了带有不完全信息的随机截尾的模型的重对数律.

在第 3 章，我们已经研究了带有不完全信息的随机截尾的广义线性模型的未知参数的极大似然估计 $\hat{\beta}_n$ 的相合性以及渐近正态性等统计上的基本性质. 本章将研究带有不完全信息的随机截尾的广义线性模型的未知参数 β 的极大似然估计 $\hat{\beta}_n$ 的重对数律与 Chung 型重对数律.

4.1 若干条件与记号

本章将沿用第 2 章的记号及相关的概念. 为了得到本章内容的主要结果，需要假设:

(C1) $\boldsymbol{x}_i^{\mathrm{T}}\beta \in \Theta_0$, $\forall i \geq 1$, $\forall \beta \in \mathbb{B}$, $\boldsymbol{x}_i \in \mathbb{X}$, 且 $\mathbb{X}$ 是紧集.

(C2**) $Q(\beta_0) \equiv Q(\beta_0; \boldsymbol{x}_1, \boldsymbol{x}_2, \cdots) \equiv \lim\limits_{n\to\infty} \left(n\Lambda_n^{-1}(\beta_0; \boldsymbol{x}_1, \cdots, \boldsymbol{x}_n)\right)$ 是 q 阶正定矩阵, 其中 $\Lambda_n(\beta; \boldsymbol{x}_1, \cdots, \boldsymbol{x}_n)$ 如(3.1.25)所定义.

(C3*) $\forall \beta_1, \beta_2 \in \mathbb{B}$,

$$\left|\Upsilon_1^2(z; \boldsymbol{x}^{\mathrm{T}}\beta_1) - \Upsilon_1^2(z; \boldsymbol{x}^{\mathrm{T}}\beta_2)\right| \leq L_1(z; \boldsymbol{x})\|\beta_1 - \beta_2\|,$$

$$\left|\Upsilon_2(z; \boldsymbol{x}^{\mathrm{T}}\beta_1) - \Upsilon_2(z; \boldsymbol{x}^{\mathrm{T}}\beta_2)\right| \leq L_2(z; \boldsymbol{x})\|\beta_1 - \beta_2\|,$$

$$\left|\Upsilon_3^2(z; \boldsymbol{x}^{\mathrm{T}}\beta_1) - \Upsilon_3^2(z; \boldsymbol{x}^{\mathrm{T}}\beta_2)\right| \leq L_3(z; \boldsymbol{x})\|\beta_1 - \beta_2\|,$$

$$\left|\Upsilon_4(z; \boldsymbol{x}^{\mathrm{T}}\beta_1) - \Upsilon_4(z; \boldsymbol{x}^{\mathrm{T}}\beta_2)\right| \leq L_4(z; \boldsymbol{x})\|\beta_1 - \beta_2\|,$$

这里 $\mathbb{E}\left(L_j^b(Z_i; \boldsymbol{x}_i)\right) \leq L_j < \infty$, $i \geq 1$, $j = 1, 2, 3, 4$, $b > 1$.

(C4) $\mathbb{E}_\beta\left(t^2(\boldsymbol{x}_i^{\mathrm{T}}\beta)\right) > 0$, $\forall \beta \in \mathbb{B}$ 和 $\boldsymbol{x}_i \in \mathbb{X}$, $i \geq 1$.

附注 4.1.1 本章中保持第 2 章的条件(C1), (C3*), (C4)不变, 只是将第 2 章的条件(C2*)改为(C2**), 而且由本章的条件(C2**)和(C4)可以推出第 2 章的条件(C2*). 所以在本章的条件下, RCGLMII 模型的极大似然估计是几乎处处存在的.

为了记号的简便, 令 $\omega_i(s) = \boldsymbol{e}_s^{\mathrm{T}} Q(\beta_0) \boldsymbol{x}_i t(\boldsymbol{x}_i^{\mathrm{T}}\beta_0)$. 那么

$$\omega_i^2(s) = \boldsymbol{e}_s^{\mathrm{T}} Q(\beta_0) \boldsymbol{x}_i \boldsymbol{x}_i^{\mathrm{T}} t^2(\boldsymbol{x}_i^{\mathrm{T}}\beta_0) Q(\beta_0)^{\mathrm{T}} \boldsymbol{e}_s.$$

进而有

$$\begin{aligned}
\mathbb{E}\left(\sum_{i=1}^n \omega_i^2(s)\right) &= \sum_{i=1}^n \boldsymbol{e}_s^{\mathrm{T}} Q(\beta_0) \mathbb{E}\left(\boldsymbol{x}_i \boldsymbol{x}_i^{\mathrm{T}} t^2(\boldsymbol{x}_i^{\mathrm{T}}\beta_0)\right) Q(\beta_0)^{\mathrm{T}} \boldsymbol{e}_s \\
&= \boldsymbol{e}_s^{\mathrm{T}} Q(\beta_0) \Lambda_n Q(\beta_0)^{\mathrm{T}} \boldsymbol{e}_s. \qquad (4.1.1)
\end{aligned}$$

令 $S_n^2(s) = \mathbb{E}\left(\sum\limits_{i=1}^n \omega_i^2(s)\right)$.

4.2 不完全信息随机截尾的广义线性模型的重对数律与 Chung 型重对数律

定理 4.2.1 在(C1), (C2**), (C3*)和(C4)等条件下, 如果 $\hat{\boldsymbol{\beta}}_n = (\hat{\beta}_{1n},$

$\hat{\beta}_{2n},\cdots,\hat{\beta}_{qn})^{\mathrm{T}}$ 是 $\boldsymbol{\beta}=(\beta_1,\beta_2,\cdots,\beta_q)^{\mathrm{T}}$ 的极大似然估计，记$\boldsymbol{\beta}_0=(\beta_{10},\beta_{20},\cdots,\beta_{q0})^{\mathrm{T}}$，$1\le s\le q$，则有

$$\mathbb{P}\left\{\limsup_{n\to\infty}\sqrt{\frac{n}{2\log\log n}}(\hat{\beta}_{sn}-\beta_{s0})=\sqrt{\boldsymbol{e}_s^{\mathrm{T}}Q(\boldsymbol{\beta}_0)\boldsymbol{e}_s}\right\}=1, \tag{4.2.1}$$

以及

$$\mathbb{P}\left\{\liminf_{n\to\infty}\sqrt{\frac{n}{2\log\log n}}(\hat{\beta}_{sn}-\beta_{s0})=-\sqrt{\boldsymbol{e}_s^{\mathrm{T}}Q(\boldsymbol{\beta}_0)\boldsymbol{e}_s}\right\}=1. \tag{4.2.2}$$

定理 4.2.2　在条件(C1)，(C2**)，(C3*)和(C4)下，如果 $\inf\limits_{\boldsymbol{x}_k\neq\boldsymbol{0}}\mathbb{E}\big(\omega_k^2(s)\big)>0$ 且 $\hat{\boldsymbol{\beta}}_n=(\hat{\beta}_{1n},\hat{\beta}_{2n},\cdots,\hat{\beta}_{qn})^{\mathrm{T}}$ 是 $\boldsymbol{\beta}=(\beta_1,\beta_2,\cdots,\beta_q)^{\mathrm{T}}$ 的极大似然估计，记 $\boldsymbol{\beta}_0=(\beta_{10},\beta_{20},\cdots,\beta_{q0})^{\mathrm{T}}$，则有

$$\begin{aligned}&\liminf_{n\to\infty}\sqrt{\frac{\log\log n}{n}}\max_{1\le i\le n}\left\{i\big|\hat{\beta}_{si}-\beta_{s0}\big|\right\}\\&=\frac{\pi}{\sqrt{8}}\sqrt{\boldsymbol{e}_s^{\mathrm{T}}Q(\boldsymbol{\beta}_0)\boldsymbol{e}_s},\ \mathbb{P}\text{-a.s.},\quad 1\le s\le q.\end{aligned} \tag{4.2.3}$$

附注 4.2.1　这两个定理不仅将 RCGLMII 的极大似然估计 $\hat{\boldsymbol{\beta}}_n$ 的收敛速度进行了进一步的刻画，而且给出了参数的几乎 100% 的置信上界.

4.3　若干引理及定理的证明

为了给出本章主要结果的证明，需要下面的引理.

引理4.3.1(Petrov)　假设 $\{\xi_i,\ i\ge1\}$ 是一个独立随机变量序列，其数学期望 $\mathbb{E}\xi_i=0$. 记 $S_n^2=\sum\limits_{i=1}^n\mathbb{E}(\xi_i^2)$. 如果 $\exists\eta>0$ 使得 $\sup\limits_{i\ge1}\mathbb{E}\big(|\xi_i|^{2+\eta}\big)<\infty$ 以及 $\liminf\limits_{n\to\infty}\dfrac{S_n^2}{n}>0$，那么

$$\limsup_{n\to\infty}\frac{\sum_{i=1}^{n}\xi_i}{\sqrt{2S_n^2\log\log S_n^2}}=1,\ \text{a.s.} \tag{4.3.1}$$

证 参见[67], p. 274. □

对 $\{-\xi_i,\ i\geq 1\}$ 运用引理 4.3.1, 有

$$\liminf_{n\to\infty}\frac{\sum_{i=1}^{n}\xi_i}{\sqrt{2S_n^2\log\log S_n^2}}=-1,\ \text{a.s.} \tag{4.3.2}$$

引理 4.3.2 假设 $\{\xi_i,\ i\geq 1\}$ 是独立随机变量序列, 其数学期望 $\mathbb{E}\xi_i=0$. 令 $S_n^2=\sum_{i=1}^{n}\mathbb{E}(\xi_i^2)$. 如果 $\max_{1\leq i\leq n}\mathbb{E}(\xi_i^2)=o\left(\frac{S_n^2}{\log\log S_n^2}\right)$以及 $\left\{\frac{\xi_i^2}{\mathbb{E}(|\xi_i|^2)},\ i\geq 1\right\}$是一致可积的, 那么

$$\liminf_{n\to\infty}\sqrt{\frac{\log\log S_n^2}{S_n^2}}\max_{1\leq i\leq n}\left|\sum_{k=1}^{i}\xi_k\right|=\frac{\pi}{\sqrt{8}},\ \text{a.s.} \tag{4.3.3}$$

证 参见[64]中推论 1.3. □

命题 4.3.1 在条件(C1), (C2**), (C3*)和(C4)下, 有

$$\limsup_{n\to\infty}\frac{\sum_{i=1}^{n}\omega_i(s)}{\sqrt{2n\log\log n}}=\sqrt{\boldsymbol{e}_s^{\mathrm{T}}Q(\boldsymbol{\beta}_0)\boldsymbol{e}_s},\ \mathbb{P}\text{-a.s.}$$

证 由引理 3.1.4 可以得到 $\mathbb{E}\big(\omega_i(s)\big)=0$. 根据(4.1.1)和引理 3.1.8, 有

$$\begin{aligned}\lim_{n\to\infty}\frac{S_n^2(s)}{n}&=\lim_{n\to\infty}\boldsymbol{e}_s^{\mathrm{T}}Q(\boldsymbol{\beta}_0)\frac{\boldsymbol{\Lambda}_n}{n}Q(\boldsymbol{\beta}_0)^{\mathrm{T}}\boldsymbol{e}_s=\boldsymbol{e}_s^{\mathrm{T}}Q(\boldsymbol{\beta}_0)\boldsymbol{e}_s\\&\geq\lambda_{\min}\big(Q(\boldsymbol{\beta}_0)\big)>0,\end{aligned} \tag{4.3.4}$$

以及

$$\mathbb{E}\big(\omega_i^4(s)\big)=\mathbb{E}\Big[\big(\boldsymbol{e}_s^{\mathrm{T}}Q(\boldsymbol{\beta}_0)\boldsymbol{x}_i\boldsymbol{x}_i^{\mathrm{T}}t^2(\boldsymbol{x}_i^{\mathrm{T}}\boldsymbol{\beta}_0)Q(\boldsymbol{\beta}_0)^{\mathrm{T}}\boldsymbol{e}_s\big)^2\Big]$$

$$
\begin{aligned}
&= \mathbb{E}\Big[\big(\boldsymbol{e}_s^{\mathrm{T}} Q(\boldsymbol{\beta}_0)\boldsymbol{x}_i t(\boldsymbol{x}_i^{\mathrm{T}}\boldsymbol{\beta}_0)\big)^4\Big] \\
&\le \big(\boldsymbol{e}_s^{\mathrm{T}} Q(\boldsymbol{\beta}_0)^2\boldsymbol{e}_s\big)^2 \mathbb{E}\Big[\big(\boldsymbol{x}_i^{\mathrm{T}}\boldsymbol{x}_i t^2(\boldsymbol{x}_i^{\mathrm{T}}\boldsymbol{\beta}_0)\big)^2\Big] \\
&= \big(\boldsymbol{e}_s^{\mathrm{T}} Q(\boldsymbol{\beta}_0)^2\boldsymbol{e}_s\big)^2 \mathbb{E}\Big(\big\|\boldsymbol{x}_i t(\boldsymbol{x}_i^{\mathrm{T}}\boldsymbol{\beta}_0)\big\|^4\Big), \\
&\qquad\qquad 1 \le i \le n,\ n \ge 1. \qquad (4.3.5)
\end{aligned}
$$

容易看到，$\boldsymbol{e}_s^{\mathrm{T}} Q(\boldsymbol{\beta}_0)^2\boldsymbol{e}_s \le q\max\limits_{1\le s\le q}\big(\boldsymbol{e}_s^{\mathrm{T}} Q(\boldsymbol{\beta}_0)\boldsymbol{e}_s\big)^2$ 成立，进而有

$$
\big(\boldsymbol{e}_s^{\mathrm{T}} Q(\boldsymbol{\beta}_0)^2\boldsymbol{e}_s\big)^2 \le q^2 c_2^4 < \infty.
$$

注意到 $\forall i \ge 1$,

$$
\begin{aligned}
\big\|\boldsymbol{x}_i t(\boldsymbol{x}_i^{\mathrm{T}}\boldsymbol{\beta}_0)\big\|^4 &= (\boldsymbol{x}_i^{\mathrm{T}}\boldsymbol{x}_i)^2 \cdot \Big[\alpha_i\delta_i\big(z_i - \dot{b}(\boldsymbol{x}_i^{\mathrm{T}}\boldsymbol{\beta}_0)\big) \\
&\quad + \alpha_i(1-\delta_i)\frac{1}{F_i(z_i)}\int_{-\infty}^{z_i}\big(y-\dot{b}(\boldsymbol{x}_i^{\mathrm{T}}\boldsymbol{\beta}_0)\big)f_i(y)\mu(\mathrm{d}y) \\
&\quad + (1-\alpha_i)\frac{1}{\overline{F}_i(z_i)}\int_{z_i}^{\infty}\big(y-\dot{b}(\boldsymbol{x}_i^{\mathrm{T}}\boldsymbol{\beta}_0)\big)f_i(y)\mu(\mathrm{d}y)\Big]^4 \\
&\le 27(\boldsymbol{x}_i^{\mathrm{T}}\boldsymbol{x}_i)^2 \cdot \Big[\alpha_i\delta_i\big(z_i - \dot{b}(\boldsymbol{x}_i^{\mathrm{T}}\boldsymbol{\beta}_0)\big)^4 \\
&\quad + \alpha_i(1-\delta_i)\frac{1}{F_i^4(z_i)}\Big(\int_{-\infty}^{z_i}\big(y-\dot{b}(\boldsymbol{x}_i^{\mathrm{T}}\boldsymbol{\beta}_0)\big)f_i(y)\mu(\mathrm{d}y)\Big)^4 \\
&\quad + (1-\alpha_i)\frac{1}{\overline{F}_i^4(z_i)}\Big(\int_{z_i}^{\infty}\big(y-\dot{b}(\boldsymbol{x}_i^{\mathrm{T}}\boldsymbol{\beta}_0)\big)f_i(y)\mu(\mathrm{d}y)\Big)^4\Big],
\end{aligned}
\tag{4.3.6}
$$

以及

$$
\begin{aligned}
\mathbb{E}\Big[\alpha_i\delta_i\big(z_i-\dot{b}(\boldsymbol{x}_i^{\mathrm{T}}\boldsymbol{\beta}_0)\big)^4\Big] &= p\int_{-\infty}^{\infty}\big(z-\dot{b}(\boldsymbol{x}_i^{\mathrm{T}}\boldsymbol{\beta}_0)\big)^4\overline{G}_i(z)\mathrm{d}F_i(z) \\
&\le p\,\ddddot{b}(\boldsymbol{x}_i^{\mathrm{T}}\boldsymbol{\beta}) < \infty,
\end{aligned}
$$

$$
\begin{aligned}
&\mathbb{E}\Big[\alpha_i(1-\delta_i)\frac{1}{F_i^4(z_i)}\Big(\int_{-\infty}^{z_i}\big(y-\dot{b}(\boldsymbol{x}_i^{\mathrm{T}}\boldsymbol{\beta}_0)\big)f_i(y)\mu(\mathrm{d}y)\Big)^4\Big] \\
&= (1-p)\int_{-\infty}^{\infty}\frac{1}{F_i^4(z)}\Big(\int_{-\infty}^{z}\big(y-\dot{b}(\boldsymbol{x}_i^{\mathrm{T}}\boldsymbol{\beta}_0)\big)^2 f_i(y)\mu(\mathrm{d}y)\Big)^4 F_i(z)\mathrm{d}G_i(z) \\
&\le (1-p)\int_{-\infty}^{\infty}\frac{1}{F_i^3(z)}\Big(\int_{-\infty}^{z} f_i(y)\mu(\mathrm{d}y)\Big)^2 \\
&\quad \cdot\Big(\int_{-\infty}^{z}\big(y-\dot{b}(\boldsymbol{x}_i^{\mathrm{T}}\boldsymbol{\beta}_0)\big)^2 f_i(y)\mu(\mathrm{d}y)\Big)^2\mathrm{d}G_i(z)
\end{aligned}
$$

$$
\begin{aligned}
&\leq (1-p)\int_{-\infty}^{\infty}\frac{1}{F_i(z)}\int_{-\infty}^{z} f_i(y)\mu(\mathrm{d}y)\\
&\quad\cdot\Big(\int_{-\infty}^{z}\big(y-\dot{b}(\boldsymbol{x}_i^{\mathrm{T}}\beta_0)\big)^4 f_i(y)\mu(\mathrm{d}y)\Big)\mathrm{d}G_i(z)\\
&= (1-p)\int_{-\infty}^{\infty}\big(z-\dot{b}(\boldsymbol{x}_i^{\mathrm{T}}\beta_0)\big)^4\overline{G}_i(z)\mathrm{d}F_i(z)\\
&\leq (1-p)\ddddot{b}(\boldsymbol{x}_i^{\mathrm{T}}\boldsymbol{\beta}) < \infty.
\end{aligned}
$$

类似地，有

$$
\begin{aligned}
&\mathbb{E}\Big[(1-\alpha_i)\frac{1}{\overline{F}_i^4(z_i)}\Big(\int_{z_i}^{\infty}\big(y-\dot{b}(\boldsymbol{x}_i^{\mathrm{T}}\boldsymbol{\beta}_0)\big)f_i(y)\mu(\mathrm{d}y)\Big)^4\Big]\\
&\quad\leq \ddddot{b}(\boldsymbol{x}_i^{\mathrm{T}}\boldsymbol{\beta}) < \infty.
\end{aligned}
$$

又由(4. 3. 6)和 $\mathbb{X}$ 的紧性，得到

$$
\mathbb{E}\Big(\big\|\boldsymbol{x}_i t(\boldsymbol{x}_i^{\mathrm{T}}\boldsymbol{\beta}_0)\big\|^4\Big) \leq 54(\boldsymbol{x}_i^{\mathrm{T}}\boldsymbol{x}_i)^2\ddddot{b}(\boldsymbol{x}_i^{\mathrm{T}}\boldsymbol{\beta}) < \infty, \quad \forall i\geq 1. \tag{4. 3. 7}
$$

因此，根据(4. 3. 5)～(4. 3. 7)，得到

$$
\sup_{i\geq 1}\mathbb{E}\big(\omega_i^4(s)\big) \leq M < \infty. \tag{4. 3. 8}
$$

再注意到

$$
\begin{aligned}
\lim_{n\to\infty}\frac{\log\log S_n^2(s)}{\log\log n} &= \lim_{n\to\infty}\frac{\log\log n\boldsymbol{e}_s^{\mathrm{T}}Q(\boldsymbol{\beta}_0)(\boldsymbol{\Lambda}_n/n)Q(\boldsymbol{\beta}_0)\boldsymbol{e}_s}{\log\log n}\\
&= \lim_{n\to\infty}\frac{\log\log n\boldsymbol{e}_s^{\mathrm{T}}Q(\boldsymbol{\beta}_0)\boldsymbol{e}_s}{\log\log n} = 1,
\end{aligned}
$$

根据(4. 3. 4)和(4. 3. 8)，由引理 4. 3. 1 证得此命题成立. □

定理 4. 2. 1 的证明　根据 $T_n(\boldsymbol{\beta}_0)$ 在 $\hat{\boldsymbol{\beta}}_n$ 处的展开式以及向量值函数的均值定理([35], p. 278)，得到

$$
T_n(\boldsymbol{\beta}_0) = \int_0^1 H_n(\boldsymbol{\beta}_0 + t(\hat{\boldsymbol{\beta}}_n - \boldsymbol{\beta}_0))\mathrm{d}t\cdot(\hat{\boldsymbol{\beta}}_n - \boldsymbol{\beta}_0). \tag{4. 3. 9}
$$

再记 $H_n^*(t)\equiv H_n\big(\boldsymbol{\beta}_0 + t(\hat{\boldsymbol{\beta}}_n - \boldsymbol{\beta}_0)\big)$. 当 $n > n_0$ 时，有

$$
\hat{\boldsymbol{\beta}}_n - \boldsymbol{\beta}_0 = \Big(\int_0^1 H_n^*(t)\mathrm{d}t\Big)^{-1}T_n(\boldsymbol{\beta}_0) = \Big(\int_0^1\frac{H_n^*(t)}{n}\mathrm{d}t\Big)^{-1}\frac{T_n(\boldsymbol{\beta}_0)}{n}.
$$

令

$$\boldsymbol{\eta}_n=\Big(\int_0^1\frac{H_n^*(t)}{n}\mathrm{d}t\Big)^{-1}-Q(\boldsymbol{\beta}_0). \tag{4.3.10}$$

又有

$$\begin{aligned}\|\boldsymbol{\eta}_n\|&\le\Big\|\Big(\int_0^1\frac{H_n^*(t)}{n}\mathrm{d}t\Big)^{-1}-n\boldsymbol{\Lambda}_n^{-1}\Big\|+\big\|n\boldsymbol{\Lambda}_n^{-1}-Q(\boldsymbol{\beta}_0)\big\|\\&=\Big\|\big(n\boldsymbol{\Lambda}_n^{-1}\big)^{\frac{1}{2}}\Big(\int_0^1\boldsymbol{\Lambda}_n^{-\frac{1}{2}}H_n^*(t)\boldsymbol{\Lambda}_n^{-\frac{\mathrm{T}}{2}}\mathrm{d}t\Big)^{-\frac{1}{2}}\Big(\boldsymbol{I}-\int_0^1\boldsymbol{\Lambda}_n^{-\frac{1}{2}}H_n^*(t)\boldsymbol{\Lambda}_n^{-\frac{\mathrm{T}}{2}}\mathrm{d}t\Big)\\&\quad\cdot\Big(\int_0^1\boldsymbol{\Lambda}_n^{-\frac{1}{2}}H_n^*(t)\boldsymbol{\Lambda}_n^{-\frac{\mathrm{T}}{2}}\mathrm{d}t\Big)^{-\frac{\mathrm{T}}{2}}\big(n\boldsymbol{\Lambda}_n^{-1}\big)^{\frac{\mathrm{T}}{2}}\Big\|+\big\|n\boldsymbol{\Lambda}_n^{-1}-Q(\boldsymbol{\beta}_0)\big\|\\&\le\big\|n\boldsymbol{\Lambda}_n^{-1}\big\|\cdot\Big\|\Big(\int_0^1\boldsymbol{\Lambda}_n^{-\frac{1}{2}}H_n^*(t)\boldsymbol{\Lambda}_n^{-\frac{\mathrm{T}}{2}}\mathrm{d}t\Big)^{-1}\Big\|\\&\quad\cdot\int_0^1\Big\|\boldsymbol{I}-\boldsymbol{\Lambda}_n^{-\frac{1}{2}}H_n^*(t)\boldsymbol{\Lambda}_n^{-\frac{\mathrm{T}}{2}}\Big\|\mathrm{d}t+\big\|n\boldsymbol{\Lambda}_n^{-1}-Q(\boldsymbol{\beta}_0)\big\|. \end{aligned}\tag{4.3.11}$$

由引理 3. 1. 10, (C2**) 和定理 3. 2. 2, 得到 $\|\boldsymbol{\eta}_n\|\to 0$, $\mathbb{P}_{\boldsymbol{\beta}_0}$-a.s. 因此, 有

$$\hat{\boldsymbol{\beta}}_n-\boldsymbol{\beta}_0=\big(Q(\boldsymbol{\beta}_0)+\boldsymbol{\eta}_n\big)\frac{T_n(\boldsymbol{\beta}_0)}{n}$$

成立, 亦即

$$\hat{\beta}_{sn}-\beta_{s0}=\boldsymbol{e}_s^{\mathrm{T}}\Big(Q(\boldsymbol{\beta}_0)+\boldsymbol{\eta}_n\Big)\frac{T_n(\boldsymbol{\beta}_0)}{n}.$$

再根据命题 4. 3. 1, 又有

$$\begin{aligned}&\limsup_{n\to\infty}\sqrt{\frac{n}{2\log\log n}}\cdot\big(\hat{\beta}_{sn}-\beta_{s0}\big)\\&=\limsup_{n\to\infty}\sqrt{\frac{n}{2\log\log n}}\cdot\boldsymbol{e}_s^{\mathrm{T}}\big(Q(\boldsymbol{\beta}_0)+\boldsymbol{\eta}_n\big)\frac{T_n(\boldsymbol{\beta}_0)}{n}\\&=\limsup_{n\to\infty}\frac{\sum\limits_{i=1}^{n}\omega_i(s)}{\sqrt{2n\log\log n}}\\&=\sqrt{\boldsymbol{e}_s^{\mathrm{T}}Q(\boldsymbol{\beta}_0)\boldsymbol{e}_s},\quad\text{a.s.}\end{aligned}$$

类似地, 可以证得 (4. 2. 2) 成立. □

命题 4. 3. 2　在 (C1), (C2**), (C3*) 和 (C4) 条件下, 如果 $\inf\limits_{\boldsymbol{x}_k\neq\boldsymbol{0}}\mathbb{E}\big(\omega_k^2(s)\big)>0$, 则有

$$\liminf_{n\to\infty}\sqrt{\frac{\log\log n}{n}}\cdot\max_{1\le i\le n}\left|\sum_{k=1}^{i}\omega_k(s)\right|=\frac{\pi}{\sqrt{8}}\sqrt{\boldsymbol{e}_s^{\mathrm{T}}Q(\boldsymbol{\beta}_0)\boldsymbol{e}_s},$$

$$1\le s\le q. \qquad (4.3.12)$$

证 根据命题4.3.1的证明过程，知道 $\mathbb{E}\big(\omega_k(s)\big)=0$. 如果 $\boldsymbol{x}_k=\boldsymbol{0}$, 则定义 $\dfrac{\omega_k^2(s)}{\mathbb{E}\big(\omega_k^2(s)\big)}=0$. 因此，根据条件 $\inf\limits_{\boldsymbol{x}_k\neq\boldsymbol{0}}\mathbb{E}\big(\omega_k^2(s)\big)>0$, 就定义好了 $\left\{\dfrac{\omega_k^2(s)}{\mathbb{E}\big(\omega_k^2(s)\big)},\ k\ge 1\right\}$. 进一步，根据(4.3.8)知，$\left\{\dfrac{\omega_k^2(s)}{\mathbb{E}\big(\omega_k^2(s)\big)},\ k\ge 1\right\}$ 是一致可积的，而且

$$\begin{aligned}
&\max_{1\le k\le n}\frac{\mathbb{E}\big(\omega_k^2(s)\big)\log\log S_n^2(s)}{S_n^2(s)}\\
&=\frac{\max\limits_{1\le k\le n}\mathbb{E}\big(\omega_k^2(s)\big)\log\log n\boldsymbol{e}_s^{\mathrm{T}}Q(\boldsymbol{\beta}_0)(\boldsymbol{\Lambda}_n/n)Q(\boldsymbol{\beta}_0)\boldsymbol{e}_s}{n\boldsymbol{e}_s^{\mathrm{T}}Q(\boldsymbol{\beta}_0)(\boldsymbol{\Lambda}_n/n)Q(\boldsymbol{\beta}_0)\boldsymbol{e}_s}\\
&\le\frac{M\log\log n\boldsymbol{e}_s^{\mathrm{T}}Q(\boldsymbol{\beta}_0)(\boldsymbol{\Lambda}_n/n)Q(\boldsymbol{\beta}_0)\boldsymbol{e}_s}{n\boldsymbol{e}_s^{\mathrm{T}}Q(\boldsymbol{\beta}_0)(\boldsymbol{\Lambda}_n/n)Q(\boldsymbol{\beta}_0)\boldsymbol{e}_s}\\
&\to 0\quad(n\to\infty).
\end{aligned}\qquad (4.3.13)$$

由引理4.3.2，得到

$$\begin{aligned}
\frac{\pi}{\sqrt{8}}&=\liminf_{n\to\infty}\sqrt{\frac{\log\log S_n^2(s)}{S_n^2(s)}}\cdot\max_{1\le i\le n}\left|\sum_{k=1}^{i}\omega_k(s)\right|\\
&=\liminf_{n\to\infty}\sqrt{\frac{\log\log n\boldsymbol{e}_s^{\mathrm{T}}Q(\boldsymbol{\beta}_0)(\boldsymbol{\Lambda}_n/n)Q(\boldsymbol{\beta}_0)\boldsymbol{e}_s}{n\boldsymbol{e}_s^{\mathrm{T}}Q(\boldsymbol{\beta}_0)(\boldsymbol{\Lambda}_n/n)Q(\boldsymbol{\beta}_0)\boldsymbol{e}_s}}\cdot\max_{1\le i\le n}\left|\sum_{k=1}^{i}\omega_k(s)\right|\\
&=\liminf_{n\to\infty}\sqrt{\frac{\log\log n}{n\boldsymbol{e}_s^{\mathrm{T}}Q(\boldsymbol{\beta}_0)\boldsymbol{e}_s}}\cdot\max_{1\le i\le n}\left|\sum_{k=1}^{i}\omega_k(s)\right|.
\end{aligned}$$

从而，想要的结果得证. □

定理 4.2.2 的证明 类似于(4.3.9)，有

$$\begin{aligned}
T_i(\boldsymbol{\beta}_0)&=\int_0^1 H_i\big(\boldsymbol{\beta}_0+t(\hat{\boldsymbol{\beta}}_i-\boldsymbol{\beta}_0)\big)\mathrm{d}t\cdot(\hat{\boldsymbol{\beta}}_i-\boldsymbol{\beta}_0)\\
&=\int_0^1 H_i^*(t)\mathrm{d}t\cdot(\hat{\boldsymbol{\beta}}_i-\boldsymbol{\beta}_0).
\end{aligned}\qquad (4.3.14)$$

如果 $H_i(\beta)=\boldsymbol{O}$，那么有 $\boldsymbol{x}_k=\mathbf{0}$, $k=1,2,\cdots,i$. 因此对任意的 $\beta\in\mathbb{B}$，有 $T_i(\beta)=\mathbf{0}$. 在此情形下，总可以取 $\hat{\beta}_i=\beta_0$. 所以，假设$\forall i\geq 1$，$H_i(\beta)\neq\boldsymbol{O}$，则有

$$\hat{\beta}_i-\beta_0=\Big(\int_0^1 H_i\big(\beta_0+t(\hat{\beta}_i-\beta_0)\big)\mathrm{d}t\Big)^{-1}T_i(\beta_0). \quad (4.3.15)$$

根据(4.3.7)和 Kolmogorov 强大数定律，有

$$\frac{1}{i}\boldsymbol{e}_s^{\mathrm{T}}T_i(\beta_0)\to 0,\ \mathbb{P}_{\beta_0}\text{-a.s.}$$

又由(4.3.10)得到

$$\Big\|i\Big(\int_0^1 H_i^*(t)\mathrm{d}t\Big)^{-1}\Big\|\leq\|Q(\beta_0)\|+\|\boldsymbol{\eta}_i\|.$$

因此，$\forall\varepsilon>0$，存在 $N(\varepsilon)$ 使得当 $n>N(\varepsilon)$ 时，有 $\dfrac{1}{n^{1/4}}<\varepsilon$. 对 $n>N(\varepsilon)$，令 $n_2=\dfrac{n^{1/8}}{(\log\log n)^{1/4}}$. 对 $1\leq i\leq n_2$，有

$$\sqrt{\frac{\log\log n}{n}}\cdot\Big|i\boldsymbol{e}_s^{\mathrm{T}}\Big(\int_0^1 H_i\big(\beta_0+t(\hat{\beta}_i-\beta_0)\big)\mathrm{d}t\Big)^{-1}T_i(\beta_0)\Big|<\varepsilon. \quad (4.3.16)$$

由(4.3.10)和命题 4.3.1 知，存在某个 $n_2\leq i\leq n$ 使得

$$\begin{aligned}&\sqrt{\frac{\log\log i}{i}}\cdot\Big|i\boldsymbol{e}_s^{\mathrm{T}}\Big(\int_0^1 H_i\big(\beta_0+t(\hat{\beta}_i-\beta_0)\big)\mathrm{d}t\Big)^{-1}T_i(\beta_0)\Big|\\&=\sqrt{\frac{\log\log i}{i}}\Big|\boldsymbol{e}_s^{\mathrm{T}}(Q(\beta_0)+\boldsymbol{\eta}_i)T_i(\beta_0)\Big|\\&\geq 2\log\log i\cdot\Big(\sqrt{\boldsymbol{e}_s^{\mathrm{T}}Q(\beta_0)\boldsymbol{e}_s}-\varepsilon\Big).\end{aligned} \quad (4.3.17)$$

同时注意到，存在充分大的 $N_1(\varepsilon)$ 使得当 $n\geq i>N_1(\varepsilon)$ 时，有

$$1-\varepsilon\leq\sqrt{\frac{\log\log n}{n}}\Big/\sqrt{\frac{\log\log i}{i}}\leq 1. \quad (4.3.18)$$

综合(4.3.14)～(4.3.18)，又有

$$\begin{aligned}&\sqrt{\frac{\log\log n}{n}}\max_{1\leq i\leq n}\Big|i\boldsymbol{e}_s^{\mathrm{T}}\Big(\int_0^1 H_i\big(\beta_0+t(\hat{\beta}_i-\beta_0)\big)\mathrm{d}t\Big)^{-1}T_i(\beta_0)\Big|\\&=\sqrt{\frac{\log\log n}{n}}\max_{n_2\leq i\leq n}\Big|i\boldsymbol{e}_s^{\mathrm{T}}\Big(\int_0^1 H_i\big(\beta_0+t(\hat{\beta}_i-\beta_0)\big)\mathrm{d}t\Big)^{-1}T_i(\beta_0)\Big|\end{aligned}$$

$$= \sqrt{\frac{\log\log n}{n}} \max_{n_2 \le i \le n} \left| \boldsymbol{e}_s^{\mathrm{T}} \big(Q(\boldsymbol{\beta}_0) + \boldsymbol{\eta}_i\big) T_i(\boldsymbol{\beta}_0) \right|$$

$$= \sqrt{\frac{\log\log n}{n}} \Big(\max_{1 \le i \le n_2} \left| \boldsymbol{e}_s^{\mathrm{T}} Q(\boldsymbol{\beta}_0) T_i(\boldsymbol{\beta}_0) \right| \vee \max_{n_2 \le i \le n} \left| \boldsymbol{e}_s^{\mathrm{T}} \big(Q(\boldsymbol{\beta}_0) + \boldsymbol{\eta}_i\big) T_i(\boldsymbol{\beta}_0) \right| \Big).$$

再注意到

$$\begin{aligned} &\sqrt{\frac{\log\log n}{n}} \max_{n_2 \le i \le n} \left| \boldsymbol{e}_s^{\mathrm{T}} \boldsymbol{\eta}_i T_i(\boldsymbol{\beta}_0) \right| \\ &\qquad \le \sqrt{\frac{\log\log n}{n}} \max_{n_2 \le i \le n} \left\{ \left\| \boldsymbol{\eta}_i Q(\boldsymbol{\beta}_0)^{-1} \right\| \cdot \left| \boldsymbol{e}_s^{\mathrm{T}} Q(\boldsymbol{\beta}_0) T_i(\boldsymbol{\beta}_0) \right| \right\} \\ &\qquad \le \max_{n_2 \le i \le n} \left\| \boldsymbol{\eta}_i \right\| \cdot \left\| Q(\boldsymbol{\beta}_0)^{-1} \right\| \sqrt{\frac{\log\log n}{n}} \max_{n_2 \le i \le n} \left| \boldsymbol{e}_s^{\mathrm{T}} Q(\boldsymbol{\beta}_0) T_i(\boldsymbol{\beta}_0) \right| \\ &\qquad \le \max_{n_2 \le i \le n} \left\| \boldsymbol{\eta}_i \right\| \cdot \left\| Q(\boldsymbol{\beta}_0)^{-1} \right\| \sqrt{\frac{\log\log n}{n}} \cdot \max_{1 \le i \le n} \left| \sum_{k=1}^{i} \omega_k(s) \right|. \end{aligned} \tag{4. 3. 19}$$

又根据(4. 3. 10)和(4. 3. 12)，有

$$\liminf_{n \to \infty} \sqrt{\frac{\log\log n}{n}} \max_{n_2 \le i \le n} \left| \boldsymbol{e}_s^{\mathrm{T}} \boldsymbol{\eta}_i T_i(\boldsymbol{\beta}_0) \right| = 0.$$

最终，有

$$\begin{aligned} &\liminf_{n \to \infty} \sqrt{\frac{\log\log n}{n}} \cdot \max_{1 \le i \le n} \left\{ i \left| \hat{\beta}_{si} - \beta_{s0} \right| \right\} \\ &\qquad = \liminf_{n \to \infty} \sqrt{\frac{\log\log n}{n}} \cdot \max_{1 \le i \le n} \left| \boldsymbol{e}_s^{\mathrm{T}} Q(\boldsymbol{\beta}_0) \big(1 + o(1)\big) T_i(\boldsymbol{\beta}_0) \right| \\ &\qquad = \liminf_{n \to \infty} \sqrt{\frac{\log\log n}{n}} \cdot \max_{1 \le i \le n} \left| \sum_{k=1}^{i} \omega_k(s) \right| \\ &\qquad = \frac{\pi}{\sqrt{8}} \sqrt{\boldsymbol{e}_s^{\mathrm{T}} Q(\boldsymbol{\beta}_0) \boldsymbol{e}_s}. \end{aligned}$$

想要的结果得证. □

第5章 随机回归变量情形下不完全信息随机截尾广义线性模型

历史上，不仅有很多文献对回归变量为固定设计的线性回归模型进行了研究，而且也有很多文献如 [72],[91] 等也对回归变量为随机的线性回归模型进行了研究. 既然广义线性模型是线性回归模型的推广，而且在实际应用中，特别是在医药学和社会科学中，广义线性模型的回归变量经常也是随机的，所以，Fahrmeir[27] 考虑了回归变量 $X_1, X_2, \cdots$ 是某个随机矩阵的独立同分布的观察，在一定的条件下，不加证明地给出了此种模型的参数矩阵的极大似然估计的大样本性质. 然而，在实际中，独立同分布的情形有时也是不太贴切的. 例如，在生物医药学和社会科学的研究中，数据可能来自不同的人群、时间和地点，因而，数据的分布是不同的. 鉴于此，丁洁丽和陈希孺[23] 对上述情形进行了改进，得到并证明了回归变量不同分布情形下广义线性模型的参数的极大似然估计的相合性和渐近正态性.

我们在第 3 章、第 4 章研究了带有不完全信息的随机截尾的广义线性模型的极大似然估计的相合性与渐近正态性以及重对数律等大样本性质. 本章我们将借鉴丁洁丽和陈希孺的思想和方法，在回归变量不同分布的情形下，对带有不完全信息随机截尾广义线性模型的参数的极大似然估计的渐近性进行讨论.

5.1 随机回归子情形下的似然函数

在本章，只讨论自然联系的情形，对于非自然联系的情形在此不作研究. 我们仍然沿用 2.2 节中的术语，只是将回归自变量由固定设计的改为随机的. 假设响应变量 Y_i 是一维的随机变量；回归变量 $\boldsymbol{X}_i$ 是 q 维列向量，具有分布函数 K_i，$\boldsymbol{x}_i$ 为回归自变量 $\boldsymbol{X}_i$ 的观测值，$\boldsymbol{X}_i$ 的取值范围为 $\mathbb{X}_i$，记 $\mathbb{X}=\bigcup_{i=1}^{\infty}\mathbb{X}_i$，$i\geq 1$. 假设样本 $(Y_i,\boldsymbol{X}_i)$，$i=1,2,\cdots$ 是相互独立的，且满足

(1) 回归方程为

$$\mathbb{E}\big(Y_i|\boldsymbol{X}_i=\boldsymbol{x}_i\big)=m(\boldsymbol{x}_i^{\mathrm{T}}\boldsymbol{\beta}),\quad i\geq 1,\tag{5.1.1}$$

其中未知参数 $\boldsymbol{\beta}\in\mathbb{B}\subset\mathbb{R}^q$，称 $\mathbb{B}$ 为参数空间.

(2) 在 $\boldsymbol{X}_i=\boldsymbol{x}_i$ 的条件下 Y_i 的条件分布 $Y_i|\boldsymbol{x}_i$ 为指数分布，即

$$\mathbb{P}\big\{Y_i\in \mathrm{d}y\big|\boldsymbol{X}_i=\boldsymbol{x}_i\big\}=C(y)\exp\big\{\theta_i y-b(\theta_i)\big\}\mu(\mathrm{d}y),\quad i\geq 1,\tag{5.1.2}$$

其中 $\theta_i=\boldsymbol{x}_i^{\mathrm{T}}\beta$. 由指数分布的性质有

$$\dot{b}(\theta_i)=\mathbb{E}\big(Y_i|\boldsymbol{X}_i=\boldsymbol{x}_i\big)=m(\boldsymbol{x}_i^{\mathrm{T}}\boldsymbol{\beta}).$$

μ 是 σ 有限测度，具有下面两种形式之一：

① μ 是 $(-\infty,\infty)$ 上的 Lebesgue 测度，即 $\mu(\mathrm{d}y)=\mathrm{d}y$，这对应于 Y_i 是连续型随机变量情形；

② $\mu(\{a_j\})=1$，$j\geq 1$，这对应于 Y_i 是离散型随机变量的情形.

假设截尾随机变量 U_i，$i=1,2,\cdots$，相互独立但不必同分布，其分布函数为 $G_i(u)$，$\mathrm{d}G_i(u)=g_i(u)\mu(\mathrm{d}u)$，以及

$$K_i(\mathrm{d}x)=\tau_i(x)\mu(\mathrm{d}x),\quad i=1,2,\cdots.$$

同时 $\{U_i\}$ 和 $\{(Y_i,\boldsymbol{X}_i)\}$ 相互独立. α_i,δ_i 和 Z_i 的定义分别同(2.2.3)，(2.2.4)和(2.2.5)，则 $(Z_i,\alpha_i,\delta_i,\boldsymbol{X}_i)$，$i=1,2,\cdots$ 为相互独立的观测样本. 在 $\boldsymbol{X}_i=\boldsymbol{x}_i$ 的条件下 Y_i 的条件分布密度和条件分布函数分别记为

$$f(y;\boldsymbol{x}_i^{\mathrm{T}}\beta)\equiv C(y)\exp\left\{\boldsymbol{x}_i^{\mathrm{T}}\beta y-b(\boldsymbol{x}_i^{\mathrm{T}}\beta)\right\},$$

$$F_i(z;\boldsymbol{x}_i^{\mathrm{T}}\beta)\equiv\int_{-\infty}^{z}C(y)\exp\left\{\boldsymbol{x}_i^{\mathrm{T}}\beta y-b(\boldsymbol{x}_i^{\mathrm{T}}\beta)\right\}\mathrm{d}\mu(y)$$
$$=\mathbb{P}\left\{Y_i<z\middle|\boldsymbol{X}_i=\boldsymbol{x}_i\right\}.$$

令

$$\overline{G}_i(y)=1-G_i(z),\ \overline{F}_i(z;\boldsymbol{x}_i^{\mathrm{T}}\beta)=1-F_i(z;\boldsymbol{x}_i^{\mathrm{T}}\beta),\quad i=1,2,\cdots,n.$$

又假设

$$\mathbb{P}\{\delta_i=1\mid Y_i=y,\ U_i=u,\ \boldsymbol{X}_i=\boldsymbol{x}\}=p,\ \text{如果}\ y<u,\ \forall\boldsymbol{x}\in\mathbb{X}_i;\tag{5.1.3}$$

$$\mathbb{P}\{\delta_i=0\mid Y_i=y,\ U_i=u,\ \boldsymbol{X}_i=\boldsymbol{x}\}=1-p,\ \text{如果}\ y<u,\ \forall\boldsymbol{x}\in\mathbb{X}_i.\tag{5.1.4}$$

则有

$$\mathbb{P}\left\{Y_i<y,\ U_i<u\middle|\boldsymbol{X}_i=\boldsymbol{x}\right\}=\mathbb{P}\left\{Y_i<y\middle|\boldsymbol{X}_i=\boldsymbol{x}\right\}\mathbb{P}\left\{U_i<u\right\},\quad\forall y,u,\boldsymbol{x}.\tag{5.1.5}$$

事实上，不妨设 $\boldsymbol{X}_i$ 是离散型的，则有

$$\mathbb{P}\left\{Y_i<y,\ U_i<u\middle|\boldsymbol{X}_i=\boldsymbol{x}_i\right\}=\frac{\mathbb{P}\left\{Y_i<y,\ U_i<u,\ \boldsymbol{X}_i=\boldsymbol{x}_i\right\}}{\mathbb{P}\left\{\boldsymbol{X}_i=\boldsymbol{x}_i\right\}}$$
$$=\frac{\mathbb{P}\left\{Y_i<y,\ \boldsymbol{X}_i=\boldsymbol{x}_i\right\}\mathbb{P}\left\{U_i<u\right\}}{\mathbb{P}\left\{\boldsymbol{X}_i=\boldsymbol{x}_i\right\}}$$
$$=\mathbb{P}\left\{Y_i<y\middle|\boldsymbol{X}_i=\boldsymbol{x}_i\right\}\mathbb{P}\left\{U_i<u\right\}.$$

引理 5.1.1

$$\mathbb{P}\{Z_i<z,\ \alpha_i=1,\ \delta_i=1\big|\boldsymbol{X}_i=\boldsymbol{x}_i\}$$
$$=p\int_{-\infty}^{z}\overline{G}_i(y)f_i(y)\mu(\mathrm{d}y),\tag{5.1.6}$$

$$\mathbb{P}\{Z_i<z,\ \alpha_i=1,\ \delta_i=0\big|\boldsymbol{X}_i=\boldsymbol{x}_i\}$$
$$=(1-p)\int_{-\infty}^{z}F_i(y;\boldsymbol{x}_i^{\mathrm{T}}\beta)\mathrm{d}G_i(y)$$
$$=(1-p)\int_{-\infty}^{z}F_i(y;\boldsymbol{x}_i^{\mathrm{T}}\beta)g_i(y)\mu(\mathrm{d}y),\tag{5.1.7}$$

$$\mathbb{P}\{Z_i < z,\ \alpha_i = 0 \big| \boldsymbol{X}_i = \boldsymbol{x}_i\} = \int_{-\infty}^{z} \overline{F}_i(y; \boldsymbol{x}_i^{\mathrm{T}}\boldsymbol{\beta}) \mathrm{d}G_i(y)$$
$$= \int_{-\infty}^{z} \overline{F}_i(y; \boldsymbol{x}_i^{\mathrm{T}}\beta) g_i(y) \mu(\mathrm{d}y). \tag{5.1.8}$$

证　仅就离散型的情形证明(5.1.6)，连续型情形类似可证.

$$\begin{aligned}
&\mathbb{P}\{Z_i < z,\ \alpha_i = 1,\ \delta_i = 1 \big| \boldsymbol{X}_i = \boldsymbol{x}_i\} \\
&= \mathbb{P}\{Y_i < z,\ Y_i < U_i,\ \delta_i = 1 \big| \boldsymbol{X}_i = \boldsymbol{x}_i\} \\
&= \mathbb{E}\big(I_{\{Y_i < z,\ Y_i < U_i,\ \delta_i = 1\}} \big| \boldsymbol{X}_i = \boldsymbol{x}_i\big) \\
&= \mathbb{E}\Big[\mathbb{E}\big(I_{\{Y_i < z,\ Y_i < U_i,\ \delta_i = 1\}} \mid Y_i, U_i,\ \boldsymbol{X}_i = \boldsymbol{x}_i\big) \big| \boldsymbol{X}_i = \boldsymbol{x}_i\Big] \\
&= \mathbb{E}\Big[I_{\{Y_i < z\}} I_{\{Y_i < U_i\}} \mathbb{E}\big(I_{\{\delta_i = 1\}} \mid Y_i, U_i,\ \boldsymbol{X}_i = \boldsymbol{x}_i\big) \big| \boldsymbol{X}_i = \boldsymbol{x}_i\Big] \\
&= \int_{-\infty}^{z} \int_{y}^{\infty} \mathbb{P}\{\delta_i = 1 \mid Y_i = y,\ U_i = u,\ \boldsymbol{X}_i = \boldsymbol{x}_i\} \\
&\quad \cdot \mathbb{P}\{Y_i \in \mathrm{d}y,\ U_i \in \mathrm{d}u \big| \boldsymbol{X}_i = \boldsymbol{x}_i\} \qquad (5.1.9) \\
&= p \int_{-\infty}^{z} \int_{y}^{\infty} \mathbb{P}\{Y_i \in \mathrm{d}y \big| \boldsymbol{X}_i = \boldsymbol{x}_i\} \mathbb{P}\{U_i \in \mathrm{d}u\} \\
&= p \int_{-\infty}^{z} \overline{G}_i(y) \mathrm{d}F_i(y) = p \int_{-\infty}^{z} \overline{G}_i(y) f_i(y) \mu(\mathrm{d}y),
\end{aligned}$$

其中(5.1.9)来自于(5.1.3)和(5.1.5). 同理可证(5.1.7), (5.1.8). □

设 z_i 为 Z_i 的观测值，$\overline{\alpha}_i$ 为 α_i 的观测值，$\overline{\delta}_i$ 为 δ_i 的观测值. 由(5.1.6)～(5.1.8)可以得到 $\forall i \geq 1$ 在 $\boldsymbol{X}_i = \boldsymbol{x}_i$ 的条件下，$(Z_i, \alpha_i, \delta_i)$ 的条件分布为

$$\Big\{\big[p\overline{G}_i(z_i) f(z_i; \boldsymbol{x}_i^{\mathrm{T}}\boldsymbol{\beta})\big]^{\overline{\alpha}_i \overline{\delta}_i} \big[(1-p) F(z_i; \boldsymbol{x}_i^{\mathrm{T}}\boldsymbol{\beta}) g_i(z_i)\big]^{\overline{\alpha}_i (1-\overline{\delta}_i)}$$
$$\cdot \big[\overline{F}(z_i; \boldsymbol{x}_i^{\mathrm{T}}\boldsymbol{\beta}) g_i(z_i)\big]^{1-\overline{\alpha}_i} \mu(\mathrm{d}z_i)\Big\}. \tag{5.1.10}$$

5.2　若干引理

令 $Z_{(n)} = (Z_1, Z_2, \cdots, Z_n)$，$\boldsymbol{z}_{(n)} = (z_1, z_2, \cdots, z_n)$，$\boldsymbol{\alpha}_{(n)} = (\alpha_1,$

$\alpha_2, \cdots, \alpha_n)$, $\overline{\boldsymbol{\alpha}}_{(n)} = (\overline{\alpha}_1, \overline{\alpha}_2, \cdots, \overline{\alpha}_n)$, $\boldsymbol{\delta}_{(n)} = (\delta_1, \delta_2, \cdots, \delta_n)$, $\overline{\boldsymbol{\delta}}_{(n)} = (\overline{\delta}_1, \overline{\delta}_2, \cdots, \overline{\delta}_n)$.

先给出下面的引理，再给出随机回归子情形下极大似然估计的存在性与相合性.

引理 5.2.1　$\forall n \geq 1$, 有

$$\begin{aligned}
&\mathbb{P}\{\boldsymbol{Z}_{(n)} < \boldsymbol{z}_{(n)}, \boldsymbol{\alpha}_{(n)} = \overline{\boldsymbol{\alpha}}_{(n)}, \boldsymbol{\delta}_{(n)} = \overline{\boldsymbol{\delta}}_{(n)} | \boldsymbol{X}_1 = \boldsymbol{x}_1, \boldsymbol{X}_2 = \boldsymbol{x}_2, \cdots\} \\
&\quad = \mathbb{P}\{\boldsymbol{Z}_{(n)} < \boldsymbol{z}_{(n)}, \boldsymbol{\alpha}_{(n)} = \overline{\boldsymbol{\alpha}}_{(n)}, \boldsymbol{\delta}_{(n)} = \overline{\boldsymbol{\delta}}_{(n)} | \boldsymbol{X}_1 = \boldsymbol{x}_1, \cdots, \boldsymbol{X}_n = \boldsymbol{x}_n\} \\
&\quad = \prod_{i=1}^{n} \mathbb{P}\{Z_i < z_i, \alpha_i = \overline{\alpha}_i, \delta_i = \overline{\delta}_i | \boldsymbol{X}_i = \boldsymbol{x}_i\},
\end{aligned} \tag{5.2.1}$$

$$\begin{aligned}
&\mathbb{P}\{Z_i < z_i, \alpha_i = \overline{\alpha}_i, \delta_i = \overline{\delta}_i | \boldsymbol{X}_1 = \boldsymbol{x}_1, \boldsymbol{X}_2 = \boldsymbol{x}_2, \cdots\} \\
&\quad = \mathbb{P}\{Z_i < z_i, \alpha_i = \overline{\alpha}_i, \delta_i = \overline{\delta}_i | \boldsymbol{X}_1 = \boldsymbol{x}_1, \cdots, \boldsymbol{X}_n = \boldsymbol{x}_n\} \\
&\quad = \mathbb{P}\{Z_i < z, \alpha_i = \overline{\alpha}_i, \delta_i = \overline{\delta}_i | \boldsymbol{X}_i = \boldsymbol{x}_i\}, \quad \forall i \geq 1,
\end{aligned} \tag{5.2.2}$$

其中 $\boldsymbol{Z}_{(n)} < \boldsymbol{z}_{(n)}$ 指对所有 $1 \leq i \leq n$, $Z_i < z_i$.

证　仅就离散型情形进行证明，连续型的情形类似可证. 事实上，

$$\begin{aligned}
&\mathbb{P}\{\boldsymbol{Z}_{(n)} < \boldsymbol{z}_{(n)}, \boldsymbol{\alpha}_{(n)} = \overline{\boldsymbol{\alpha}}_{(n)}, \boldsymbol{\delta}_{(n)} = \overline{\boldsymbol{\delta}}_{(n)} | \boldsymbol{X}_1 = \boldsymbol{x}_1, \cdots, \boldsymbol{X}_n = \boldsymbol{x}_n\} \\
&\quad = \frac{\mathbb{P}\{\boldsymbol{Z}_{(n)} < \boldsymbol{z}_{(n)}, \boldsymbol{\alpha}_{(n)} = \overline{\boldsymbol{\alpha}}_{(n)}, \boldsymbol{\delta}_{(n)} = \overline{\boldsymbol{\delta}}_{(n)}, \boldsymbol{X}_1 = \boldsymbol{x}_1, \cdots, \boldsymbol{X}_n = \boldsymbol{x}_n\}}{\mathbb{P}\{\boldsymbol{X}_1 = \boldsymbol{x}_1, \cdots, \boldsymbol{X}_n = \boldsymbol{x}_n\}} \\
&\quad = \Big(\mathbb{P}\{Z_1 < z_1, \alpha_1 = \overline{\alpha}_1, \delta_1 = \overline{\delta}_1, \cdots, Z_n < z_n, \alpha_n = \overline{\alpha}_n, \delta_n = \overline{\delta}_n, \\
&\quad\quad \boldsymbol{X}_1 = \boldsymbol{x}_1, \cdots, \boldsymbol{X}_n = \boldsymbol{x}_n\}\Big) \Big/ \Big(\mathbb{P}\{\boldsymbol{X}_1 = \boldsymbol{x}_1\} \cdots \mathbb{P}\{\boldsymbol{X}_n = \boldsymbol{x}_n\}\Big) \\
&\quad = \Big(\mathbb{P}\{Z_1 < z_1, \alpha_1 = \overline{\alpha}_1, \delta_1 = \overline{\delta}_1, \boldsymbol{X}_1 = \boldsymbol{x}_1\} \cdots \\
&\quad\quad \mathbb{P}\{Z_n < z_n, \alpha_n = \overline{\alpha}_n, \delta_n = \overline{\delta}_n, \boldsymbol{X}_n = \boldsymbol{x}_n\}\Big) \Big/ \\
&\quad\quad \Big(\mathbb{P}\{\boldsymbol{X}_1 = \boldsymbol{x}_1\} \cdots \mathbb{P}\{\boldsymbol{X}_n = \boldsymbol{x}_n\}\Big) \\
&\quad = \prod_{i=1}^{n} \mathbb{P}\{Z_i < z_i, \alpha_i = \overline{\alpha}_i, \delta_i = \overline{\delta}_i | \boldsymbol{X}_i = \boldsymbol{x}_i\}.
\end{aligned}$$

这证明了(5. 2. 1). (5. 2. 2)类似可证. □

附注 5. 2. 1 由引理 5. 2. 1 知, 在 $\mathbb{P}\{\cdot\big|\boldsymbol{X}_1=\boldsymbol{x}_1,\ \boldsymbol{X}_2=\boldsymbol{x}_2,\cdots\}$ 下, $U_i,\ i\geq 1$ 相互独立, $Y_i,\ i\geq 1$ 相互独立, $(Z_i,\alpha_i,\delta_i),\ i\geq 1$ 相互独立.

由 (5. 1. 10) 和 (5. 2. 1) 知, $\big((Z_1,\alpha_1,\delta_1),\cdots,(Z_n,\alpha_n,\delta_n)\big)$ 在给定 $\boldsymbol{X}_1=\boldsymbol{x}_1,\ \cdots,\ \boldsymbol{X}_n=\boldsymbol{x}_n$ 的条件下的条件分布为

$$\prod_{i=1}^{n}\Big\{\big[p\overline{G}_i(z_i)f(z_i;\boldsymbol{x}_i^{\mathrm{T}}\beta)\big]^{\overline{\alpha}_i\overline{\delta}_i}\big[(1-p)F(z_i;\boldsymbol{x}_i^{\mathrm{T}}\beta)g_i(z_i)\big]^{\overline{\alpha}_i(1-\overline{\delta}_i)}$$
$$\cdot\big[\overline{F}(z_i;\boldsymbol{x}_i^{\mathrm{T}}\beta)g_i(z_i)\big]^{1-\overline{\alpha}_i}\mu(\mathrm{d}z_i)\Big\},\quad n\geq 1. \tag{5. 2. 3}$$

对应于(5. 2. 3)的条件概率测度记为 $\mathbb{P}_{\beta}\{\cdot\big|\boldsymbol{X}_1=\boldsymbol{x}_1,\ \boldsymbol{X}_2=\boldsymbol{x}_2,\ \cdots\}$. 同时, 令 $\mathbb{E}_{\beta}^{\boldsymbol{x}_1,\boldsymbol{x}_2,\cdots}(\cdot)$ 和 $\mathbb{V}\mathrm{ar}_{\beta}^{\boldsymbol{x}_1,\boldsymbol{x}_2,\cdots}(\cdot)$ 分别表示在条件概率测度 $\mathbb{P}_{\beta}\{\cdot\big|\boldsymbol{X}_1=\boldsymbol{x}_1,\ \boldsymbol{X}_2=\boldsymbol{x}_2,\ \cdots\}$ 下的条件数学期望和条件方差. 令 β_0 表示 β 的真值. 为了记号的简单, 再令

$$\mathbb{E}^{\boldsymbol{x}_1,\boldsymbol{x}_2,\cdots}(\cdot)\equiv\mathbb{E}_{\beta_0}^{\boldsymbol{x}_1,\boldsymbol{x}_2,\cdots}(\cdot),\quad \mathbb{V}\mathrm{ar}^{\boldsymbol{x}_1,\boldsymbol{x}_2,\cdots}(\cdot)\equiv\mathbb{V}\mathrm{ar}_{\beta_0}^{\boldsymbol{x}_1,\boldsymbol{x}_2,\cdots}(\cdot).$$

由(5. 2. 3)得 $\big((Z_1,\alpha_1,\delta_1,\boldsymbol{X}_1),\cdots,(Z_n,\alpha_n,\delta_n,\boldsymbol{X}_n)\big)$ 的联合分布为

$$\prod_{i=1}^{n}\Big\{\big[p\overline{G}_i(z_i)f(z_i;\boldsymbol{x}_i^{\mathrm{T}}\beta)\big]^{\overline{\alpha}_i\overline{\delta}_i}\big[(1-p)F(z_i;\boldsymbol{x}_i^{\mathrm{T}}\beta)g_i(z_i)\big]^{\overline{\alpha}_i(1-\overline{\delta}_i)}$$
$$\cdot\big[\overline{F}(z_i;\boldsymbol{x}_i^{\mathrm{T}}\beta)g_i(z_i)\big]^{1-\overline{\alpha}_i}\mu(\mathrm{d}z_i)\cdot\tau_i(\boldsymbol{x}_i)\mu(\mathrm{d}\boldsymbol{x}_i)\Big\},\quad n\geq 1. \tag{5. 2. 4}$$

进而得到 $\big((Z_1,\alpha_1,\delta_1,\boldsymbol{X}_1),\cdots,(Z_n,\alpha_n,\delta_n,\boldsymbol{X}_n)\big)$ 的似然函数:

$$L\big(\beta;Z_1,\alpha_1,\delta_1,\boldsymbol{X}_1,\cdots,Z_n,\alpha_n,\delta_n,\boldsymbol{X}_n\big)$$
$$\equiv\prod_{i=1}^{n}\Big\{\big[p\overline{G}_i(Z_i)f(Z_i;\boldsymbol{X}_i^{\mathrm{T}}\beta)\big]^{\alpha_i\delta_i}\big[(1-p)F(Z_i;\boldsymbol{X}_i^{\mathrm{T}}\beta)g_i(Z_i)\big]^{\alpha_i(1-\delta_i)}$$
$$\cdot\big[\overline{F}(Z_i;\boldsymbol{X}_i^{\mathrm{T}}\beta)g_i(Z_i)\big]^{1-\alpha_i}\cdot\tau_i(\boldsymbol{X}_i)\Big\},\quad n\geq 1. \tag{5. 2. 5}$$

对应于(5. 2. 4)的(无条件)概率测度记为 $\mathbb{P}_{\beta}(\cdot)$. 同时, 令 $\mathbb{E}_{\beta}(\cdot)$ 和 $\mathbb{V}\mathrm{ar}_{\beta}(\cdot)$ 分别表示在(无条件)概率测度 $\mathbb{P}_{\beta}(\cdot)$ 下的数学期望和方差. 为了记号的简单, 再令 $\mathbb{P}(\cdot)=\mathbb{P}_{\beta_0}(\cdot)$, $\mathbb{E}(\cdot)\equiv\mathbb{E}_{\beta_0}(\cdot)$ 和 $\mathbb{V}\mathrm{ar}(\cdot)\equiv\mathbb{V}\mathrm{ar}_{\beta_0}(\cdot)$. 对(5. 2. 5)取对数并去掉与 β 无关的量得到对数似然函数为

$$
\begin{aligned}
l_n^*(\boldsymbol{\beta}) &= \sum_{i=1}^{n} \big[\alpha_i\delta_i \log f(Z_i;\boldsymbol{X}_i^{\mathrm{T}}\boldsymbol{\beta}) + \alpha_i(1-\delta_i)\log F(Z_i;\boldsymbol{X}_i^{\mathrm{T}}\boldsymbol{\beta}) \\
&\quad + (1-\alpha_i)\log \overline{F}(Z_i;\boldsymbol{X}_i^{\mathrm{T}}\boldsymbol{\beta})\big] \\
&= l_n(\boldsymbol{\beta}; Z_1,\alpha_1,\delta_1,\boldsymbol{X}_1,\cdots,Z_n,\alpha_n,\delta_n,\boldsymbol{X}_n),
\end{aligned} \tag{5.2.6}
$$

其中 $l_n(\boldsymbol{\beta}; Z_1,\alpha_1,\delta_1,\boldsymbol{x}_1,\cdots,Z_n,\alpha_n,\delta_n,\boldsymbol{x}_n)$ 为 (3.1.1) 定义的对数似然函数. 由引理 3.1.2 有得分函数

$$
\begin{aligned}
T_n^*(\boldsymbol{\beta}) &\equiv \frac{\partial l_n^*(\boldsymbol{\beta})}{\partial \boldsymbol{\beta}} \\
&= \sum_{i=1}^{n} \boldsymbol{X}_i\Bigg[\alpha_i\delta_i Z_i - \dot{b}(\boldsymbol{X}_i^{\mathrm{T}}\boldsymbol{\beta}) \\
&\quad + \alpha_i(1-\delta_i)\frac{1}{F(Z_i;\boldsymbol{X}_i^{\mathrm{T}}\boldsymbol{\beta})}\int_{-\infty}^{Z_i} y f(y;\boldsymbol{X}_i^{\mathrm{T}}\boldsymbol{\beta})\mu(\mathrm{d}y) \\
&\quad + (1-\alpha_i)\frac{1}{\overline{F}(Z_i;\boldsymbol{X}_i^{\mathrm{T}}\boldsymbol{\beta})}\int_{Z_i}^{\infty} y f(y;\boldsymbol{X}_i^{\mathrm{T}}\boldsymbol{\beta})\mu(\mathrm{d}y)\Bigg] \\
&\equiv T_n(\boldsymbol{\beta}; Z_1,\alpha_1,\delta_1,\boldsymbol{X}_1,\cdots,Z_n,\alpha_n,\delta_n,\boldsymbol{X}_n),
\end{aligned} \tag{5.2.7}
$$

其中 $T_n(\boldsymbol{\beta}; Z_1,\alpha_1,\delta_1,\boldsymbol{x}_1,\cdots,Z_n,\alpha_n,\delta_n,\boldsymbol{x}_n)$ 即如 (3.1.11) 定义的得分函数, 以及

$$
\begin{aligned}
H_n^*(\boldsymbol{\beta}) &\equiv -\frac{\partial^2 l_n^*(\boldsymbol{\beta})}{\partial \boldsymbol{\beta}\,\partial \boldsymbol{\beta}^{\mathrm{T}}} \\
&= \sum_{i=1}^{n} \boldsymbol{X}_i\boldsymbol{X}_i^{\mathrm{T}}\Bigg\{\ddot{b}(\boldsymbol{X}_i^{\mathrm{T}}\boldsymbol{\beta}) \\
&\quad + \alpha_i(1-\delta_i)\Bigg[\frac{1}{F^2(Z_i;\boldsymbol{X}_i^{\mathrm{T}}\boldsymbol{\beta})}\Big(\int_{-\infty}^{Z_i} y f(y;\boldsymbol{X}_i^{\mathrm{T}}\boldsymbol{\beta})\mu(\mathrm{d}y)\Big)^2 \\
&\quad - \frac{1}{F(Z_i;\boldsymbol{X}_i^{\mathrm{T}}\boldsymbol{\beta})}\int_{-\infty}^{Z_i} y^2 f(y;\boldsymbol{X}_i^{\mathrm{T}}\boldsymbol{\beta})\mu(\mathrm{d}y)\Bigg] \\
&\quad + (1-\alpha_i)\Bigg[\frac{1}{\overline{F}^2(Z_i;\boldsymbol{X}_i^{\mathrm{T}}\boldsymbol{\beta})}\Big(\int_{Z_i}^{\infty} y f(y;\boldsymbol{X}_i^{\mathrm{T}}\boldsymbol{\beta})\mu(\mathrm{d}y)\Big)^2 \\
&\quad - \frac{1}{\overline{F}(Z_i;\boldsymbol{X}_i^{\mathrm{T}}\boldsymbol{\beta})}\int_{Z_i}^{\infty} y^2 f(y;\boldsymbol{X}_i^{\mathrm{T}}\boldsymbol{\beta})\mu(\mathrm{d}y)\Bigg]\Bigg\} \\
&= H_n(\boldsymbol{\beta}; Z_1,\alpha_1,\delta_1,\boldsymbol{X}_1,\cdots,Z_n,\alpha_n,\delta_n,\boldsymbol{X}_n),
\end{aligned}
$$

其中 $H_n(\boldsymbol{\beta}; Z_1, \alpha_1, \delta_1, \boldsymbol{x}_1, \cdots, Z_n, \alpha_n, \delta_n, \boldsymbol{x}_n)$ 如(3. 1. 24)所定义.

$$\begin{aligned}\Lambda_n^*(\boldsymbol{\beta}) &\equiv \Lambda_n^*(\boldsymbol{\beta}; \boldsymbol{x}_1, \cdots, \boldsymbol{x}_n) \equiv \mathbb{E}_{\boldsymbol{\beta}}^{\boldsymbol{x}_1, \boldsymbol{x}_2, \cdots}\big(T_n^*(\boldsymbol{\beta})(T^*(\boldsymbol{\beta}))^{\mathrm{T}}\big)\\ &= -\mathbb{E}_{\boldsymbol{\beta}}^{\boldsymbol{x}_1, \boldsymbol{x}_2, \cdots} H_n^*(\boldsymbol{\beta}) = \Lambda_n(\boldsymbol{\beta}; \boldsymbol{x}_1, \cdots, \boldsymbol{x}_n),\end{aligned}$$

其中 $\Lambda_n(\boldsymbol{\beta}; \boldsymbol{x}_1, \cdots, \boldsymbol{x}_n)$ 如(3. 1. 25)所定义.

把对数似然方程

$$T_n^*(\boldsymbol{\beta}) = \mathbf{0} \tag{5. 2. 8}$$

的解记为

$$\widetilde{\boldsymbol{\beta}}_n \equiv \widetilde{\boldsymbol{\beta}}_n\big(Z_1, \alpha_1, \delta_1, \boldsymbol{X}_1, \cdots, Z_n, \alpha_n, \delta_n, \boldsymbol{X}_n\big). \tag{5. 2. 9}$$

由 $T_n(\boldsymbol{\beta})$ 和 $T_n^*(\boldsymbol{\beta})$ 的表达式(3. 1. 11)和(5. 2. 7)以及对数似然方程(3. 1. 12)和(5. 2. 8), 易知

$$\widetilde{\boldsymbol{\beta}}_n = \hat{\boldsymbol{\beta}}_n\big(Z_1, \alpha_1, \delta_1, \boldsymbol{X}_1, \cdots, Z_n, \alpha_n, \delta_n, \boldsymbol{X}_n\big). \tag{5. 2. 10}$$

其中 $\hat{\boldsymbol{\beta}}_n\big(Z_1, \alpha_1, \delta_1, \boldsymbol{x}_1, \cdots, Z_n, \alpha_n, \delta_n, \boldsymbol{x}_n\big)$ 如(3. 1. 13)所定义.

5.3 若干假设

给出下列假设:

($\overline{\mathrm{C}}1$) $\boldsymbol{X}_i^{\mathrm{T}}\boldsymbol{\beta} \in \Theta_0$, $\forall i \geq 1$, $\forall \boldsymbol{\beta} \in \mathbb{B}$, $\mathbb{P}$-a.s.; $\boldsymbol{X}_i \in \mathbb{X}$, $\mathbb{X}$ 是紧集.

($\overline{\mathrm{C}}2$) $\exists c > 0$, 使得当 n 充分大时, $\lambda_{\min}\Big(\sum\limits_{i=1}^n \boldsymbol{X}_i\boldsymbol{X}_i^{\mathrm{T}}\Big) \geq cn$, $\mathbb{P}$-a.s.

($\overline{\mathrm{C}}2^*$) $\exists c_1 > 0$, $c_2 > 0$ 使得当 n 充分大时,

$$\lambda_{\min}\Big(\sum_{i=1}^n \boldsymbol{X}_i\boldsymbol{X}_i^{\mathrm{T}}\Big) \geq c_1\lambda_{\max}\Big(\sum_{i=1}^n \boldsymbol{X}_i\boldsymbol{X}_i^{\mathrm{T}}\Big) \geq c_2 n, \ \mathbb{P}\text{-a.s.}$$

($\overline{\mathrm{C}}2^{**}$) $Q(\boldsymbol{\beta}_0; \boldsymbol{X}_1, \boldsymbol{X}_2, \cdots) \equiv \lim\limits_{n\to\infty}\big(n\Lambda_n^{-1}(\boldsymbol{\beta}_0; \boldsymbol{X}_1, \cdots, \boldsymbol{X}_n)\big)$ 是 q 阶正定矩阵, 其中 $\Lambda_n(\boldsymbol{\beta}; \boldsymbol{x}_1, \cdots \boldsymbol{x}_n)$ 如(3. 1. 25), $Q(\boldsymbol{\beta}_0; \boldsymbol{x}_1, \boldsymbol{x}_2, \cdots)$ 如(C2**)所定义.

($\overline{\mathrm{C}}3$) $\forall \boldsymbol{\beta}_1, \boldsymbol{\beta}_2 \in \mathbb{B}$,

$$\big|\Upsilon_1^2(z; \boldsymbol{x}^{\mathrm{T}}\boldsymbol{\beta}_1) - \Upsilon_1^2(z; \boldsymbol{x}^{\mathrm{T}}\boldsymbol{\beta}_2)\big| \leq L_1(z; \boldsymbol{x})\big\|\boldsymbol{\beta}_1 - \boldsymbol{\beta}_2\big\|, \tag{5. 3. 1}$$

$$\left|\Upsilon_2(z;\boldsymbol{x}^{\mathrm{T}}\beta_1)-\Upsilon_2(z;\boldsymbol{x}^{\mathrm{T}}\beta_2)\right|\leq L_2(z;\boldsymbol{x})\left\|\beta_1-\beta_2\right\|, \quad (5.3.2)$$

$$\left|\Upsilon_3^2(z;\boldsymbol{x}^{\mathrm{T}}\beta_1)-\Upsilon_3^2(z;\boldsymbol{x}^{\mathrm{T}}\beta_2)\right|\leq L_3(z;\boldsymbol{x})\left\|\beta_1-\beta_2\right\|, \quad (5.3.3)$$

$$\left|\Upsilon_4(z;\boldsymbol{x}^{\mathrm{T}}\beta_1)-\Upsilon_4(z;\boldsymbol{x}^{\mathrm{T}}\beta_2)\right|\leq L_4(z;\boldsymbol{x})\left\|\beta_1-\beta_2\right\|, \quad (5.3.4)$$

这里，$\sup\limits_{i\geq 1}\mathbb{E}\big(L_j^b(Z_i;\boldsymbol{X}_i)I\big(L_j^b(Z_i;\boldsymbol{X}_i)>N\big)\big|\boldsymbol{X}_1,\boldsymbol{X}_2,\cdots\big)\to 0\ (N\to\infty)$, $\mathbb{P}$-a.s., $b>1$.

($\overline{\mathrm{C}}3^*$) $\forall\beta_1,\beta_2\in\mathbb{B}$, (5.3.1)～(5.3.4)成立，此处 $\sup\limits_{i\geq 1}\mathbb{E}\big(L_j^b(Z_i;\boldsymbol{X}_i)\big|\boldsymbol{X}_1,\boldsymbol{X}_2,\cdots\big)\leq L_j<\infty$, $\mathbb{P}$-a.s., $j=1,2,3,4$, $b>1$.

($\overline{\mathrm{C}}4$) $\mathbb{E}_{\boldsymbol{\beta}}^{\boldsymbol{X}_1,\boldsymbol{X}_2,\cdots}\big(t^2(\boldsymbol{X}_i^{\mathrm{T}}\boldsymbol{\beta})\big)>0$, $\mathbb{P}$-a.s., $\forall\boldsymbol{\beta}\in\mathbb{B}$, $i\geq 1$.

5.4　随机回归子情形下随机截尾模型的极大似然估计的渐近性

针对前述条件，将给出在随机回归子情形下带有不完全信息和随机截尾的广义线性模型的参数的极大似然估计的若干渐近性.

定理 5.4.1　*在条件($\overline{\mathrm{C}}1$), ($\overline{\mathrm{C}}2$), ($\overline{\mathrm{C}}3$)和($\overline{\mathrm{C}}4$)下，存在一个随机变量序列 $\{\widetilde{\boldsymbol{\beta}}_n\}$ 满足*

(i) $\mathbb{P}\{T_n^*(\widetilde{\boldsymbol{\beta}}_n)=\boldsymbol{0}\big|\boldsymbol{X}_1,\boldsymbol{X}_2,\cdots\}\to 1$, $\mathbb{P}$-a.s.;

(ii) $\forall\varepsilon>0$, $\mathbb{P}\big\{\big\|\widetilde{\boldsymbol{\beta}}_n-\boldsymbol{\beta}_0\big\|\leq\varepsilon\big|\boldsymbol{X}_1,\boldsymbol{X}_2,\cdots\big\}\to 1$, $\mathbb{P}$-a.s.;

(iii) $\mathbb{P}\Big\{\big(\Lambda_n^*(\boldsymbol{\beta}_0;\boldsymbol{X}_1,\cdots\boldsymbol{X}_n)\big)^{\frac{1}{2}}(\widetilde{\boldsymbol{\beta}}_n-\boldsymbol{\beta}_0)\leq\boldsymbol{x}\,\Big|\,\boldsymbol{X}_1,\boldsymbol{X}_2,\cdots\Big\}\to$ $\Phi(\boldsymbol{x})$, $\forall\boldsymbol{x}\in\mathbb{R}^q$, $\mathbb{P}$-a.s., *式中* $\Phi(\boldsymbol{x})$ *表示* q *阶标准正态分布* $N(\boldsymbol{0},\boldsymbol{I}_q)$ *的分布函数.*

证　任给 $\boldsymbol{x}_1,\boldsymbol{x}_2,\cdots,\boldsymbol{x}_n,\cdots$，视条件概率测度 $\mathbb{P}\{\cdot\,\big|\boldsymbol{X}_1=\boldsymbol{x}_1,\boldsymbol{X}_2=\boldsymbol{x}_2,\cdots\}$ 为第 2 章的概率测度 $\mathbb{P}\{\cdot\}$；注意到在给定 $\boldsymbol{X}_1=\boldsymbol{x}_1$, $\boldsymbol{X}_2=\boldsymbol{x}_2,\cdots$ 时，此处的极大似然估计 $\widetilde{\boldsymbol{\beta}}_n$ 等于第 2 章的极大似然估计 $\hat{\beta}_n=\hat{\beta}_n(Z_1,\alpha_1,\delta_1,\boldsymbol{x}_1,\cdots,Z_n,\alpha_n,\delta_n,\boldsymbol{x}_n)$. 于是由附注 5.2.1 知定理

3.2.1 的条件满足, 故有

$$\begin{aligned}&\mathbb{P}\{T_n^*(\widetilde{\beta}_n)=\mathbf{0}|\boldsymbol{X}_1=\boldsymbol{x}_1,\ \boldsymbol{X}_2=\boldsymbol{x}_2,\ \cdots\}\\&\quad=\mathbb{P}\{T_n(\hat{\beta}_n)=\mathbf{0}|\boldsymbol{X}_1=\boldsymbol{x}_1,\ \boldsymbol{X}_2=\boldsymbol{x}_2,\ \cdots\}\to 1,\end{aligned}$$

由此即得(i). 同理可证(ii)和(iii). □

附注 5.4.1 在定理 5.4.1 的条件下, 有 $\mathbb{P}\{T_n^*(\widetilde{\beta}_n)=\mathbf{0}\}\to 1$, 以及 $\forall\varepsilon>0$, $\mathbb{P}\{\|\widetilde{\beta}_n-\beta_0\|\le\varepsilon\}\to 1$.

类似于定理 5.4.1, 可以证明下面的定理.

定理 5.4.2 在假设$(\overline{\mathrm{C}}1)$, $(\overline{\mathrm{C}}2^*)$, $(\overline{\mathrm{C}}3^*)$和$(\overline{\mathrm{C}}4)$下, 存在一个随机变量序列 $\{\widetilde{\beta}_n\}$ 满足

(i) $\mathbb{P}\{\exists n_1,\ T_n^*(\widetilde{\beta}_n)=\mathbf{0},\ \forall n\ge n_1|\boldsymbol{X}_1,\boldsymbol{X}_2,\cdots\}=1$;

(ii) $\mathbb{P}\{\widetilde{\beta}_n\to\beta_0|\boldsymbol{X}_1,\boldsymbol{X}_2,\cdots\}=1$, $\mathbb{P}$-a.s.;

(iii) $\mathbb{P}\{\Lambda_n^{\frac{1}{2}}(\beta_0;\boldsymbol{X}_1,\cdots,\boldsymbol{X}_n)(\widetilde{\beta}_n-\beta_0)\le\boldsymbol{x}\,|\,\boldsymbol{X}_1,\boldsymbol{X}_2,\cdots\}\to\Phi(\boldsymbol{x})$, $\forall\boldsymbol{x}\in\mathbb{R}^q$, $\mathbb{P}$-a.s., 式中 $\Phi(\boldsymbol{x})$ 表示 q 阶标准正态分布 $N(\mathbf{0},\boldsymbol{I}_q)$ 的分布函数.

附注 5.4.2 在定理 5.4.2 的条件下, 有 $\mathbb{P}\{\exists n_1,\ T_n^*(\widetilde{\beta}_n)=\mathbf{0},\ \forall n\ge n_1\}=1$, 以及 $\mathbb{P}\{\widetilde{\beta}_n\to\beta_0\}=1$.

附注 5.4.3 在本章的模型中, 如果截尾变量取为 ∞, 也不考虑不完全信息, 那么$(\overline{\mathrm{C}}3^*)$和$(\overline{\mathrm{C}}4)$就自然成立, 而且由 [23] 的定理 3 的条件可以推出我们的条件, 故 [23] 的定理 3 就包含在我们的结论中.

还有下面更精细的结果.

定理 5.4.3 在$(\overline{\mathrm{C}}1)$, $(\overline{\mathrm{C}}2^{**})$, $(\overline{\mathrm{C}}3^*)$和$(\overline{\mathrm{C}}4)$条件下, 如果 $\widetilde{\beta}_n=(\widetilde{\beta}_{1n},\widetilde{\beta}_{2n},\cdots,\widetilde{\beta}_{qn})^{\mathrm{T}}$ 是 $\beta=(\beta_1,\beta_2,\cdots,\beta_q)^{\mathrm{T}}$ 的极大似然估计, 记 $\beta_0=(\beta_{10},\beta_{20},\cdots,\beta_{q0})^{\mathrm{T}}$, $1\le s\le q$, 则有

$$\begin{aligned}&\mathbb{P}\left\{\limsup_{n\to\infty}\sqrt{\frac{n}{2\log\log n}}(\widetilde{\beta}_{sn}-\beta_{s0})=\sqrt{\boldsymbol{e}_s^{\mathrm{T}}Q(\beta_0;\boldsymbol{X}_1,\boldsymbol{X}_2,\cdots)\boldsymbol{e}_s}\,\middle|\,\boldsymbol{X}_1,\boldsymbol{X}_2,\cdots\right\}\\&\quad=1,\ \mathbb{P}\text{-a.s.},\end{aligned}$$

以及

$$\mathbb{P}\left\{\liminf_{n\to\infty}\sqrt{\frac{n}{2\log\log n}}(\widetilde{\beta}_{sn}-\beta_{s0})=-\sqrt{\boldsymbol{e}_s^{\mathrm{T}}Q(\boldsymbol{\beta}_0;\boldsymbol{X}_1,\boldsymbol{X}_2,\cdots)\boldsymbol{e}_s}\,\middle|\boldsymbol{X}_1,\boldsymbol{X}_2,\cdots\right\}$$
$$=1,\ \mathbb{P}\text{-a.s.}$$

附注 5.4.4　在定理 5.4.3 的条件下，有

$$\mathbb{P}\left\{\limsup_{n\to\infty}\sqrt{\frac{n}{2\log\log n}}(\widetilde{\beta}_{sn}-\beta_{s0})=\sqrt{\boldsymbol{e}_s^{\mathrm{T}}Q(\boldsymbol{\beta}_0;\boldsymbol{x}_1,\boldsymbol{x}_2,\cdots)\boldsymbol{e}_s}\right\}=1,$$

以及

$$\mathbb{P}\left\{\liminf_{n\to\infty}\sqrt{\frac{n}{2\log\log n}}(\widetilde{\beta}_{sn}-\beta_{s0})=-\sqrt{\boldsymbol{e}_s^{\mathrm{T}}Q(\boldsymbol{\beta}_0;\boldsymbol{x}_1,\boldsymbol{x}_2,\cdots)\boldsymbol{e}_s}\right\}=1.$$

5.5　具有随机回归子的多维广义线性模型的渐近性

上一节讨论的是自然联系函数下具有随机回归子的不完全信息随机截尾的一维广义线性模型的极大似然估计的若干大样本性，本节将讨论具有随机回归子的多维广义线性模型的极大似然估计的相合性和渐近正态性. 有兴趣的读者可以对此种情形下的重对数律和中偏差进行讨论，也可以结合不完全信息和随机截尾数据建立非自然联系下具有随机回归子的广义线性模型，再讨论该模型的各种大样本性. 这些问题的难度相当大，希望有兴趣的读者做进一步研究.

对于模型 (5.1.2)，本节假设 $\boldsymbol{y}_i\in\mathbb{R}^r$ 是 $\boldsymbol{y}$ 的第 i 个观测；$\boldsymbol{X}_i$ 是 $q\times r$ 随机矩阵，是回归子 $\boldsymbol{X}$ 的第 i 个观测，其分布为 K_i，且对于不同的 i，K_i 不必相同. 样本 $(\boldsymbol{y}_i,\boldsymbol{X}_i)$，$i=1,2,\cdots$ 相互独立,

$$\Theta=\left\{\boldsymbol{\theta}:\ \boldsymbol{\theta}\in\mathbb{R}^r,\int_{\mathbb{R}^r}\exp\{\boldsymbol{\theta}^{\mathrm{T}}\boldsymbol{y}\}\mathrm{d}\mu(\boldsymbol{y})<\infty\right\}.$$

Θ^0 是 Θ 的内部，$\mathbb{B}^0$ 是 $\mathbb{B}$ 的内部. 引进以下记号:

$$\boldsymbol{\theta}_i=\boldsymbol{X}_i^{\mathrm{T}}\boldsymbol{\beta},\ \ \Sigma(\boldsymbol{\theta})=\mathbb{C}\mathrm{ov}(\boldsymbol{y})=\frac{\partial^2 b(\boldsymbol{\theta})}{\partial\boldsymbol{\theta}\,\partial\boldsymbol{\theta}^{\mathrm{T}}},$$

$$V(\varepsilon)=\{\boldsymbol{\beta}:\ \|\boldsymbol{\beta}-\boldsymbol{\beta}_0\|\le\varepsilon\},\ \varepsilon>0\ \text{充分小使得}\ V(\varepsilon)\in\mathbb{B}^0,$$

$$f_i(\beta) = \boldsymbol{X}_i \Sigma(\boldsymbol{X}_i^{\mathrm{T}}\beta)\boldsymbol{X}_i^{\mathrm{T}},$$

$$\phi_i^*(\beta) = \mathbb{E}\big(\boldsymbol{X}_i \Sigma(\boldsymbol{X}_i^{\mathrm{T}}\beta)\boldsymbol{X}_i^{\mathrm{T}}\big) = \int \boldsymbol{x}\Sigma(\boldsymbol{x}^{\mathrm{T}}\beta)\boldsymbol{x}^{\mathrm{T}}\mathrm{d}K_i(\boldsymbol{x}),$$

$$F_n(\beta) = \sum_{i=1}^{n} f_i(\beta),\ \ F_n^*(\beta) = \sum_{i=1}^{n} f_i^*(\beta),\ \ \text{记}\ \boldsymbol{F}_n = F_n(\boldsymbol{\beta}_0),$$

$$h_n(\beta) = \frac{1}{n}\big(F_n(\beta) - F_n^*(\beta)\big),\ \ g_\varepsilon(\boldsymbol{X}) = \sup_{\beta\in V(\varepsilon)} |\boldsymbol{X}\Sigma(\boldsymbol{X}^{\mathrm{T}}\beta)\boldsymbol{X}^{\mathrm{T}}|.$$

我们先给出两个结果，然后再给出它们的证明.

定理 5.5.1 假设

(i) 对某个常数 c 和无穷多个 i, $\mathbb{E}(\boldsymbol{X}_i\boldsymbol{X}_i^{\mathrm{T}}) > c\boldsymbol{I}_q$, 这里 $\boldsymbol{I}_q$ 为 q 阶单位矩阵;

(ii) $\big\{|\boldsymbol{X}_i|^2,\ i \geq 1\big\}$ 是一致可积的, 即

$$\lim_{N\to\infty}\sup_{i\geq 1}\int_{|\boldsymbol{X}|>N} |\boldsymbol{X}|^2 \mathrm{d}K_i(\boldsymbol{X}) = 0;$$

(iii) 对某个 $\varepsilon_0 > 0$, $\{g_{\varepsilon_0}(\boldsymbol{X}_i),\ i \geq 1\}$ 是一致可积, 即

$$\lim_{N\to\infty}\sup_{i\geq 1}\int_{|\boldsymbol{X}|>N} g_{\varepsilon_0}(\boldsymbol{X})\mathrm{d}K_i(\boldsymbol{X}) = 0.$$

则有

$$\hat{\boldsymbol{\beta}}_n \xrightarrow{\mathbb{P}} \boldsymbol{\beta}_0 \quad (n\to\infty), \tag{5.5.1}$$

以及

$$\boldsymbol{F}_n^{\frac{1}{2}} \cdot (\hat{\boldsymbol{\beta}}_n - \boldsymbol{\beta}_0) \xrightarrow{d} N(\boldsymbol{0}, \boldsymbol{I}_q) \quad (n\to\infty). \tag{5.5.2}$$

定理 5.5.1 给出的是极大似然估计 $\hat{\boldsymbol{\beta}}_n$ 的无条件下的相合性和渐近正态性. 下面的定理给出极大似然估计 $\hat{\boldsymbol{\beta}}_n$ 的在条件$\boldsymbol{X}_1, \boldsymbol{X}_2, \cdots$下的相合性和渐近正态性.

定理 5.5.2 假设

(i) 对某个常数 c 和无穷多个 i, $\mathbb{E}(\boldsymbol{X}_i\boldsymbol{X}_i^{\mathrm{T}}) > c\boldsymbol{I}_q$, 这里 $\boldsymbol{I}_q$ 为 q 阶单位矩阵;

(ii) $\big\{|\boldsymbol{X}_i|^2,\ i \geq 1\big\}$ 一致可积, 即

$$\lim_{N\to\infty}\sup_{i\geq 1}\int_{|\boldsymbol{X}|>N}|\boldsymbol{X}|^2\mathrm{d}K_i(\boldsymbol{X})=0;$$

(iii) 对某个 $\varepsilon_0>0$, $b>0$, $\{g^b_{\varepsilon_0}(\boldsymbol{X}_i),\ i\geq 1\}$ 一致可积, 即

$$\lim_{N\to\infty}\sup_{i\geq 1}\int_{|\boldsymbol{X}|>N}g^b_{\varepsilon_0}(\boldsymbol{X})\mathrm{d}K_i(\boldsymbol{X})=0.$$

则有

$$\mathbb{P}\{\hat{\boldsymbol{\beta}}_n\to\boldsymbol{\beta}_0|\boldsymbol{X}_1,\boldsymbol{X}_2,\cdots\}=1\text{ a.s.,}\tag{5.5.3}$$

以及

$$\mathbb{P}\{\boldsymbol{F}_n^{\frac{1}{2}}(\hat{\boldsymbol{\beta}}_n-\boldsymbol{\beta}_0)\leq\boldsymbol{x}\,|\,\boldsymbol{X}_1,\boldsymbol{X}_2,\cdots\}\to\Phi(\boldsymbol{x})\text{ a.s., }\forall\boldsymbol{x}\in\mathbb{R}^q.\tag{5.5.4}$$

(5.5.4) 也等价于

$$\sup_{\boldsymbol{x}\in\mathbb{R}^q}\left|\mathbb{P}\{\boldsymbol{F}_n^{\frac{1}{2}}(\hat{\boldsymbol{\beta}}_n-\boldsymbol{\beta}_0)\leq\boldsymbol{x}\,|\,\boldsymbol{X}_1,\boldsymbol{X}_2,\cdots\}-\Phi(\boldsymbol{x})\right|\to 0\text{ a.s.}$$

为了证明上述两个定理, 给出下面的引理.

引理 5.5.1　在定理 5.5.1 的条件下, 存在常数 c_1, c_2, $0<c_1<c_2<\infty$, 使得对任意的 $\boldsymbol{\beta}\in V(\varepsilon_0)$, 有

$$nc_1\boldsymbol{I}\leq F_n^*(\boldsymbol{\beta})\leq nc_2\boldsymbol{I}.\tag{5.5.5}$$

证　考虑

$$\phi_i^*(\boldsymbol{\beta})=\int_{|\boldsymbol{x}|>N}\boldsymbol{x}\Sigma(\boldsymbol{x}^{\mathrm{T}}\boldsymbol{\beta})\boldsymbol{x}^{\mathrm{T}}\mathrm{d}K_i(\boldsymbol{x})+\int_{|\boldsymbol{x}|\leq N}\boldsymbol{x}\Sigma(\boldsymbol{x}^{\mathrm{T}}\boldsymbol{\beta})\boldsymbol{x}^{\mathrm{T}}\mathrm{d}K_i(\boldsymbol{x})$$
$$\equiv\boldsymbol{J}_{i1}+\boldsymbol{J}_{i2}.$$

易知 $\boldsymbol{J}_{i1}\leq\sup\limits_{i\geq 1}\int_{|\boldsymbol{x}|>N}g_{\varepsilon_0}(\boldsymbol{x})\mathrm{d}K_i(\boldsymbol{x})$. 再由条件 (iii) 知: 对于任意的 $\varepsilon>0$, 存在 $N>0$ 使得对 $\boldsymbol{\beta}\in V(\varepsilon_0)$, 有 $\boldsymbol{J}_{i1}\leq\varepsilon q\boldsymbol{I}$, $i\geq 1$.

又由指数分布族性质知, 对于给定的 N, 存在常数 c_3, 使得对于 $|\boldsymbol{X}_i|\leq N$, $\boldsymbol{\beta}\in V(\varepsilon_0)$, 有 $\Sigma(\boldsymbol{X}_i^{\mathrm{T}}\boldsymbol{\beta})\leq c_3\boldsymbol{I}$, $i\geq 1$. 从而知

$$\boldsymbol{J}_{i2}\leq c_3\int_{|\boldsymbol{x}|\leq N}\boldsymbol{x}\boldsymbol{x}^{\mathrm{T}}\mathrm{d}K_i(\boldsymbol{x})\leq c_3qN^2\boldsymbol{I}.$$

取 $c_2=\varepsilon p+c_3qN^2$, 就得到 (5.5.5) 的右边.

再由指数分布族性质知，对于给定的 N，存在常数 c_4，使得对于 $|\boldsymbol{X}_i| \le N$，$\boldsymbol{\beta} \in V(\varepsilon_0)$，有 $\Sigma(\boldsymbol{X}_i^{\mathrm{T}}\boldsymbol{\beta}) \ge c_4\boldsymbol{I}$，$i \ge 1$. 从而知

$$\begin{aligned} f^*(\boldsymbol{\beta}) \ge \boldsymbol{J}_{i2} &\ge c_4 \int_{|\boldsymbol{x}|\le N} \boldsymbol{x}\boldsymbol{x}^{\mathrm{T}} \mathrm{d}K_i(\boldsymbol{x}) \\ &= \mathbb{E}(\boldsymbol{X}_i\boldsymbol{X}_i^{\mathrm{T}}) - \int_{|\boldsymbol{x}|>N} \boldsymbol{x}\boldsymbol{x}^{\mathrm{T}} \mathrm{d}K_i(\boldsymbol{x}). \end{aligned}$$

由条件(i)和(ii)，知对任意给定的 $\varepsilon > 0$，存在 N，使得

$$\int_{|\boldsymbol{x}|\le N} \boldsymbol{x}\boldsymbol{x}^{\mathrm{T}} \mathrm{d}K_i(\boldsymbol{x}) \ge (c - \varepsilon q)\boldsymbol{I}, \quad i \ge 1.$$

取 $\varepsilon = \dfrac{c}{2q}$，$c_1 = \dfrac{cc_4}{2}$，对 $\boldsymbol{\beta} \in V(\varepsilon_0)$，有

$$f^*(\boldsymbol{\beta}) \ge c_1\boldsymbol{I}, \quad i \ge 1.$$

从而得到(5.5.5)的左边. □

引理 5.5.2 在定理 5.5.1 的条件下，$\left\{\dfrac{1}{n}F_n^*(\boldsymbol{\beta}):\ n \ge 1\right\}$ 在 $V(\varepsilon_0)$ 上等度连续(关于 n 和 $\boldsymbol{\beta}$ 都连续).

证 根据 $F_n^*(\boldsymbol{\beta})$ 的定义，只需证明 $f_n^*(\boldsymbol{\beta})$ 具有等度连续性. 考虑

$$\begin{aligned} \left|f_n^*(\boldsymbol{\beta}_1) - f_n^*(\boldsymbol{\beta}_2)\right| \le &\int_{|\boldsymbol{x}|>N} \left|\boldsymbol{x}\Sigma(\boldsymbol{x}^{\mathrm{T}}\boldsymbol{\beta}_1)\boldsymbol{x}^{\mathrm{T}}\right| \mathrm{d}K_i(\boldsymbol{x}) \\ &+ \int_{|\boldsymbol{x}|>N} \left|\boldsymbol{x}\Sigma(\boldsymbol{x}^{\mathrm{T}}\boldsymbol{\beta}_2)\boldsymbol{x}^{\mathrm{T}}\right| \mathrm{d}K_i(\boldsymbol{x}) \\ &+ \int_{|\boldsymbol{x}|\le N} \left|\boldsymbol{x}\big(\Sigma(\boldsymbol{x}^{\mathrm{T}}\boldsymbol{\beta}_1) - \Sigma(\boldsymbol{x}^{\mathrm{T}}\boldsymbol{\beta}_2)\big)\boldsymbol{x}^{\mathrm{T}}\right| \mathrm{d}K_i(\boldsymbol{x}) \\ \equiv &\, J_{i1} + J_{i2} + J_{i3}, \end{aligned}$$

根据条件(iii)，对任意给定的 $\varepsilon > 0$，存在 N，使得当 $\boldsymbol{\beta}_1, \boldsymbol{\beta}_2 \in V(\varepsilon_0)$时，

$$J_{i1} \le \frac{\varepsilon}{3}, \quad J_{i2} \le \frac{\varepsilon}{3}.$$

因为 $\Sigma(\boldsymbol{X}^{\mathrm{T}}\boldsymbol{\beta})$ 在 $|\boldsymbol{X}| \le N$ 和 $V(\varepsilon_0)$ 上是连续的，当然也是一致连续的. 从而对于上述给定的 $\varepsilon > 0$，总可以找到充分小的 $\eta > 0$，当 $\boldsymbol{\beta}_1, \boldsymbol{\beta}_2 \in V(\varepsilon_0)$，且 $\|\boldsymbol{\beta}_1 - \boldsymbol{\beta}_2\| \le \eta$ 时，有

$$\left|\Sigma(\boldsymbol{X}^{\mathrm{T}}\boldsymbol{\beta}_1) - \Sigma(\boldsymbol{X}^{\mathrm{T}}\boldsymbol{\beta}_2)\right| \le \frac{\varepsilon}{3N^2}.$$

进而有

$$J_{i3} \le \frac{\varepsilon}{3N^2}\int_{|\boldsymbol{X}|\le N} |\boldsymbol{x}\boldsymbol{x}^{\mathrm{T}}|\mathrm{d}K_i(\boldsymbol{x}) \le \frac{\varepsilon}{3}.$$

综上所述有 $\left|f_n^*(\boldsymbol{\beta}_1) - f_n^*(\boldsymbol{\beta}_2)\right| \le \varepsilon$. 引理 5. 5. 2 得证. □

定义事件

$$A_n(\varepsilon,\eta) = \Big\{\boldsymbol{X}_1,\cdots,\boldsymbol{X}_n: \text{当 } \boldsymbol{\beta}_1,\boldsymbol{\beta}_2 \in V(\varepsilon_0), \text{ 且 } \|\boldsymbol{\beta}_1-\boldsymbol{\beta}_2\| < \eta \text{ 时,}$$
$$\text{有 } \frac{1}{n}\left|F_n^*(\boldsymbol{\beta}_1) - F_n^*(\boldsymbol{\beta}_2)\right| \le \varepsilon\Big\}.$$

引理 5. 5. 3　在定理 5. 5. 1 的条件下, 对任意给定的 $\varepsilon > 0$, 当 n 充分大时有 $\mathbb{P}\big(A_n(\varepsilon,\eta)\big) \ge 1-\varepsilon$.

证　由条件(iii) 知, 对任意给定的 $\varepsilon > 0$, 存在充分大的 N 使得

$$\int_{|\boldsymbol{x}|>N} g_{\varepsilon_0}(\boldsymbol{x})\mathrm{d}K_i(\boldsymbol{x}) \le \frac{\varepsilon}{5}, \quad i \ge 1.$$

记

$$g_1(\boldsymbol{X}) = g_{\varepsilon_0}(\boldsymbol{X})I(|\boldsymbol{X}| \le N), \;\; g_2(\boldsymbol{X}) = g_{\varepsilon_0}(\boldsymbol{X})I(|\boldsymbol{X}| > N),$$

$t_i = \mathbb{E}\big(g_2(\boldsymbol{X}_i)\big)$. 立即可得

$$0 \le t_i \le \frac{\varepsilon}{5}, \quad i \ge 1. \tag{5. 5. 6}$$

已知对于任一 $R > 0$, 存在 N_R, 使得 $\lim\limits_{R\to\infty} N_R = \infty$, 以及 $\{g_{\varepsilon_0} > R\} \subset \{|\boldsymbol{X}| > N_R\}$. 从而有

$$\sup_{i\ge 1}\int_{g_{\varepsilon_0}(\boldsymbol{x})>R} g_{\varepsilon_0}(\boldsymbol{x})\mathrm{d}K_i(\boldsymbol{x}) \to 0, \quad R \to \infty. \tag{5. 5. 7}$$

再记 $\xi_i = g_2(\boldsymbol{X}_i) - t_i$. 由(5. 5. 6)和(5. 5. 7)可知, 对充分大的 N, 有

$$\sup_{i\ge 1}\mathbb{E}\big(\xi_i I(|\xi_i| > N)\big) \le \mathbb{E}\big(g_{\varepsilon_0}(\boldsymbol{X}_i)I(g_{\varepsilon_0}(\boldsymbol{X}_i) > N-\varepsilon)\big) + \frac{\varepsilon}{5} \le \frac{2\varepsilon}{5}.$$

所以 $\{\xi_i,\ i \ge 1\}$ 满足引理 1. 3. 7 的条件, 从而有

$$\frac{1}{n}\sum_{i=1}^{n}\big(g_2(\boldsymbol{X}_i) - t_i\big) \xrightarrow{\mathbb{P}} 0, \quad n \to \infty.$$

由此有

$$\mathbb{P}\left\{\frac{1}{n}\sum_{i=1}^{n} g_2(\boldsymbol{X}_i) \le \frac{2\varepsilon}{5}\right\} \ge 1-\varepsilon. \tag{5.5.8}$$

找到充分小的 $\eta > 0$, 当 $\boldsymbol{\beta}_1, \boldsymbol{\beta}_2 \in V(\varepsilon_0)$, 且 $\|\boldsymbol{\beta}_1 - \boldsymbol{\beta}_2\| \le \eta$ 时, 有

$$\left|\frac{1}{n}F_n(\boldsymbol{\beta}_1) - \frac{1}{n}F_n(\boldsymbol{\beta}_2)\right| \le \frac{2}{n}\sum_{i=1}^{n} g_2(\boldsymbol{X}_i) + \frac{1}{n}\cdot n \cdot \frac{\varepsilon}{5N^2}\cdot N^2 \le \varepsilon.$$

引理 5. 5. 3 得证. □

定义事件

$$B_n(\varepsilon, \eta) = \Big\{\boldsymbol{X}_1, \cdots, \boldsymbol{X}_n : \text{当 } \boldsymbol{\beta}_1, \boldsymbol{\beta}_2 \in V(\varepsilon_0), \text{ 且 } \|\boldsymbol{\beta}_1 - \boldsymbol{\beta}_2\| < \eta \text{ 时,}$$
$$\text{有 } \frac{1}{n}\big|h_n(\boldsymbol{\beta}_1) - h_n(\boldsymbol{\beta}_2)\big| \le \varepsilon\Big\}.$$

引理 5. 5. 4 在定理 5. 5. 1 的条件下, 对任意给定的 $\varepsilon > 0$, 当 n 充分大时有 $\mathbb{P}\big(B_n(\varepsilon, \eta)\big) \ge 1 - \varepsilon$.

证 根据引理 5. 5. 2, 对于任意给定的 $\varepsilon > 0$, 总可以找到充分小的 $\eta_1 > 0$, 当 $\boldsymbol{\beta}_1, \boldsymbol{\beta}_2 \in V(\varepsilon_0)$, 且 $\|\boldsymbol{\beta}_1 - \boldsymbol{\beta}_2\| \le \eta_1$ 时, 有

$$\left|\frac{1}{n}F_n^*(\boldsymbol{\beta}_1) - \frac{1}{n}F_n^*(\boldsymbol{\beta}_2)\right| \le \frac{\varepsilon}{2}.$$

根据引理 5. 5. 3, 对于上述 $\varepsilon > 0$, 总可以找到充分小的 $\eta_2 > 0$, 当 n 充分大时, 有

$$\mathbb{P}\Big(A_n\Big(\frac{\varepsilon}{2}, \eta_2\Big)\Big) \ge 1 - \varepsilon.$$

因此, 对于任一给定的 $\varepsilon > 0$, 当事件 $A_n\Big(\dfrac{\varepsilon}{2}, \eta_2\Big)$ 发生, 以及 $\boldsymbol{\beta}_1, \boldsymbol{\beta}_2 \in V(\varepsilon_0)$, 且 $\|\boldsymbol{\beta}_1 - \boldsymbol{\beta}_2\| \le \eta = \min\{\eta_1, \eta_2\}$ 时, 有

$$\begin{aligned}\big|h_n(\boldsymbol{\beta}_1) - h_n(\boldsymbol{\beta}_2)\big| &\le \left|\frac{1}{n}F_n^*(\boldsymbol{\beta}_1) - \frac{1}{n}F_n^*(\boldsymbol{\beta}_2)\right| + \left|\frac{1}{n}F_n(\boldsymbol{\beta}_1) - \frac{1}{n}F_n(\boldsymbol{\beta}_2)\right| \\ &\le \varepsilon.\end{aligned}$$

引理 5. 5. 4 得证. □

引理 5. 5. 5 (i) 在定理 5. 5. 1 的条件下, 有

$$\sup_{\boldsymbol{\beta} \in V(\varepsilon_0)} \big|h_n(\boldsymbol{\beta})\big| \xrightarrow{\mathbb{P}} 0 \quad (n \to \infty).$$

(ii) 在定理 5.5.2 的条件(iii)下，有

$$\sup_{\beta\in V(\varepsilon_0)} |h_n(\beta)| \xrightarrow{\text{a.s.}} 0 \quad (n\to\infty).$$

证 记

$$h_n(\beta)=\frac{1}{n}\sum_{i=1}^{n}\left(\boldsymbol{X}_i\Sigma(\boldsymbol{X}_i^{\mathrm{T}}\beta)\boldsymbol{X}_i^{\mathrm{T}}-\mathbb{E}(\boldsymbol{X}_i\Sigma(\boldsymbol{X}_i^{\mathrm{T}}\beta)\boldsymbol{X}_i^{\mathrm{T}})\right)\equiv\frac{1}{n}\sum_{i=1}^{n}\boldsymbol{\xi}_i.$$

显然 $\{\boldsymbol{\xi}_i,\ i\geq 1\}$ 相互独立，且 $\mathbb{E}\boldsymbol{\xi}_i=\boldsymbol{O}$. 记

$$M=\sup_{i\geq 1}\int g_{\varepsilon_0}(\boldsymbol{x})\mathrm{d}K_i(\boldsymbol{x})<\infty.$$

对充分大的 N，有 $\{|\boldsymbol{\xi}_i|>N\}\subset\{g_{\varepsilon_0}(\boldsymbol{x}_i)>N-M\}$. 因此存在 $R>0$，且 $\lim\limits_{N\to\infty} R=\infty$ 使得

$$\begin{aligned}\sup_{i\geq 1}\mathbb{E}\big(|\boldsymbol{\xi}_i|I(|\boldsymbol{\xi}_i|>N)\big)&\leq\sup_{i\geq 1}\mathbb{E}\big(g_{\varepsilon_0}(\boldsymbol{X}_i)I(g_{\varepsilon_0}(\boldsymbol{x}_i)>N-M)\big)\\&\quad+M\sup_{i\geq 1}\mathbb{P}\big\{g_{\varepsilon_0}(\boldsymbol{x}_i)>N-M\big\}\\&\leq\sup_{i\geq 1}\mathbb{E}\big(g_{\varepsilon_0}(\boldsymbol{X}_i)I(|\boldsymbol{\xi}_i|>R)\big)\\&\quad+\frac{M}{R^2}\sup_{i\geq 1}\mathbb{E}\big(|\boldsymbol{X}_i|^2I(|\boldsymbol{\xi}_i|>R)\big).\end{aligned}$$

由条件(ii)和定理 5.5.2 条件(iii)，易知 $\{\boldsymbol{\xi}_i,\ i\geq 1\}$ 满足引理 1.3.7 的条件，所以对 $\boldsymbol{\beta}\in V(\varepsilon_0)$，有

$$h_n(\boldsymbol{\beta})\xrightarrow{\mathbb{P}}\boldsymbol{O},\quad n\to\infty. \tag{5.5.9}$$

给定 $\varepsilon>0$，由引理 5.5.4 知，存在 $\eta>0$ 和 $n_1>0$，使得当 $n>n_1$ 时，有 $\mathbb{P}\big(B_n(\varepsilon,\eta)\big)\geq 1-\varepsilon$.

在 $V(\varepsilon_0)$ 上找一个 η 网 $\{\boldsymbol{\beta}_1,\boldsymbol{\beta}_2,\cdots,\boldsymbol{\beta}_m\}$. 从(5.5.9)知，存在 $n_2>0$ 使得

$$\mathbb{P}\Big\{\max_{1\leq j\leq m}|h_n(\boldsymbol{\beta}_j)|\leq\varepsilon\Big\}\geq 1-2\varepsilon,\quad n>n_2.$$

对任意的 $\boldsymbol{\beta}\in V(\varepsilon_0)$，存在 j, $1\leq j\leq m$，使得 $\|\boldsymbol{\beta}-\boldsymbol{\beta}_j\|\leq\eta$. 所以，当 $\max\limits_{1\leq j\leq m}|h_n(\boldsymbol{\beta}_j)|\leq\varepsilon$，且 $B_n(\varepsilon,\eta)$ 发生时，有

$$|h_n(\boldsymbol{\beta})| \leq |h_n(\boldsymbol{\beta}) - h_n(\boldsymbol{\beta}_j)| + |h_n(\boldsymbol{\beta}_j)| \leq 2\varepsilon.$$

因此, 对任意的 $n > \max\{n_1, n_2\}$, 有

$$\mathbb{P}\Big\{\sup_{\boldsymbol{\beta}\in V(\varepsilon_0)} |h_n(\boldsymbol{\beta})| \leq 2\varepsilon\Big\} \geq 1 - 2\varepsilon.$$

由 $\varepsilon > 0$ 的任意性, 引理 5. 5. 5 的论断(i)得证. 引理 5. 5. 5 的论断(ii)类似可证. □

引理 5. 5. 6 在定理 5. 5. 1 的条件下, 存在常数 d_1, d_2, 且 $0 < d_1 < d_2 < \infty$, 使得

$$\mathbb{P}\big\{d_1 n \leq \lambda_{\min}(F_n(\boldsymbol{\beta})) \leq \lambda_{\max}(F_n(\boldsymbol{\beta})) \leq d_2 n,\ \boldsymbol{\beta} \in V(\varepsilon_0)\big\} \to 1.$$

证 根据引理 5. 5. 1、引理 5. 5. 5 的结论(i)以及

$$F_n(\boldsymbol{\beta}) = F_n^*(\boldsymbol{\beta}) + n h_n(\boldsymbol{\beta})$$

可立即得到引理 5. 5. 6 的结论. □

引理 5. 5. 7 记 r 维标准正态分布为 $N_r(\mathbf{0}, \boldsymbol{I})$, r 维随机向量 $\boldsymbol{X}$ 的矩母函数为 $m_{\boldsymbol{X}}(\boldsymbol{t})$. 如果对于任意的 $\boldsymbol{t} \in \mathbb{R}^r$,

$$\mathrm{e}^{(\frac{1}{2}-\varepsilon)\|\boldsymbol{t}\|^2} \leq m_{\boldsymbol{X}}(\boldsymbol{t}) \leq \mathrm{e}^{(\frac{1}{2}+\varepsilon)\|\boldsymbol{t}\|^2},$$

那么对任意 $\alpha > 0$, 存在 $\varepsilon > 0$ 和 $R > 0$, 使得当 $\|t\| < R$ 时, 有

$$\sup_{\boldsymbol{x}\in\mathbb{R}^r} |F(\boldsymbol{x}) - \Phi(\boldsymbol{x})| \leq \alpha,$$

此处 $F(\boldsymbol{x})$ 是 $\boldsymbol{X}$ 的分布函数.

定理 5. 5. 1 的证明 记 $N_n(\delta) = \big\{\boldsymbol{\beta}:\ \big\|\boldsymbol{F}_n^{\frac{1}{2}}(\beta - \beta_0)\big\| \leq \delta\big\}$,

$$\partial N_n(\delta) = \big\{\boldsymbol{\beta}:\ \|\boldsymbol{F}_n^{\frac{1}{2}}(\boldsymbol{\beta} - \boldsymbol{\beta}_0)\| = \delta\big\},$$

$$l_n(\boldsymbol{\beta}) = \sum_{i=1}^n \big(\boldsymbol{y}_i^{\mathrm{T}}\boldsymbol{X}_i^{\mathrm{T}}\beta - \dot{b}(\boldsymbol{X}_i^{\mathrm{T}}\beta)\big),$$

$$s_n(\boldsymbol{\beta}) = \sum_{i=1}^n \boldsymbol{X}_i\big(\boldsymbol{y}_i - \dot{b}(\boldsymbol{X}_i^{\mathrm{T}}\beta)\big), \quad \boldsymbol{s}_n = s_n(\boldsymbol{\beta}_0),$$

$$V_n(\boldsymbol{\beta}) = \boldsymbol{F}_n^{-\frac{1}{2}} F_n(\boldsymbol{\beta}) \boldsymbol{F}_n^{-\frac{1}{2}}.$$

由引理 5. 5. 6, 有 $\lambda_{\min}(\boldsymbol{F}_n) \xrightarrow{\mathbb{P}} \infty$. 所以对任意 $\varepsilon > 0$, $\eta > 0$, 当 n

充分大时，有

$$\mathbb{P}\{D(N_n(\delta)) \le \eta\} \ge 1 - \varepsilon, \tag{5.5.10}$$

这里 $D(A)$ 指集 A 的直径. (5.5.10)蕴涵着当 n 充分大时，

$$\mathbb{P}(N_n(\delta) \subset V(\varepsilon_0)) \ge 1 - \varepsilon. \tag{5.5.11}$$

根据引理 5.5.3 和 (5.5.11)知，当 n 充分大时，

$$\mathbb{P}\{|F_n(\boldsymbol{\beta}) - \boldsymbol{F}_n| \le n\varepsilon,\ \boldsymbol{\beta} \in N_n(\delta)\} \ge 1 - 2\varepsilon. \tag{5.5.12}$$

(5.5.12)也可以写成

$$\mathbb{P}\{-\varepsilon n\boldsymbol{F}_n^{-1} \le V_n(\boldsymbol{\beta}) - \boldsymbol{I} \le \varepsilon n\boldsymbol{F}_n^{-1},\ \boldsymbol{\beta} \in N_n(\delta)\} \ge 1 - 2\varepsilon.$$

由上式和引理 5.5.6 知，对于任意给定的 $\varepsilon > 0$，当 n 充分大时，

$$\mathbb{P}\Big\{\sup_{\boldsymbol{\beta}\in N_n(\delta)} |V_n(\boldsymbol{\beta}) - \boldsymbol{I}| \le d_1^{-1}\varepsilon\Big\} \ge 1 - 3\varepsilon. \tag{5.5.13}$$

(5.5.13)蕴涵着对某个常数 $c > 0$ 以及充分大的 n，有

$$\mathbb{P}\{F_n(\boldsymbol{\beta}) \ge c\boldsymbol{F}_n,\ \boldsymbol{\beta} \in N_n(\delta)\} \ge 1 - 3\varepsilon. \tag{5.5.14}$$

令 $\boldsymbol{\beta} \in \partial N_n(\delta)$. 注意到 $\dot{l}_n(\boldsymbol{\beta}_0) = \boldsymbol{s}_n$，$\ddot{l}_n(\boldsymbol{\beta}_0) = -F_n(\boldsymbol{\beta})$，再由 Taylor 展开式知

$$l_n(\boldsymbol{\beta}) - l_n(\boldsymbol{\beta}_0) = (\boldsymbol{\beta} - \boldsymbol{\beta}_0)^{\mathrm{T}}\boldsymbol{s}_n - (\boldsymbol{\beta} - \boldsymbol{\beta}_0)^{\mathrm{T}}\Big(\int_0^1 (1-u)F_n(\boldsymbol{\beta}_u)\mathrm{d}u\Big)(\boldsymbol{\beta} - \boldsymbol{\beta}_0),$$

$$\boldsymbol{\beta}_u = \boldsymbol{\beta}_0 + u(\boldsymbol{\beta} - \boldsymbol{\beta}_0). \tag{5.5.15}$$

因为 $0 \le u \le 1$，所以 $\boldsymbol{\beta}_u \in N_n(\delta)$. 又因为 $\boldsymbol{\beta} \in \partial N_n(\delta)$，所以有

$$(\boldsymbol{\beta} - \boldsymbol{\beta}_0)^{\mathrm{T}}\boldsymbol{F}_n(\boldsymbol{\beta} - \boldsymbol{\beta}_0) = \delta^2,$$

以及

$$\big|(\boldsymbol{\beta} - \boldsymbol{\beta}_0)^{\mathrm{T}}\boldsymbol{s}_n\big| \le \delta\|\boldsymbol{F}_n^{-\frac{1}{2}}\boldsymbol{s}_n\|.$$

从而由(5.5.14)和(5.5.15)知，对于充分大的 n，有

$$\mathbb{P}\Big\{l_n(\boldsymbol{\beta}) - l_n(\boldsymbol{\beta}_0) \le \delta\|\boldsymbol{F}_n^{-\frac{1}{2}}\boldsymbol{s}_n\| - \frac{\delta^2 c}{2},\ \boldsymbol{\beta} \in N_n(\delta)\Big\} \ge 1 - 3\varepsilon. \tag{5.5.16}$$

因 $\mathbb{E}(\|\boldsymbol{F}_n^{-\frac{1}{2}}\boldsymbol{s}_n\|^2 \,|\, \boldsymbol{X}_1, \cdots, \boldsymbol{X}_n) = q$，则有

$$\mathbb{P}\Big\{\|\boldsymbol{F}_n^{-\frac{1}{2}}\boldsymbol{s}_n\| < \frac{c\delta}{2}\Big\} \ge 1 - \frac{4q}{c^2\delta^2}.$$

对之取期望立得

$$\mathbb{P}\Big\{\|\boldsymbol{F}_n^{-\frac{1}{2}}\boldsymbol{s}_n\| < \frac{c\delta}{2}\Big\} \geq 1 - \frac{4q}{c^2\delta^2}. \tag{5.5.17}$$

令 δ 充分大使得 $\frac{4q}{c^2\delta^2} \leq \varepsilon$. 由(5.5.16)和(5.5.17)知,

$$\mathbb{P}\Big\{\sup_{\boldsymbol{\beta}\in\partial N_n(\delta)} l_n(\boldsymbol{\beta}) \leq l_n(\boldsymbol{\beta}_0)\Big\} \geq 1 - 4\varepsilon.$$

注意到, 当 $\sup\{l_n(\boldsymbol{\beta}):\ \boldsymbol{\beta}\in\partial N_n(\delta)\} < l_n(\boldsymbol{\beta}_0)$ 时, $l_n(\boldsymbol{\beta})$ 在 $N_n(\delta)$ 上有局部极大值 $\hat{\boldsymbol{\beta}}$. 因 $\boldsymbol{F}_n > 0$, 且 B^0 是凸集, 故 $\hat{\boldsymbol{\beta}}$ 是 $l_n(\boldsymbol{\beta})$ 在 B^0 的极大值, 也就是说, $\hat{\boldsymbol{\beta}}$ 是 $\boldsymbol{\beta}_0$ 的极大似然估计. 由此知, 对充分大的 n, 有

$$\mathbb{P}\big\{\hat{\boldsymbol{\beta}}_n \in N_n(\delta)\big\} \geq 1 - 4\varepsilon.$$

由上式和(5.5.10)知, 对任意给定的 $\varepsilon > 0$, 以及充分大的 n, 有

$$\mathbb{P}\big\{\|\hat{\boldsymbol{\beta}}_n - \boldsymbol{\beta}_0\| \leq \varepsilon\big\} \geq 1 - 5\varepsilon.$$

至此完成了 $\hat{\boldsymbol{\beta}}$ 的相合性证明. 下面再证明 $\hat{\boldsymbol{\beta}}$ 的渐近正态性.

记 $\boldsymbol{\beta}_n = \boldsymbol{\beta}_0 + \delta\boldsymbol{F}_n^{-\frac{1}{2}}\boldsymbol{t}$, 且 $\|\boldsymbol{t}\| = 1$. 则对于 $\boldsymbol{\beta}_n \in \partial N_n(\delta))$, 由(5.5.15) 有

$$l_n(\boldsymbol{\beta}_n) = l_n(\boldsymbol{\beta}_0) + \delta\boldsymbol{t}^{\mathrm{T}}\boldsymbol{F}_n^{-\frac{1}{2}}\boldsymbol{s}_n - \frac{\delta^2\boldsymbol{t}^{\mathrm{T}}\boldsymbol{t}}{2} - J_n, \tag{5.5.18}$$

这里, $J_n = \delta^2\boldsymbol{t}^{\mathrm{T}}\int_0^1 (1-u)\big(V_n(\boldsymbol{\beta}_u) - \boldsymbol{I}\big)\mathrm{d}u\cdot\boldsymbol{t}$, $\boldsymbol{\beta}_u = \boldsymbol{\beta}_0 + u\delta\boldsymbol{F}_n^{-\frac{1}{2}}\boldsymbol{t}$. 由(5.5.13)知, 对任意的 $\varepsilon > 0$ 以及充分大的 n, 有

$$\mathbb{P}(E_n) \geq 1 - \varepsilon, \tag{5.5.19}$$

这里, $E_n = \big\{\boldsymbol{X}_1,\cdots,\boldsymbol{X}_n:\ \sup_{\boldsymbol{\beta}\in N_n(\delta)} |V_n(\boldsymbol{\beta}) - \boldsymbol{I}| \leq \varepsilon\big\}$.

对 $(\boldsymbol{X}_1,\cdots,\boldsymbol{X}_n)\in E_n$, 我们有 $|J_n| \leq \frac{\delta^2\|\boldsymbol{t}\|^2}{2}$. 对(5.5.18)两边关于 $\boldsymbol{y}_1,\boldsymbol{y}_2,\cdots,\boldsymbol{y}_n$ 取期望, 有

$$\mathrm{e}^{(1-\varepsilon)\frac{\|\delta\|^2}{2}} \leq \mathbb{E}\big(\mathrm{e}^{\delta\boldsymbol{t}^{\mathrm{T}}\boldsymbol{F}_n^{-\frac{1}{2}}\boldsymbol{s}_n}|\boldsymbol{X}_1,\cdots,\boldsymbol{X}_n\big) \leq \mathrm{e}^{(1+\varepsilon)\frac{\|\delta\|^2}{2}},$$

这里, $(\boldsymbol{X}_1,\cdots,\boldsymbol{X}_n)\in E_n$, $\|\boldsymbol{t}\| = 1$, $0 < \delta < R$, R 是给定的常数.

给定 $\alpha > 0$, 根据引理 5.5.7 以及 ε 和 R 的任意性, 对于

$(\boldsymbol{X}_1,\cdots,\boldsymbol{X}_n)\in E_n$ 以及充分大的 n，有

$$\sup_{\boldsymbol{x}}\left|\mathbb{P}\{\boldsymbol{F}_n^{-\frac{1}{2}}\boldsymbol{s}_n\le\boldsymbol{x}\,|\,\boldsymbol{X}_1,\cdots,\boldsymbol{X}_n\}-\Phi(\boldsymbol{x})\right|\le\alpha.$$

由此及(5.5.19)知，对充分大的 n，有

$$\sup_{\boldsymbol{x}}\left|\mathbb{P}\{\boldsymbol{F}_n^{-\frac{1}{2}}\boldsymbol{s}_n\le\boldsymbol{x}\}-\Phi(\boldsymbol{x})\right|\le\alpha+\varepsilon.$$

由 ε 和 α 的任意性，我们有

$$\boldsymbol{F}_n^{-\frac{1}{2}}\boldsymbol{s}_n\xrightarrow{w}N(\boldsymbol{0},\boldsymbol{I}),\quad n\to\infty.\tag{5.5.20}$$

因

$$\boldsymbol{s}_n=\int_0^1F_n(\boldsymbol{\beta}_u)\mathrm{d}u\cdot(\hat{\boldsymbol{\beta}}_n-\boldsymbol{\beta}_0),\quad\boldsymbol{\beta}_u=\hat{\boldsymbol{\beta}}_n+u(\hat{\boldsymbol{\beta}}_n-\boldsymbol{\beta}_0),$$

我们有

$$\boldsymbol{F}_n^{-\frac{1}{2}}\boldsymbol{s}_n=\boldsymbol{F}_n^{\frac{1}{2}}(\hat{\boldsymbol{\beta}}_n-\boldsymbol{\beta}_0)+\int_0^1(V_n(\boldsymbol{\beta}_u)-\boldsymbol{I})\mathrm{d}u\cdot\boldsymbol{F}_n^{\frac{1}{2}}(\hat{\boldsymbol{\beta}}_n-\boldsymbol{\beta}_0).\tag{5.5.21}$$

由(5.5.19)，有

$$\int_0^1(V_n(\boldsymbol{\beta}_u)-\boldsymbol{I})\mathrm{d}u\xrightarrow{\mathbb{P}}\boldsymbol{O},\quad n\to\infty.$$

再由(5.5.20) 和 (5.5.21)，有 $\boldsymbol{F}_n^{\frac{1}{2}}(\hat{\boldsymbol{\beta}}_n-\boldsymbol{\beta}_0)=O_p(1)$，因此

$$\int_0^1\big(V_n(\boldsymbol{\beta}_u)-\boldsymbol{I}\big)\mathrm{d}u\cdot\boldsymbol{F}_n^{\frac{1}{2}}(\hat{\boldsymbol{\beta}}_n-\boldsymbol{\beta}_0)=o_p(1).$$

(5.5.21)表明 $\boldsymbol{F}_n^{\frac{1}{2}}(\hat{\boldsymbol{\beta}}_n-\boldsymbol{\beta}_0)$ 与 $\boldsymbol{F}_n^{-\frac{1}{2}}\boldsymbol{s}_n$ 有相同的极限. 所以，由(5.5.20)知，(5.5.2)成立. 这就证明了 $\hat{\boldsymbol{\beta}}$ 的渐近正态性. □

定理 5.5.2 的证明　令 Ω_0 是 $\mathbb{X}_1\times\mathbb{X}_2\times\cdots$ 的零概率子事件. 取 $(\boldsymbol{X}_1,\boldsymbol{X}_2,\cdots)$ 不属于 Ω_0. 为了证明定理 5.5.2, 需要证明文献[26]的条件(D), (N)和$(S^{\frac{1}{2}})$ 被满足.

由 $F_n(\boldsymbol{\beta})=F_n^*(\boldsymbol{\beta})+nh_n(\boldsymbol{\beta})$ 以及引理 5.5.1 和 引理 5.5.5 的条件(ii) 知，存在常数 d_1,d_2，$0<d_1\le d_2<\infty$，使得对一切 $\boldsymbol{\beta}\in V(\varepsilon_0)$，

$$d_1n\boldsymbol{I}\le F_n(\boldsymbol{\beta})\le d_2n\boldsymbol{I}.\tag{5.5.22}$$

由(5.5.22)，有条件(D)：$\lambda_{\min}(\boldsymbol{F}_n) \to \infty$.

进而，对任意给定的 $\varepsilon > 0$ 和 $\varepsilon_0 > 0$，对一切 $\boldsymbol{\beta} \in V(\varepsilon_0)$，当 n 充分大时，有 $\left|F_n(\boldsymbol{\beta}) - \boldsymbol{F}_n\right| \leq n\varepsilon$.

由(5.5.22)，对一切 $\boldsymbol{\beta} \in V(\varepsilon_0)$，有

$$(1 - q\varepsilon d_1^{-1})\boldsymbol{F}_n \leq F_n(\boldsymbol{\beta}) \leq (1 + q\varepsilon d_1^{-1})\boldsymbol{F}_n, \tag{5.5.23}$$

即

$$\left|V_n(\boldsymbol{\beta}) - \boldsymbol{I}\right| \leq \varepsilon d_1^{-1}. \tag{5.5.24}$$

根据刚才证明的条件(D)，当 n 充分大时，我们有 $N_n(\delta) \subset V(\varepsilon_0)$. 由(5.5.23)得到条件(N)，即

$$\sup_{\boldsymbol{\beta} \in N_n(\delta)} \left|V_n(\boldsymbol{\beta}) - \boldsymbol{I}\right| \to 0.$$

最后，由(5.5.23)，选择 $\eta = \varepsilon_0$ 和 $c > 0$，存在 n_1，当 $n \geq n_1$ 时，使得

$$\inf\left\{\lambda_{\min}(F_n(\boldsymbol{\beta})) : \boldsymbol{\beta} \in V(\eta)\right\} \geq c\big(\lambda_{\max}(\boldsymbol{F}_n)\big),$$

这就是文献[26]的条件$(S^{\frac{1}{2}})$. 从而定理 5.5.2 得证. □

定理 5.5.3 假设对于任意 i，$\boldsymbol{X}_i$ 的支撑是 $\mathbb{R}^{q\times r}$ 的紧子集. 对任何一个单位向量 $\boldsymbol{\lambda}$，则当 $\boldsymbol{\lambda}^{\mathrm{T}}\boldsymbol{X}_n \overset{\mathbb{P}}{\nrightarrow} \boldsymbol{0}$ 时，有(5.5.3)和(5.5.4)成立.

引理 5.5.8 假设 $\boldsymbol{X}_n = O_p(1)$，且对任意的单位向量 $\boldsymbol{\lambda}$，都有 $\boldsymbol{\lambda}^{\mathrm{T}}\boldsymbol{X}_n \overset{\mathbb{P}}{\nrightarrow} \boldsymbol{0}$. 那么有

$$\lambda_{\min}\Big(\sum_{i=1}^{n}\boldsymbol{X}_i\boldsymbol{X}_i^{\mathrm{T}}\Big) \to \infty, \text{ a.a.}$$

证 因为 $\boldsymbol{\lambda}^{\mathrm{T}}\boldsymbol{X}_n \overset{\mathbb{P}}{\nrightarrow} \boldsymbol{0}$，则存在 $\varepsilon_0 > 0$ 和自然数的无穷子集 $N(\varepsilon_0)$，使得

$$\mathbb{P}\big\{\|\boldsymbol{\lambda}^{\mathrm{T}}\boldsymbol{X}_n\| > \varepsilon_0\big\} > \varepsilon_0, \quad n \in N(\varepsilon_0). \tag{5.5.25}$$

又因为 $\boldsymbol{X}_n = O_p(1)$，则存在 $M_{\boldsymbol{\lambda}}$ 使得

$$\mathbb{P}\big\{|\boldsymbol{X}_n| > M_{\boldsymbol{\lambda}}\big\} < \frac{\varepsilon_0}{2}, \quad n \geq 1. \tag{5.5.26}$$

因而在单位球上存在 $\boldsymbol{\lambda}$ 的邻域 $V_{\boldsymbol{\lambda}}$，使得当 $|\boldsymbol{X}_n| \leq M_{\boldsymbol{\lambda}}$ 时，有

$$\|\boldsymbol{\lambda}^{\mathrm{T}}\boldsymbol{X}_n\| > \varepsilon_0, \quad \forall\widetilde{\boldsymbol{\lambda}} \in V_{\boldsymbol{\lambda}}. \tag{5.5.27}$$

由(5.5.25)～(5.5.27)，有

$$\mathbb{P}\Big\{\inf_{\widetilde{\boldsymbol{\lambda}}\in V_{\boldsymbol{\lambda}}}\|\widetilde{\boldsymbol{\lambda}}^{\mathrm{T}}\boldsymbol{X}_n\|>\varepsilon_0\Big\}>\varepsilon_0,\quad n\in N(\varepsilon_0).$$

记 $A_n=\Big\{\boldsymbol{X}_n:\inf_{\widetilde{\boldsymbol{\lambda}}\in V_{\boldsymbol{\lambda}}}\|\widetilde{\boldsymbol{\lambda}}^{\mathrm{T}}\boldsymbol{X}_n\|>\varepsilon_0\Big\}$. 则 $A_1,A_2,\cdots$ 相互独立，且

$$\sum_{i=1}^{\infty}\mathbb{P}(A_n)\geq\sum_{i=1}^{\infty}\frac{\varepsilon_0}{2}=\infty.$$

由 Borel-Cantell 引理，我们有 $\mathbb{P}(A_n,\ \text{i.o.})=1$. 故存在一个集合 $\Omega_{\boldsymbol{\lambda}}\subset\mathbb{X}_1\times\mathbb{X}_2\times\cdots$，使得 $\mathbb{P}\{(\boldsymbol{X}_1,\boldsymbol{X}_2,\cdots)\in\Omega_{\boldsymbol{\lambda}}\}=1$. 从而有

$$\inf_{\boldsymbol{\lambda}\in V_{\boldsymbol{\lambda}}}\boldsymbol{\lambda}^{\mathrm{T}}\sum_{i=1}^{n}\boldsymbol{X}_i\boldsymbol{X}_i^{\mathrm{T}}\boldsymbol{\lambda}\to\infty.$$

记 $V=\{\boldsymbol{\lambda}:\|\boldsymbol{\lambda}\|=1\}$. 根据 Heine-Cantell 引理，存在 $\lambda_1,\lambda_2,\cdots,\lambda_m$ 使得 $V=\bigcup_{j=1}^{m}\lambda_j$. 对不属于 $\Omega_{\boldsymbol{\lambda}}\equiv\bigcup_{j=1}^{m}\Omega_j$ 的 $(\boldsymbol{X}_1,\boldsymbol{X}_2,\cdots)$，有

$$\inf_{\boldsymbol{\lambda}\in V_{\boldsymbol{\lambda}}}\boldsymbol{\lambda}^{\mathrm{T}}\sum_{i=1}^{n}\boldsymbol{X}_i\boldsymbol{X}_i^{\mathrm{T}}\boldsymbol{\lambda}\to\infty.$$

这证明了 $\lambda_{\min}\Big(\sum_{i=1}^{n}\boldsymbol{X}_i\boldsymbol{X}_i^{\mathrm{T}}\Big)\to\infty$, a.s. 本引理证毕. □

定理 5.5.3 的证明　给定不属于 $\Omega_{\boldsymbol{\lambda}}\equiv\bigcup_{j=1}^{m}\Omega_j$ 的 $(\boldsymbol{X}_1,\boldsymbol{X}_2,\cdots)$，我们有

$$\lambda_{\min}\Big(\sum_{i=1}^{n}\boldsymbol{X}_i\boldsymbol{X}_i^{\mathrm{T}}\Big)\to\infty\ (n\to\infty),\ \text{a.s.}$$

此式以及 $\{\boldsymbol{X}_i,\ i\geq1\}$ 的有界性，蕴涵着文献[26]的条件(D)，(N)，$(S^{\frac{1}{2}})$. 从而有(5.5.3)和(5.5.4)成立. 本定理得证. □

注释　定理 5.5.3 的条件是从抽样的角度给出的. 在实际抽样中，$\boldsymbol{X}_i$ 的范围一般来说都是有界的，这是很合理的假定. 定理 5.5.2 的条件是从概率的角度给出的，统计的直观意义不太明确，主要是数学上的要求.

第6章 非自然联系情形下广义线性模型的拟极大似然估计

在第 2 章中，我们已经知道广义线性模型的历史背景以及广泛的用途. 广义线性模型的未知参数向量 β 的极大似然估计(MLE) $\hat{\beta}_n$ 在 1985 年由 Fahrmeir 和 Kaufmann[26] 给出，其强相合性以及渐近正态性也为他们所证明. 同时，研究者也致力于拓展广义线性模型的应用范围，起初只局限于响应变量服从指数型分布族的情形. 1974 年，Wedderburn[76] 提出拟似然函数的概念，在建模时可以只要求关于响应变量的数学期望函数和协方差函数的正确设定，而不必要求响应变量的分布为指数分布类型. 后续的研究表明，在方差函数不确知，但对期望有正确设定的情况下，这种方法仍可适用. 这种方法称为**拟似然法**. 由其所得的估计则称为**拟似然估计**. 岳丽和陈希孺[88]，赵林城和尹长明[92] 分别于 2004 年与 2005 年在一定的条件下，给出了广义线性模型的未知参数向量 β 的拟极大似然估计(QMLE) $\hat{\beta}_n$ 及其强相合性与渐近正态性. 陈夏和陈希孺[17] 于2005年给出了广义线性模型参数的自适应拟似然估计. 我们在岳丽与陈希孺得到的结果的基础上，保持他们的条件不变，稍微增加了一点条件，得到了(QMLE) $\hat{\beta}_n$ 的重对数律以及 Chung 型的重对数律[83]. 这个结果是对岳丽和陈希孺的结果的进一步精细化.

6.1 拟似然函数

假设响应变量是 $\boldsymbol{y}_i$，回归变量是 $\boldsymbol{X}_i$，$i \geq 1$，这里 $\boldsymbol{y}_i \in \mathbb{R}^k$ 相互独立，

$\boldsymbol{X}_i \in \mathbb{M}_{q\times k}$ ($\mathbb{M}_{q\times k}$ 为所有 $q\times k$ 矩阵集合), 而且 $\boldsymbol{y}_i$ 满足下面的要求:

$$\mathbb{E}_\beta \boldsymbol{y}_i \equiv \boldsymbol{u}_i = h\big(Z(\boldsymbol{X}_i)^{\mathrm{T}}\beta\big), \quad i=1,2,\cdots,n,$$

这里, $Z(\cdot): \mathbb{M}_{q\times k} \mapsto \mathbb{M}_{q\times k}$, 以及 $Z(\boldsymbol{X}_i)^{\mathrm{T}}$ 表示 $Z(\boldsymbol{X}_i)$ 的转置; $h(\cdot): \mathbb{R}^k \to \mathbb{R}^k$ 是一个充分光滑的函数, 而且是单射的; $\boldsymbol{\beta} \in \mathbb{R}^q$ 是 q 维未知参数. 令 $g = h^{-1}$ (h 的逆映射), 它被称为**联系函数**, 也就是

$$g(\boldsymbol{u}_i) = Z(\boldsymbol{X}_i)^{\mathrm{T}}\boldsymbol{\beta}.$$

又令 $\boldsymbol{\beta}_0 = (\beta_{10}, \beta_{20}, \cdots, \beta_{q0})^{\mathrm{T}}$ 表示 $\boldsymbol{\beta}$ 的真值. 为了记号的简便, 在本章中, 记 $\boldsymbol{Z}_i = Z(\boldsymbol{X}_i)$. 如果 $\boldsymbol{y}_i$ 的分布属于指数族:

$$C(\boldsymbol{y})\exp\big\{\boldsymbol{\theta}_i^{\mathrm{T}}\boldsymbol{y} - b(\boldsymbol{\theta}_i)\big\}\mu(\mathrm{d}\boldsymbol{y}), \quad i=1,2,\cdots,n, \tag{6.1.1}$$

则能够得到下面的对数似然方程:

$$S_n(\boldsymbol{\beta}) \equiv \sum_{i=1}^{n} \boldsymbol{Z}_i H_i(\boldsymbol{\beta})\varSigma_i^{-1}(\boldsymbol{\beta})\big(\boldsymbol{y}_i - h(\boldsymbol{Z}_i^{\mathrm{T}}\boldsymbol{\beta})\big) = \boldsymbol{0}, \tag{6.1.2}$$

这里, $\varSigma_i(\boldsymbol{\beta}) = \mathbb{C}\mathrm{ov}_{\boldsymbol{\beta}}(\boldsymbol{y}_i)$, $H_i(\boldsymbol{\beta}) = \big(\dot{h}_1(\boldsymbol{Z}_i^{\mathrm{T}}\boldsymbol{\beta}), \dot{h}_2(\boldsymbol{Z}_i^{\mathrm{T}}\boldsymbol{\beta}), \cdots, \dot{h}_k(\boldsymbol{Z}_i^{\mathrm{T}}\boldsymbol{\beta})\big)$, $h(\cdot) = \big(h_1(\cdot), h_2(\cdot), \cdots, h_k(\cdot)\big)^{\mathrm{T}}$, 且

$$\dot{h}_j(\boldsymbol{Z}_i^{\mathrm{T}}\boldsymbol{\beta}) = \frac{\partial h_j(\boldsymbol{t})}{\partial \boldsymbol{t}^{\mathrm{T}}}\Big|_{\boldsymbol{t}=\boldsymbol{Z}_i^{\mathrm{T}}\boldsymbol{\beta}}.$$

(6.1.2) 的解称为 $\boldsymbol{\beta}_0$ **的极大似然估计**.

通常情形下, 我们不知道 $\boldsymbol{y}_i$ 的分布的类型. 在此情形下, 因为方程 (6.1.2) 仅仅包含第一阶矩和第二阶矩, 我们能够用 $\boldsymbol{y}_i$ 的第一阶矩和第二阶矩构造方程 (6.1.2), 从而像文献 [75] 中那样, 用指定的正定矩阵 $\varLambda(\boldsymbol{\beta})$ 代替 $\varSigma_i^{-1}(\boldsymbol{\beta})$ 得到方程

$$L_n(\boldsymbol{\beta}) \equiv \sum_{i=1}^{n} \boldsymbol{Z}_i H_i(\boldsymbol{\beta})\varLambda(\boldsymbol{\beta})\big(\boldsymbol{y}_i - h(\boldsymbol{Z}_i^{\mathrm{T}}\boldsymbol{\beta})\big) = \boldsymbol{0}, \tag{6.1.3}$$

再用方程 (6.1.3) 的解去估计参数 $\boldsymbol{\beta}_0$. 通常, 方程 (6.1.3) 称为**拟似然方程**, 其解称为**拟极大似然估计量** (QMLE). 岳丽和陈希孺 [88] 曾经研究了拟极大似然估计的强相合性和收敛速度. 赵林城和尹长明 [92] 在更弱的条件下借助一个引理, 得到了拟极大似然估计的强相合性, 但对收敛速度没有考虑. 在本章中, 我们将在一些正规假设下证明拟极大似然估计满足相合性、渐近正态性, 然后在协方差函数的正确指定下, 得到极

大似然估计的重对数律和 Chung 重对数律.

6.2 拟极大似然估计的相合性与渐近正态性

本节针对拟似然方程(6.1.3)来考虑拟极大似然估计的相合性与渐近正态性.

6.2.1 拟极大似然估计的相合性

在列出假定之前, 先给出一些记号. C 表示正常数, 而且当它出现在不同的地方时取不同的值. 例如在 $C\sin Cx$ 中, 两个 C 之值可以不同. $\overline{a,b}$ 表示连接端点 a 与 b 的线段.

我们给出下面的假设:

(c.1) $\{\boldsymbol{Z}_i,\ i\ge 1\}$ 有界; 对充分大的 n 及某个 $\delta\in\left(\frac{3}{4},1\right]$, 有 $\lambda_n\ge Cn^{\delta}$, 其中 λ_n 为 $\sum\limits_{i=1}^{n}\boldsymbol{Z}_i\boldsymbol{Z}_i^{\mathrm{T}}$ 的最小特征根.

(c.2) $\mathbb{C}\mathrm{ov}(\boldsymbol{y}_i)\ge c\boldsymbol{I},\ i\ge 1$; $\sup\limits_{i\ge 1}\mathbb{E}\|\boldsymbol{y}_i\|^{\overline{p}}<\infty$, 这里 $\overline{p}=\frac{7}{3}$;

(c.3) h 的二阶偏导数存在且连续, 满足 $\det\left(\frac{\partial h(\boldsymbol{t})}{\partial \boldsymbol{t}^{\mathrm{T}}}\right)\ne 0$;

(c.4) $\Lambda_i(\boldsymbol{\beta})>0$, 且 $\Lambda_i(\boldsymbol{\beta})$ 的每一个元素有二阶连续偏导数; $\Lambda_i(\boldsymbol{\beta})$ 及其一、二阶偏导数在 $\mathbb{R}^q$ 的任何有界子集中有界.

定理 6.2.1 在 (c.1)~(c.4) 的条件下, 存在 $\boldsymbol{\beta}_0$ 的一个估计 $\hat{\boldsymbol{\beta}}_n$, 使得

$$\mathbb{P}\big\{L_n(\hat{\boldsymbol{\beta}}_n)=\boldsymbol{0},\ \text{对充分大的}\ n\big\}=1, \tag{6.2.1}$$

$$\hat{\boldsymbol{\beta}}_n-\boldsymbol{\beta}_0=O\big(n^{-(\delta-1/2)}(\log\log n)^{1/2}\big),\ \text{a.s.} \tag{6.2.2}$$

特别地, 取 $\delta=1$, (6.2.2)就为

$$\hat{\boldsymbol{\beta}}_n-\boldsymbol{\beta}_0=O\left(\sqrt{\frac{\log\log n}{n}}\right),\ \text{a.s.} \tag{6.2.3}$$

证 取一个常数序列 $\{a_n\}$, 它满足 $0<a_n\uparrow\infty$, $a_n=o(\log n)$,

$(\log\log n)^{1/2} = o(a_n)$. 令 $c_n = n^{-(\delta-1/2)}a_n$, $n \geq 1$. 记

$$S_n = \{\boldsymbol{\beta}:\ \|\boldsymbol{\beta}-\boldsymbol{\beta}_0\| \leq c_n\},$$
$$S_n^0 = \{\boldsymbol{\beta}:\ \|\boldsymbol{\beta}-\boldsymbol{\beta}_0\| < c_n\},$$
$$\overline{S}_n = \{\boldsymbol{\beta}:\ \|\boldsymbol{\beta}-\boldsymbol{\beta}_0\| = c_n\},$$
$$B_i(\boldsymbol{\beta}) = \boldsymbol{Z}_i H_i(\boldsymbol{\beta})\Lambda_i(\boldsymbol{\beta}),\quad \boldsymbol{e}_i = \boldsymbol{y}_i - h(\boldsymbol{Z}_i^{\mathrm{T}}\boldsymbol{\beta}_0),\quad i \geq 1.$$

由 (c.2) 知，$\mathbb{E}\boldsymbol{e}_i = \boldsymbol{0}$，且 $\sup\limits_{i\geq 1}\mathbb{E}\|\boldsymbol{e}_i\|^{\overline{p}} < \infty$. 取 $\boldsymbol{\beta} \in \overline{S}_n$，有

$$\begin{aligned}
L_n(\boldsymbol{\beta}) - L_n(\boldsymbol{\beta}_0) &= \sum_{i=1}^n B_i(\boldsymbol{\beta})\big(h(\boldsymbol{Z}_i^{\mathrm{T}}\boldsymbol{\beta}) - h(\boldsymbol{Z}_i^{\mathrm{T}}\boldsymbol{\beta}_0)\big) \\
&\quad + \sum_{i=1}^n \big(B_i(\boldsymbol{\beta}_0) - B_i(\boldsymbol{\beta})\big)\boldsymbol{e}_i \\
&\equiv J_{n1}(\boldsymbol{\beta}) + J_{n2}(\boldsymbol{\beta}),
\end{aligned} \tag{6.2.4}$$

$$h(\boldsymbol{Z}_i^{\mathrm{T}}\boldsymbol{\beta}) - h(\boldsymbol{Z}_i^{\mathrm{T}}\boldsymbol{\beta}_0) = \widetilde{\boldsymbol{H}}_i\boldsymbol{Z}_i^{\mathrm{T}}(\boldsymbol{\beta}-\boldsymbol{\beta}_0),$$

此处，$\widetilde{\boldsymbol{H}}_i = \left(\left.\dfrac{\partial h_j(\boldsymbol{t})}{\partial t_i}\right|_{\boldsymbol{t}=\boldsymbol{Z}_i^{\mathrm{T}}\boldsymbol{\beta}_{lji}}\right)_{k\times k}$，$\boldsymbol{\beta}_{lji} \in \overline{\boldsymbol{\beta},\boldsymbol{\beta}_0}$. 由条件 (c.1) 和 (c.3) 知，对于 $\boldsymbol{\beta} \in S_n$，有

$$\frac{\partial h_j(\boldsymbol{Z}_i^{\mathrm{T}}\boldsymbol{\beta}_{lji})}{\partial t_i} = \frac{\partial h_j(\boldsymbol{Z}_i^{\mathrm{T}}\boldsymbol{\beta})}{\partial t_i} + u_{lji}(\boldsymbol{\beta}), \tag{6.2.5}$$

其中 $u_{lji}(\boldsymbol{\beta})$ 满足

$$\sup\{u_{lji}(\boldsymbol{\beta}):\ l \geq 1,\ j,i = 1,2,\cdots,k,\ \boldsymbol{\beta} \in S_n\} = O(c_n). \tag{6.2.6}$$

由 (c.3) 知，对任何 k 维向量 $\boldsymbol{a}$，以及 $\boldsymbol{\beta} \in S_n$，有

$$\|H_i^{\mathrm{T}}(\boldsymbol{\beta})\boldsymbol{a}\| \geq c\|\boldsymbol{a}\|.$$

由上式及 (c.4) 知，对任何 k 维向量 $\boldsymbol{a}$，以及 $\boldsymbol{\beta} \in S_n$，有

$$\boldsymbol{a}^{\mathrm{T}} H_i(\boldsymbol{\beta})\Lambda_i^j(\boldsymbol{\beta})H_i^{\mathrm{T}}(\boldsymbol{\beta})\boldsymbol{a} \geq c\|\boldsymbol{a}\|^2,\quad j = 1,2.$$

也就是

$$H_i(\boldsymbol{\beta})\Lambda_i^j(\boldsymbol{\beta})H_i^{\mathrm{T}}(\boldsymbol{\beta}) \geq c\boldsymbol{I},\quad \boldsymbol{\beta} \in S_n,\ i \geq 1. \tag{6.2.7}$$

由 (6.2.7) 及 (c.1) 知，对任何 $\boldsymbol{\beta} \in S_n$ 以及充分大的 n，有

$$\sum_{i=1}^n \boldsymbol{Z}_i H_i(\boldsymbol{\beta})\Lambda_i^j(\boldsymbol{\beta})H_i^{\mathrm{T}}(\boldsymbol{\beta})\boldsymbol{Z}_i^{\mathrm{T}} \geq \sum_{i=1}^n \boldsymbol{Z}_i\boldsymbol{Z}_i^{\mathrm{T}} \geq cn^{\delta}\boldsymbol{I}. \tag{6.2.8}$$

以 $U_i(\beta)$ 记一 k 阶方阵，其 (j,l) 元为 $u_{ijl}(\beta)$，由(6.2.4)及(6.2.5)有

$$J_{n1}(\beta)=\sum_{i=1}^{n}B_i(\beta)H_i^{\mathrm{T}}(\beta)Z_i^{\mathrm{T}}(\beta-\beta_0)+\sum_{i=1}^{n}B_i(\beta)U_i^{\mathrm{T}}(\beta)Z_i^{\mathrm{T}}(\beta-\beta_0)$$
$$\equiv J_{n11}(\beta)+J_{n12}(\beta). \tag{6.2.9}$$

由(6.2.6)及(6.2.8)有

$$\inf\left\{\|J_{n11}(\beta)\|:\ \beta\in\overline{S}_n\right\}\geq Cn^{\delta}=cn^{1/2}a_n, \tag{6.2.10}$$
$$\inf\left\{\|J_{n12}(\beta)\|:\ \beta\in\overline{S}_n\right\}\leq Cn^{2}=cn^{2-2\delta}a_n^2. \tag{6.2.11}$$

由于 $\delta>\dfrac{3}{4}$，$2-2\delta<\dfrac{1}{2}$，以及 $a_n=o(\log n)$，再由(6.2.10)及(6.2.11)有

$$\sup\left\{\|J_{n12}(\beta)\|:\ \beta\in\overline{S}_n\right\}=O\big(\inf\{\|J_{n11}(\beta)\|:\ \beta\in\overline{S}_n\}\big). \tag{6.2.12}$$

取 $r\in\left(\delta^{-1},\dfrac{4}{3}\right)$，令 $\overline{e}_i=e_iI\big(\|e_i\|\leq i^{1/r}\big)$，$i\geq 1$. 由 $r<\overline{p}$，知

$$\sum_{i=1}^{\infty}\mathbb{P}\{\overline{e}_i\neq e_i\}=\sum_{i=1}^{\infty}\mathbb{P}\{\|e_i\|>i^{1/r}\}\leq\sup_{i\geq 1}\mathbb{E}\big(\|e_i\|^{\overline{p}}\big)\sum_{i=1}^{\infty}i^{-\overline{p}/r}<\infty.$$

由 Borel-Cantelli 引理知，$\mathbb{P}\{\overline{e}_n=e_n,\ n\text{充分大}\}=1$. 因此，要估计 $J_{n2}(\beta)$，只需估计

$$\overline{J}_{n2}(\beta)=\sum_{i=1}^{n}\big(B_i(\beta)-B_i(\beta_0)\big)\overline{e}_i. \tag{6.2.13}$$

又因 $\|\mathbb{E}(\overline{e}_i)\|=\|\mathbb{E}(\overline{e}_i-e_i)\|\leq K\cdot i^{-(\overline{p}-1)/r}$，其中 $K=\sup\limits_{i\geq 1}\mathbb{E}(\|e_i\|^{\overline{p}})$，有

$$\left\|\sum_{i=1}^{\infty}\big(B_i(\beta)-B_i(\beta_0)\big)\mathbb{E}(\overline{e}_i)\right\|\leq C\sum_{i=1}^{\infty}K\cdot i^{-(\overline{p}-1)/r}<\infty.$$

因此为估计 $\overline{J}_{n2}(\beta)$，只需估计

$$\widetilde{J}_{n2}(\beta)\equiv\sum_{i=1}^{n}\big(B_i(\beta)-B_i(\beta_0)\big)\widetilde{e}_i, \tag{6.2.14}$$

这里 $\widetilde{e}_i=\overline{e}_i-\mathbb{E}(\overline{e}_i)$.

易知，$\mathbb{E}(\widetilde{\boldsymbol{e}}_i)=\mathbf{0}$，$\sup\limits_{i\geq 1}\mathbb{E}(\|\widetilde{\boldsymbol{e}}_i\|^{\overline{p}})<\infty$，$\sup\limits_{i\geq 1}\|\widetilde{\boldsymbol{e}}_i\|<2n^{1/r}$ a.s.

取 $a>1-\delta$，在球面 $\overline{S}_n$ 上找 $M=[n^{(p-1)a}]$ 个点 $\boldsymbol{\beta}_1,\boldsymbol{\beta}_2,\cdots,\boldsymbol{\beta}_M$，使得对任何 $\boldsymbol{\beta}\in\overline{S}_n$，可以找到 j 使得

$$\|\boldsymbol{\beta}-\boldsymbol{\beta}_j\|\leq Cn^{-(\delta-1/2+a)}a_n.$$

对固定 j，考虑

$$\widetilde{J}_{n2}(\boldsymbol{\beta}_j)=\sum_{i=1}^{n}\big(B_i(\boldsymbol{\beta}_j)-B_i(\boldsymbol{\beta}_0)\big)\widetilde{\boldsymbol{e}}_i\equiv\sum_{i=1}^{n}\boldsymbol{e}_{ij}. \tag{6.2.15}$$

记 $\widetilde{J}_{n2}(\boldsymbol{\beta}_j)$ 的第 l 个元素为 $\widetilde{J}^l_{n2}(\boldsymbol{\beta}_j)\equiv\sum\limits_{i=1}^{n}e^l_{ij}$，$l=1,2,\cdots,k$.

对任给 $\varepsilon_0>0$，

$$\mathbb{P}\big\{\widetilde{J}^l_{n2}(\boldsymbol{\beta}_j)\geq\varepsilon_0 n^{1/2}a_n\big\}=\mathbb{P}\bigg\{\bigg|\frac{1}{n}\sum_{i=1}^{n}e^l_{ij}\bigg|\geq\varepsilon_0 n^{-1/2}a_n\bigg\}. \tag{6.2.16}$$

在 Bernstein 不等式中取

$$b=Cn^{-(\delta-1/2)+1/r}a_n,\quad \overline{\sigma}^2\leq Cn^{-(2\delta-1)}a_n^2,$$
$$\varepsilon=\varepsilon_0 n^{-1/2}a_n,\quad b\varepsilon=cn^{-\delta+1/r}a_n^2,\quad n\varepsilon^2=ca_n^2.$$

易知，对某个 $\alpha>0$，$c>0$，有

$$\frac{n\varepsilon^2}{b\varepsilon+\overline{\sigma}^2}\geq cn^{\alpha},$$

且 α,c 与 $j=1,2,\cdots,M$ 及 l 无关. 因此，对(6.2.16)右边用引理 1.3.4 有

$$\mathbb{P}\Big\{\max_{1\leq j\leq M}\widetilde{J}^l_{n2}(\boldsymbol{\beta}_j)\geq k^{1/2}\varepsilon_0 n^{1/2}a_n\Big\}\leq n^{(q-1)\alpha}\exp\{-cn^{\alpha}\}. \tag{6.2.17}$$

由 ε_0 的任意性及 Borel-Cantelli 引理知，

$$\max_{1\leq j\leq M}\big\|\widetilde{J}_{n2}(\boldsymbol{\beta}_j)\big\|=o(n^{1/2}a_n),\ \text{a.s.}$$

对任何 $\boldsymbol{\beta}\in\overline{S}_n$，找 $\widetilde{\boldsymbol{\beta}}\in\{\boldsymbol{\beta}_1,\boldsymbol{\beta}_2,\cdots,\boldsymbol{\beta}_M\}$ 使得

$$\|\boldsymbol{\beta}-\widetilde{\boldsymbol{\beta}}\|=\min_{1\leq j\leq M}\|\boldsymbol{\beta}-\boldsymbol{\beta}_j\|\leq Cn^{-(\delta-1/2+a)}a_n.$$

从而有

$$\sup_{\beta\in\overline{S}_n}\|\widetilde{J}_{n2}(\boldsymbol{\beta})\|\le\max_{1\le j\le M}\|\widetilde{J}_{n2}(\boldsymbol{\beta}_j)\|+\sum_{i=1}^n\|B_i(\widetilde{\boldsymbol{\beta}})-B_i(\boldsymbol{\beta})\|\|\widetilde{\boldsymbol{e}}_i\|$$
$$\equiv K_1+K_2. \tag{6.2.18}$$

由

$$\sup_{\beta\in\overline{S}_n}\left\{\|B_i(\widetilde{\boldsymbol{\beta}})-B_i(\boldsymbol{\beta})\|,\ 1\le i\le n,\ n\ge 1\right\}$$
$$\le c\sup_{\beta\in\overline{S}_n}\left\{\|\widetilde{\boldsymbol{\beta}}-\boldsymbol{\beta}\|\right\}=O(n^{-(\delta-1/2+a)}a_n),$$

有

$$K_2=O\big(n^{-(\delta-1/2+\alpha)}a_n\big)\sum_{i=1}^n\|\widetilde{\boldsymbol{e}}_i\|.$$

再由上式, 根据引理 1. 3. 4 知, 对任意的 $\varepsilon_0>0$, $a>1-\delta$, 当 n 充分大时, 有

$$\mathbb{P}\big\{K_2\ge\varepsilon_0 n^{-(\delta-3/2+a)}\big\}\le\exp\{-cn^{\alpha}\},\ \text{对某个}\ \alpha>0. \tag{6.2.19}$$

结合(6. 2. 8)～(6. 2. 10), (6. 2. 17)～(6. 2. 19) 知, 当存在 $\alpha>0$, 且 n 充分大时, 有

$$\mathbb{P}\Big\{\inf\left\{\|L_n(\boldsymbol{\beta})-L_n(\boldsymbol{\beta}_0)\|:\ \boldsymbol{\beta}\in\overline{S}_n\right\}\ge cn^{1/2}a_n\Big\}\ge 1-\exp\{-cn^{\alpha}\}. \tag{6.2.20}$$

现考虑 $L_n(\boldsymbol{\beta}_0)$. 以 $\boldsymbol{l}_i^{\mathrm{T}}$ 记 $\boldsymbol{Z}_i$ 的第一行, 以 η_n 记 $L_n(\boldsymbol{\beta}_0)$ 的第一个元素, 有

$$\eta_n=\sum_{i=1}^n\boldsymbol{l}_i^{\mathrm{T}}H_i(\boldsymbol{\beta}_0)\Lambda_i(\boldsymbol{\beta}_0)\boldsymbol{e}_i\equiv\sum_{i=1}^n\zeta_i,$$

$\zeta_1,\zeta_2,\cdots$ 相互独立. 记 $B_n=\sum_{i=1}^n\mathbb{V}\mathrm{ar}(\zeta_i)$. 由 (c.3), 有

$$B_n=\sum_{i=1}^n\boldsymbol{l}_i^{\mathrm{T}}H_i(\boldsymbol{\beta}_0)\Lambda_i(\boldsymbol{\beta}_0)\mathbb{C}\mathrm{ov}(\boldsymbol{e}_i)\Lambda_i(\boldsymbol{\beta}_0)H_i(\boldsymbol{\beta}_0)^{\mathrm{T}}\boldsymbol{l}_i$$
$$\ge C\sum_{i=1}^n\boldsymbol{l}_i^{\mathrm{T}}H_i(\boldsymbol{\beta}_0)\Lambda_i^2(\boldsymbol{\beta}_0)H_i(\boldsymbol{\beta}_0)^{\mathrm{T}}\boldsymbol{l}_i.$$

再由(6.2.7)知,

$$B_n \geq C\sum_{i=1}^{n} \boldsymbol{l}_i^{\mathrm{T}}\boldsymbol{l}_i = C\sum_{i=1}^{n}(\boldsymbol{Z}_i\boldsymbol{Z}_i^{\mathrm{T}}\text{的}(1,1)\text{元}) \geq cn^{\delta} \to \infty. \quad (6.2.21)$$

由(6.2.21)及 $|B_{n+1}-B_n| = O(1)$ 知, $\dfrac{B_{n+1}}{B_n} \to 1$. 从而知 $\{\zeta_i\}$ 满足引理 1.3.10 的条件(i)和(ii). 下面验证也满足条件(iii).

由 (c.1) ~ (c.4), 有

$$B_n \geq Cn. \quad (6.2.22)$$

因 $2 < \overline{p} < 3$, 在引理 1.3.3 中取 $\varepsilon = \overline{p} - 2$, 则

$$D_n = \sum_{i=1}^{n} \mathbb{E}|\zeta_i|^{\overline{p}} \leq Cn.$$

由此及(6.2.22)得 $R_n \leq Cn \cdot n^{-1-\varepsilon/2} = cn^{-\varepsilon/2}$, 即

$$R_n = O\big((\log B_n)^{-2}\big).$$

这就是引理 1.3.10 的条件(iii).

由引理 1.3.10 得到

$$\sum_{n=1}^{\infty} \overline{p}_n = \sum_{n=1}^{\infty} \mathbb{P}\{\|L_n(\boldsymbol{\beta}_0)\| \geq cn^{1/2}(\log\log n)^{1/2}\} < \infty. \quad (6.2.23)$$

记

$$A_n = \Big\{\text{存在 } \hat{\boldsymbol{\beta}}_n \in S_n^0 \text{ 使得 } \|L_n(\boldsymbol{\beta}_0)\| = \inf\big\{\|L_n(\boldsymbol{\beta})\| : \boldsymbol{\beta} \in S_n\big\}\Big\}.$$

则由(6.2.20), (6.2.23)以及 $\log\log n = o(a_n)$ 有

$$\begin{aligned}\mathbb{P}(A_n) &\geq \mathbb{P}\Big\{\inf_{\boldsymbol{\beta}\in\overline{S}_n} \|L_n(\boldsymbol{\beta}) - L_n(\boldsymbol{\beta}_0)\| > 2\|L_n(\boldsymbol{\beta}_0)\|\Big\} \\ &\geq 1 - p_n, \end{aligned} \quad (6.2.24)$$

其中 $p_n = \overline{p}_n + \exp\{-Cn^{\alpha}\}$, $\sum_{n=1}^{\infty} p_n < \infty$.

至此, 得到了局部极值点 $\hat{\boldsymbol{\beta}}_n$ 存在性的证明. 下面证明这个局部极小值点满足

$$L_n(\hat{\boldsymbol{\beta}}_n) = \mathbf{0}, \text{ a.s.}$$

由于 $\hat{\boldsymbol{\beta}}_n \in S_n^0$, 故存在 $r_n \in (0,1)$, $n \geq 1$, 使得

$$\sum_{n=1}^{\infty}\mathbb{P}\{c_n-\|\hat{\boldsymbol{\beta}}_n-\boldsymbol{\beta}_0\|\le r_n\}<\infty.$$

因此以概率 1 当 n 充分大时有 $c_n-\|\hat{\boldsymbol{\beta}}_n-\boldsymbol{\beta}_0\|>r_n$.

取 $d\in(0,1)$. 假定 $\|L_n(\hat{\boldsymbol{\beta}}_n)\|=d_n$, 且 $d_n\ge d$, 将(6. 1. 3)的 $\boldsymbol{\beta}_0$ 及 $\boldsymbol{\beta}$ 分别换为 $\hat{\boldsymbol{\beta}}_n+\boldsymbol{\delta}_n$ 及 $\hat{\boldsymbol{\beta}}_n$, 有

$$\begin{aligned}L_n(\hat{\boldsymbol{\beta}}_n+\boldsymbol{\delta}_n)&-L_n(\hat{\boldsymbol{\beta}}_n)\\&=\sum_{i=1}^{n}B_i(\hat{\boldsymbol{\beta}}_n)\Big(h(\boldsymbol{Z}_i^{\mathrm{T}}\hat{\boldsymbol{\beta}}_n)-h(\boldsymbol{Z}_i^{\mathrm{T}}(\hat{\boldsymbol{\beta}}_n+\boldsymbol{\delta}_n))\Big)\\&\quad+\sum_{i=1}^{n}\big(B_i(\hat{\boldsymbol{\beta}}_n+\boldsymbol{\delta}_n)-B_i(\hat{\boldsymbol{\beta}}_n)\big)\Big(\boldsymbol{y}_i-h\big(\boldsymbol{Z}_i^{\mathrm{T}}(\hat{\boldsymbol{\beta}}_n+\boldsymbol{\delta}_n)\big)\Big)\\&\equiv K_{n1}(\cdot)+K_{n2}(\cdot).\end{aligned}\tag{6.2.25}$$

由(6. 2. 5)及(6. 2. 9)有

$$\begin{aligned}K_{n1}(\cdot)&=-\boldsymbol{G}_n\boldsymbol{\delta}_n+\sum_{n=1}^{n}B_i(\hat{\boldsymbol{\beta}}_n)O\big(\|\boldsymbol{\delta}_n\|\big)\boldsymbol{Z}_i^{\mathrm{T}}\boldsymbol{\delta}_n\\&\equiv K_{n11}(\cdot)+K_{n12}(\cdot),\end{aligned}\tag{6.2.26}$$

这里,

$$\boldsymbol{G}_n=\sum_{i=1}^{n}\boldsymbol{Z}_iH_i(\hat{\boldsymbol{\beta}}_n)\Lambda_n(\hat{\boldsymbol{\beta}}_n)H_i^{\mathrm{T}}(\hat{\boldsymbol{\beta}}_n)\boldsymbol{Z}_i^{\mathrm{T}}.$$

由(c.3), (c.4), 以及 $\hat{\boldsymbol{\beta}}_n\in S_n^0$, 知 $\boldsymbol{G}_n^{-1}$ 存在. 取 $\boldsymbol{\delta}_n=t_n\boldsymbol{G}_n^{-1}d_nr_n$, $t_n=\big(\max\{d_n,1\}\big)^{-1}$. 由 $t_nd_n\le 1$ 及 (c.1) 有 $\|\boldsymbol{\delta}_n\|\le cn^{-\delta}r_n$. 故 $\hat{\boldsymbol{\beta}}_n+\boldsymbol{\delta}_n\in S_n^0$, 且

$$\|K_{n11}(\cdot)\|=-t_nd_nr_n.\tag{6.2.27}$$

根据上述结论, 由 (c.1) ~ (c.4) 有

$$\|K_{n12}(\cdot)\|\le cn\|\boldsymbol{\delta}_n\|^2\le Cnn^{-2\delta}t_n^2d_n^2r_n^2\le\frac{1}{2}t_nd_nr_n.\tag{6.2.28}$$

记

$$\boldsymbol{y}_i-h\big(\boldsymbol{Z}_i^{\mathrm{T}}(\hat{\boldsymbol{\beta}}_n+\boldsymbol{\delta}_n)\big)=h\big(\boldsymbol{Z}_i^{\mathrm{T}}(\hat{\boldsymbol{\beta}}_0)\big)-h\big(\boldsymbol{Z}_i^{\mathrm{T}}(\hat{\boldsymbol{\beta}}_n+\boldsymbol{\delta}_n)\big)+\boldsymbol{e}_i\equiv\boldsymbol{m}_i+\boldsymbol{e}_i.$$

由 (c.3) 有

$$\|\boldsymbol{m}_i\| \le C\big(\|\hat{\boldsymbol{\beta}}_n - \hat{\boldsymbol{\beta}}_0\| + \|\boldsymbol{\delta}_n\|\big) \le cn^{-(\delta-1/2)}a_n + cn^{-\delta}t_n d_n r_n.$$

因此

$$\begin{aligned}\|K_{n2}(\cdot)\| &\le C\sum_{i=1}^{n}\big\|B_i(\hat{\boldsymbol{\beta}}_n+\boldsymbol{\delta}_n) - B_i(\hat{\boldsymbol{\beta}}_n)\big\|\|\boldsymbol{m}_i\| \\ &\quad + \Big\|\sum_{i=1}^{n}\big(B_i(\hat{\boldsymbol{\beta}}_n+\boldsymbol{\delta}_n) - B_i(\hat{\boldsymbol{\beta}}_n)\big)\boldsymbol{m}_i\Big\| \\ &\equiv K_{n21} + K_{n22}.\end{aligned} \tag{6.2.29}$$

由 (c.3) 和 (c.4) 知

$$\big\|B_i(\hat{\boldsymbol{\beta}}_n+\boldsymbol{\delta}_n) - B_i(\hat{\boldsymbol{\beta}}_n)\big\| \le C\|\boldsymbol{\delta}_n\| \le cn^{-\delta}t_n d_n r_n.$$

因此

$$K_{n21} \le cn^{-(2\delta-3/2)}a_n t_n d_n r_n + cn^{-(2\delta-1)}t_n^2 d_n^2 r_n^2.$$

由 $t_n d_n \le 1$, $\delta > \dfrac{3}{4}$, $a_n = o(\log n)$, 有

$$K_{n21} \le \frac{1}{4}t_n d_n r_n. \tag{6.2.30}$$

现在考虑 K_{n22}. 选择 a 使得 $1-\delta < a,\ 1-\delta+\varepsilon$. 在球 $V = \big\{\boldsymbol{t}: \|\boldsymbol{t}\| \le cn^{-\delta}r_n\big\}$ 中找 $N = [n^{pa}]$ 个点 $\boldsymbol{w}_1, \boldsymbol{w}_2, \cdots, \boldsymbol{w}_N$, 使得对任何 $\boldsymbol{w} \in V$, 可以找到 j 满足 $\|\boldsymbol{w} - \boldsymbol{w}_j\| \le cn^{-(a+\delta)}r_n$. 因 $\|\boldsymbol{\delta}_n\| \le cn^{-\delta}r_n$, $\boldsymbol{\delta}_n \in V$, 故存在 j 使得 $\|\boldsymbol{\delta}_n - \boldsymbol{w}_j\| \le cn^{-(a+\delta)}r_n$, 从而

$$\begin{aligned}K_{n22} &\le \Big\|\sum_{i=1}^{n}\big(B_i(\boldsymbol{\beta}_0+\boldsymbol{w}_j) - B_i(\boldsymbol{\beta}_0)\big)\boldsymbol{e}_i\Big\| \\ &\quad + \Big\|\sum_{i=1}^{n}\big(B_i(\boldsymbol{\beta}_0+\boldsymbol{\delta}_n) - B_i(\boldsymbol{\beta}_0+\boldsymbol{\delta}_n)\big)\boldsymbol{e}_i\Big\| \\ &\quad + \Big\|\sum_{i=1}^{n}\big(B_i(\hat{\boldsymbol{\beta}}_n+\boldsymbol{\delta}_n) - B_i(\boldsymbol{\beta}_0+\boldsymbol{\delta}_n) - (B_i(\hat{\boldsymbol{\beta}}_n) - B_i(\boldsymbol{\beta}_0))\big)\boldsymbol{e}_i\Big\| \\ &\le \max_{1\le l\le N}\Big\|\sum_{i=1}^{n}\big(B_i(\boldsymbol{\beta}_0+\boldsymbol{w}_l) - B_i(\boldsymbol{\beta}_0)\big)\boldsymbol{e}_i\Big\| \\ &\quad + \Big\|\sum_{i=1}^{n}\big(B_i(\boldsymbol{\beta}_0+\boldsymbol{\delta}_n) - B_i(\boldsymbol{\beta}_0+\boldsymbol{\delta}_n)\big)\boldsymbol{e}_i\Big\| \\ &\quad + \Big\|\sum_{i=1}^{n}\big(B_i(\hat{\boldsymbol{\beta}}_n+\boldsymbol{\delta}_n) - B_i(\boldsymbol{\beta}_0+\boldsymbol{\delta}_n) - (B_i(\hat{\boldsymbol{\beta}}_n) - B_i(\boldsymbol{\beta}_0))\big)\boldsymbol{e}_i\Big\|\end{aligned}$$

$$\equiv J_1 + J_2 + J_3. \tag{6.2.31}$$

对某函数 $g_i(\cdot)$，记

$$M = g_i(\hat{\boldsymbol{\beta}}_n + \boldsymbol{\delta}_n) - g_i(\boldsymbol{\beta}_0 + \boldsymbol{\delta}_n) - \big(g_i(\hat{\boldsymbol{\beta}}_n) - g_i(\boldsymbol{\beta}_0)\big).$$

根据 $\hat{\boldsymbol{\beta}}_n \in S_n^0$，$\|\boldsymbol{\delta}_n\| \le cn^{-\delta} t_n d_n r_n$，以及 (c.3) 和 (c.4)，由中值定理有

$$\begin{aligned}|M| &= \left|\boldsymbol{\delta}_n^{\mathrm{T}}\big(\dot{g}_i(\hat{\boldsymbol{\beta}}_n + \boldsymbol{t}) - \dot{g}_i(\boldsymbol{\beta}_0 + \boldsymbol{t})\big)\right|_{\boldsymbol{t}=\boldsymbol{\delta}} \quad (\boldsymbol{\delta} \in \overline{\boldsymbol{0}, \boldsymbol{\delta}_n}) \\ &\le \|\boldsymbol{\delta}_n\| \max_{\|t\|\le 1} \left|\dddot{g}_i(t)\right| \cdot \|\hat{\boldsymbol{\beta}}_n - \boldsymbol{\beta}_0\| \\ &\le c t_n d_n r_n n^{-(2\delta - 1/2)} a_n.\end{aligned}$$

故

$$\begin{aligned}J_3 &\le c t_n d_n r_n n^{-(2\delta-1/2)} a_n \sum_{i=1}^n \|\boldsymbol{e}_i\| \\ &\le c t_n d_n r_n n^{-(2\delta-1/2)} a_n \sum_{i=1}^n \mathbb{E}\|\boldsymbol{e}_i\| \\ &\quad + c t_n d_n r_n n^{-(2\delta-1/2)} a_n \sum_{i=1}^n \big(\|\boldsymbol{e}_i\| - \mathbb{E}\|\boldsymbol{e}_i\|\big) \\ &\equiv J_{31} + J_{32}.\end{aligned} \tag{6.2.32}$$

由 $\sup\limits_{i\ge 1} \mathbb{E}\|\boldsymbol{e}_i\| < \infty$，$\delta > \dfrac{3}{4}$，$a_n = o(\log n)$，有

$$J_{31} \le c t_n d_n r_n n^{-(2\delta - 3/2)} \log n \le \frac{1}{16} t_n d_n r_n. \tag{6.2.33}$$

由引理 1.3.5 知

$$\mathbb{P}\left\{\sum_{i=1}^n \big(\|\boldsymbol{e}_i\| - \mathbb{E}\|\boldsymbol{e}_i\|\big) \ge cn\right\} \le cn^{-\overline{p}/2}, \quad \overline{p} > 2.$$

故

$$\mathbb{P}\left\{J_{32} \ge \frac{1}{16} t_n d_n r_n\right\} \le cn^{-\overline{p}/2}, \quad \overline{p} > 2.$$

由上式及 (6.2.33) 有

$$\mathbb{P}\left\{J_3 \le \frac{1}{8} t_n d_n r_n\right\} \ge 1 - cn^{-\overline{p}/2}. \tag{6.2.34}$$

根据 (c.3), (c.4)，用中值定理有

$$J_2 \le c\|\boldsymbol{\delta}_n - \boldsymbol{w}_j\| \sum_{i=1}^n \|\boldsymbol{e}_i\| \le cn^{-(a+\delta)} r_n \sum_{i=1}^n \|\boldsymbol{e}_i\|.$$

因为 $a+\delta>1$，类似于前面处理 $\sum_{i=1}^n \|\boldsymbol{e}_i\|$ 的方法，可知，对 $\varepsilon_0 = a+\delta-1>0$，存在 $\alpha>0$，使得

$$\mathbb{P}\{J_2 \le cn^{-\varepsilon_0} r_n\} \ge 1-\exp\{-cn^{-\alpha}\}.$$

由于 $d_n \ge d$，必有 $t_n d_n = d_0 > 0$，故有

$$\mathbb{P}\left\{J_2 \le \frac{1}{16} t_n d_n r_n\right\} \ge 1-\exp\{-cn^{-\alpha}\}. \qquad (6.2.35)$$

现在考虑 J_1. 固定 j，记

$$\widetilde{J}_{1j} \equiv \sum_{i=1}^n \big(B_i(\boldsymbol{\beta}_0+\boldsymbol{w}_j) - B_i(\boldsymbol{\beta}_0)\big)\widetilde{\boldsymbol{e}}_i,$$

$\widetilde{\boldsymbol{e}}_i$ 的含义同(6.2.14)下的定义. 完全类似于前面对 $J_{n2}(\boldsymbol{\beta})$ 的处理，易知，对任给的 $\varepsilon_0>0$，有

$$\mathbb{P}\{\|\widetilde{J}_{1j}\| \ge \varepsilon_0 r_n\} \le 2\exp\left\{-\frac{2n\varepsilon^2}{2(b\varepsilon+\overline{\sigma}^2)}\right\},$$

其中 $b=cn^{-\delta+1/r}r_n$，$\overline{\sigma}^2 = cn^{-2\delta}r_n^2$，$\varepsilon=\varepsilon_0 n^{-1} r_n$，$b\varepsilon = cn^{-(\delta+1)+1/r}r_n^2$.
易见，对某个 $\alpha>0$，有 $\dfrac{n\varepsilon^2}{2(b\varepsilon+\overline{\sigma}^2)}$，且 c,α 与 $j=1,2,\cdots,N$ 无关. 因此

$$\mathbb{P}\{J_1 \ge \varepsilon_0 r_n\} = \mathbb{P}\left\{\max_{1\le l\le N} \|\widetilde{J}_{1j}\| \ge \varepsilon_0 r_n\right\} \le n^{qa}\exp\{-cn^{-\alpha}\}.$$

由上式并注意到 $t_n d_n = d_0>0$，有

$$\mathbb{P}\left\{J_1 \le \frac{1}{32} t_n d_n r_n\right\} \ge 1-\exp\{-cn^{-\alpha}\}，\text{对某个 } \alpha>0. \qquad (6.2.36)$$

结合(6.2.34)～(6.2.36)，有

$$\mathbb{P}\left\{K_{n22} \le \frac{7}{32} t_n d_n r_n\right\} \ge 1-\exp\{-cn^{-\alpha}\} - cn^{-\overline{p}/2}. \qquad (6.2.37)$$

结合(6.2.25)～(6.2.30)，(6.2.37)，有

$$\mathbb{P}\left\{\|L_n(\hat{\boldsymbol{\beta}}_n)\| > d,\ \hat{\boldsymbol{\beta}}_n \in S_n^0,\ \|L_n(\hat{\boldsymbol{\beta}}_n + \boldsymbol{\delta}_n)\| > \left(1-\frac{1}{32}t_n d_n r_n\right)\|L_n(\hat{\boldsymbol{\beta}}_n)\|\right\}$$
$$\le \exp\{-cn^{-\alpha}\} + cn^{-\overline{p}/2}.$$

另一方面，由(6.2.24)以及 $\hat{\boldsymbol\beta}_n+\boldsymbol\delta_n\in S_n^0$，有

$$\mathbb{P}\Big\{\big\|L_n(\hat{\boldsymbol\beta}_n)\big\|>d,\ \hat{\boldsymbol\beta}_n\in S_n^0,\ \big\|L_n(\hat{\boldsymbol\beta}_n+\boldsymbol\delta_n)\big\|\le\Big(1-\frac{1}{32}t_nd_nr_n\Big)\big\|L_n(\hat{\boldsymbol\beta}_n)\big\|\Big\}$$

$$\le p_n,$$

其中 p_n 见(6.2.24). 由上述两个不等式立得

$$\mathbb{P}\Big\{\big\|L_n(\hat{\boldsymbol\beta}_n)\big\|>d,\ \hat{\boldsymbol\beta}_n\in S_n^0\Big\}\le p_n+\exp\{-cn^{-\alpha}\}+cn^{-\overline{p}/2}.$$

而 $\mathbb{P}\{\hat{\boldsymbol\beta}_n\in S_n^0\}\ge 1-p_n$，因此

$$\mathbb{P}\Big\{\big\|L_n(\hat{\boldsymbol\beta}_n)\big\|\ge d\Big\}\le 2p_n+\exp\{-cn^{-\alpha}\}+cn^{-\overline{p}/2}.$$

由于

$$\sum_{n=1}^{\infty}\big(2p_n+\exp\{-cn^{-\alpha}\}+cn^{-\overline{p}/2}\big)<\infty,$$

由Borel-Cantelli引理知，对任何 $d>0$，有 $\mathbb{P}\big\{\big\|L_n(\hat{\boldsymbol\beta}_n)\big\|\ge d,\ \text{i.o.}\big\}=0$，即

$$\mathbb{P}\big\{\|L_n(\hat{\boldsymbol\beta}_n)\|>0,\ \text{i.o.}\big\}=0. \tag{6.2.38}$$

等价于

$$\mathbb{P}\big\{\|L_n(\hat{\boldsymbol\beta}_n)\|=0,\ \text{i.o.}\big\}=0. \tag{6.2.39}$$

由 $\hat{\boldsymbol\beta}_n\in S_n^0$ 得

$$\hat{\boldsymbol\beta}_n-\boldsymbol\beta_0=O(n^{-(\delta-1/2)}a_n),\ \text{a.s.}$$

上式对所有满足 $\dfrac{a_n}{\sqrt{2\log\log n}}\to\infty$ 及 $\dfrac{a_n}{\log n}\to 0$ 的 a_n 均成立. 由引理1.3.9知

$$\hat{\boldsymbol\beta}_n-\boldsymbol\beta_0=O(n^{-(\delta-1/2)}\sqrt{\log\log n}),\ \text{a.s.} \tag{6.2.40}$$

结合(6.2.39)和(6.2.40)，就完成了定理6.2.1的证明. □

6.2.2 拟极大似然估计的渐近正态性

给出下面的假设:

($\overline{\text{C}}$.1) $\{\boldsymbol Z_i,\ i\ge 1\}$ 有界；对充分大的 n 及某个 $\delta\in\Big(\dfrac{4}{5},1\Big]$，有

$\underline{\lambda}_n \geq Cn^{\delta}$，其中 $\underline{\lambda}_n$ 和 $\overline{\lambda}_n$ 的分布分别为 $\sum_{i=1}^{n} \boldsymbol{Z}_i\boldsymbol{Z}_i^{\mathrm{T}}$ 的最小特征根和最大特征根.

($\overline{\mathrm{c}}$.2) 存在 $c > 0$ 使得 $\mathbb{C}\mathrm{ov}(\boldsymbol{y}_i) \geq c\boldsymbol{I}$，$i \geq 1$；$\sup_{i\geq 1} \mathbb{E}\|\boldsymbol{y}_i\|^{\overline{p}} < \infty$，这里 $\overline{p} = \dfrac{17}{7}$.

($\overline{\mathrm{c}}$.3) h 的二阶偏导数存在且连续，满足 $\det\left(\dfrac{\partial h(\boldsymbol{t})}{\partial \boldsymbol{t}^{\mathrm{T}}}\right) \neq 0$.

($\overline{\mathrm{c}}$.4) $\Lambda_i(\boldsymbol{\beta}) > 0$，$\Lambda_i(\boldsymbol{\beta})$ 的每一个元素有二阶连续偏导数；$\Lambda_i(\boldsymbol{\beta})$ 及其一、二阶偏导数在 $\mathbb{R}^q$ 的任何有界子集中有界.

注　条件 ($\overline{\mathrm{c}}$.1) 比条件 (c.1) 要强，条件 ($\overline{\mathrm{c}}$.2) 比条件 (c.2) 要强，而其他两个条件没有改变.

定理 6.2.2　在条件 ($\overline{\mathrm{c}}$.1)～($\overline{\mathrm{c}}$.4) 下，有

$$\boldsymbol{B}_n^{-1/2}\boldsymbol{Q}_n(\hat{\boldsymbol{\beta}}_n - \boldsymbol{\beta}_0) \xrightarrow{d} N(\boldsymbol{0}, \boldsymbol{I}_q), \tag{6.2.41}$$

其中 $\boldsymbol{B}_n = \sum_{i=1}^{n} \boldsymbol{Z}_i\boldsymbol{H}_i\boldsymbol{\Lambda}_i\boldsymbol{\Sigma}_i\boldsymbol{\Lambda}_i\boldsymbol{H}_i^{\mathrm{T}}\boldsymbol{Z}_i^{\mathrm{T}}$，$\boldsymbol{Q}_n = \sum_{i=1}^{n} \boldsymbol{Z}_i\boldsymbol{H}_i\boldsymbol{\Lambda}_i\boldsymbol{H}_i^{\mathrm{T}}\boldsymbol{Z}_i^{\mathrm{T}}$，$\boldsymbol{H}_i = H(\boldsymbol{Z}_i^{\mathrm{T}}\boldsymbol{\beta}_0)$，$\boldsymbol{\Lambda}_i = \Lambda_i(\boldsymbol{\beta}_0)$，$\boldsymbol{\Sigma}_i = \mathbb{C}\mathrm{ov}(\boldsymbol{y}_i)$.

证　取单位向量 $\boldsymbol{\lambda}$，记

$$\xi_n = \boldsymbol{\lambda}^{\mathrm{T}}\boldsymbol{B}_n^{-1/2}L_n(\boldsymbol{\beta}_0) = \sum_{i=1}^{n} \xi_{ni}, \quad \xi_{ni} = \boldsymbol{\lambda}^{\mathrm{T}}\boldsymbol{B}_n^{-1/2}\boldsymbol{Z}_i\boldsymbol{H}_i\boldsymbol{\Lambda}_i\boldsymbol{e}_i,$$

其中 $\boldsymbol{e}_i = \boldsymbol{y}_i - h(\boldsymbol{Z}_i^{\mathrm{T}}\boldsymbol{\beta}_0)$. 易见 $\mathbb{E}(\xi_{ni}) = 0$，$1 \leq i \leq n$，以及

$$\begin{aligned}\mathbb{V}\mathrm{ar}(\xi_n) &= \sum_{i=1}^{n} \mathbb{V}\mathrm{ar}(\xi_{ni}) \\ &= \boldsymbol{\lambda}^{\mathrm{T}}\boldsymbol{B}_n^{-1/2}\sum_{i=1}^{n} \boldsymbol{\Lambda}_i\boldsymbol{Z}_i\boldsymbol{H}_i\boldsymbol{\Sigma}_i\boldsymbol{\Lambda}_i\boldsymbol{H}_i^{\mathrm{T}}\boldsymbol{Z}_i^{\mathrm{T}}\boldsymbol{B}_n^{-1/2}\boldsymbol{\lambda} \\ &= \boldsymbol{\lambda}^{\mathrm{T}}\boldsymbol{\lambda} = 1.\end{aligned}$$

要证明定理 6.2.2，等价于证明

$$\xi_n \xrightarrow{d} N(0, 1). \tag{6.2.42}$$

要证明(6.2.42)，只需验证：当 $n\to\infty$ 时，对任意给定的 $\varepsilon>0$，有

$$g_n(\varepsilon)\equiv\sum_{i=1}^{n}\mathbb{E}\big(|\xi_{ni}^2|I(|\xi_{ni}|>\varepsilon)\big)\to 0.$$

令

$$\boldsymbol{e}_i^*=\boldsymbol{\Sigma}_i^{-1/2}\boldsymbol{e}_i,\ \boldsymbol{a}_{ni}^{\mathrm{T}}=\boldsymbol{\lambda}^{\mathrm{T}}\boldsymbol{B}_n^{-1/2}\boldsymbol{Z}_i\boldsymbol{H}_i\boldsymbol{\Lambda}_i\boldsymbol{\Sigma}_i^{1/2},\quad 1\le i\le n.$$

显然 $\xi_{ni}=\boldsymbol{a}_{ni}^{\mathrm{T}}\boldsymbol{e}_i^*$. 再令 $\eta_{ni}=\dfrac{\xi_{ni}}{\|\boldsymbol{a}_{ni}\|}$. 则 $|\xi_{ni}|\le\|\boldsymbol{a}_{ni}\|\|\boldsymbol{e}_i^*\|$, 立即可知,

$$\|\boldsymbol{e}_i^*\|\ge\frac{|\xi_{ni}|}{\|\boldsymbol{a}_{ni}\|}=|\eta_{ni}|. \tag{6.2.43}$$

由 $\{\boldsymbol{Z}_i,\ i\ge1\}$ 有界知, $\{\boldsymbol{Z}_i^{\mathrm{T}}\beta_0,\ i\ge1\}$ 有界. 由 ($\overline{\mathrm{c}}$.4) 知, 存在 $c>0$, 使得对一切 $i\ge1$, 有 $\boldsymbol{\Lambda}_i\ge c\boldsymbol{I}$.

再由 $\{\boldsymbol{Z}_i^{\mathrm{T}}\beta_0,\ i\ge1\}$ 有界及 ($\overline{\mathrm{c}}$.3) 知, 存在 $c>0$, 使得对一切 $i\ge1$, 有 $\det(\boldsymbol{H}_i)\ge c$. 从而存在 $c>0$, 使得对一切 $i\ge1$, 有 $\boldsymbol{H}_i\boldsymbol{\Lambda}_i\boldsymbol{\Sigma}_i\boldsymbol{\Lambda}\boldsymbol{H}_i^{\mathrm{T}}\ge c\boldsymbol{I}$. 立即得到

$$\boldsymbol{B}_n\ge c\sum_{i=1}^{n}\boldsymbol{Z}_i\boldsymbol{Z}_i^{\mathrm{T}}.$$

又由 ($\overline{\mathrm{c}}$.1) 知, $\underline{\lambda}_n(\boldsymbol{B}_n)\ge cn\delta$, 从而有 $\underline{\lambda}_n(\boldsymbol{B}_n)\to\infty$. 再由 ($\overline{\mathrm{c}}$.1), ($\overline{\mathrm{c}}$.2) 及 ($\overline{\mathrm{c}}$.4) 知,

$$\lim_{n\to\infty}\max_{1\le i\le n}\|\boldsymbol{a}_{ni}\|=0,$$

且

$$\begin{aligned}\sum_{i=1}^{n}\boldsymbol{a}_{ni}^{\mathrm{T}}\boldsymbol{a}_{ni}&=\boldsymbol{\lambda}^{\mathrm{T}}\boldsymbol{B}_n^{-1/2}\sum_{i=1}^{n}\boldsymbol{\Lambda}_i\boldsymbol{Z}_i\boldsymbol{H}_i\boldsymbol{\Sigma}_i\boldsymbol{\Lambda}_i\boldsymbol{H}_i^{\mathrm{T}}\boldsymbol{Z}_i^{\mathrm{T}}\boldsymbol{B}_n^{-1/2}\boldsymbol{\lambda}\\&=\boldsymbol{\lambda}^{\mathrm{T}}\boldsymbol{\lambda}=1.\end{aligned} \tag{6.2.44}$$

注意到

$$g_n(\varepsilon)=\sum_{i=1}^{n}\|\boldsymbol{a}_{ni}\|^2E\left(|\eta_{ni}^2|I\left(|\eta_{ni}|>\frac{\varepsilon}{\|\boldsymbol{a}_{ni}\|}\right)\right),$$

由 ($\overline{\mathrm{c}}$.2), 取 $\alpha=\overline{p}-2=\dfrac{3}{7}$, 有

$$g_n(\varepsilon)\le\sum_{i=1}^{n}\|\boldsymbol{a}_{ni}\|^2\|\boldsymbol{a}_{ni}\|^{\alpha}\varepsilon^{-\alpha}E\big(|\eta_{ni}^{\overline{p}}|\big).$$

再由(6.2.43)和(6.2.44)得

$$g_n(\varepsilon) \le \max_{1\le i\le n} \|\boldsymbol{a}_{ni}\|^{\overline{p}} \varepsilon^{-\alpha} \sup_{i\ge 1} E\|\boldsymbol{e}_i^*\|^{\overline{p}} \to 0, \quad \forall \varepsilon > 0.$$

这就证明了(6.2.42). 由于(6.2.42)对任意的单位向量都成立, 就有

$$\boldsymbol{B}_n^{-1/2} L_n(\boldsymbol{\beta}_0) \xrightarrow{d} N(0,1). \tag{6.2.45}$$

记 $\boldsymbol{H}_{ni} = H(\boldsymbol{Z}_i^{\mathrm{T}}\hat{\boldsymbol{\beta}}_n)$, $\boldsymbol{\Lambda}_{ni} = \Lambda_i(\hat{\boldsymbol{\beta}}_n)$, $1 \le i \le n$. 因 $L_n(\hat{\boldsymbol{\beta}}_n) = \boldsymbol{0}$, 所以有

$$\begin{aligned} L_n(\boldsymbol{\beta}_0) &= L_n(\boldsymbol{\beta}_0) - L_n(\hat{\boldsymbol{\beta}}_n) \\ &= \sum_{i=1}^n \boldsymbol{Z}_i(\boldsymbol{H}_i\boldsymbol{\Lambda}_i - \boldsymbol{H}_{ni}\boldsymbol{\Lambda}_{ni})\boldsymbol{e}_i \\ &\quad + \sum_{i=1}^n \boldsymbol{Z}_i\boldsymbol{H}_{ni}\boldsymbol{\Lambda}_{ni}\big(h(\boldsymbol{Z}_i^{\mathrm{T}}\hat{\boldsymbol{\beta}}_n) - h(\boldsymbol{Z}_i^{\mathrm{T}}\boldsymbol{\beta}_0)\big) \\ &= \sum_{i=1}^n \boldsymbol{Z}_i(\boldsymbol{H}_i\boldsymbol{\Lambda}_i - \boldsymbol{H}_{ni}\boldsymbol{\Lambda}_{ni})\boldsymbol{e}_i \\ &\quad + \sum_{i=1}^n \boldsymbol{Z}_i\boldsymbol{H}_{ni}\boldsymbol{\Lambda}_{ni}\widetilde{\boldsymbol{H}}_{ni}^{\mathrm{T}}\boldsymbol{Z}_i^{\mathrm{T}}(\hat{\boldsymbol{\beta}}_n - \boldsymbol{\beta}_0) \\ &= \sum_{i=1}^n \boldsymbol{Z}_i(\boldsymbol{H}_i\boldsymbol{\Lambda}_i - \boldsymbol{H}_{ni}\boldsymbol{\Lambda}_{ni})\boldsymbol{e}_i \\ &\quad + \sum_{i=1}^n \boldsymbol{Z}_i(\boldsymbol{H}_{ni}\boldsymbol{\Lambda}_{ni}\widetilde{\boldsymbol{H}}_{ni}^{\mathrm{T}} - \boldsymbol{H}_i\boldsymbol{\Lambda}_i\boldsymbol{H}_i^{\mathrm{T}})\boldsymbol{Z}_i^{\mathrm{T}}(\hat{\boldsymbol{\beta}}_n - \boldsymbol{\beta}_0) \\ &\quad + \sum_{i=1}^n \boldsymbol{Z}_i\boldsymbol{H}_i\boldsymbol{\Lambda}_i\boldsymbol{H}_i^{\mathrm{T}}\boldsymbol{Z}_i^{\mathrm{T}}(\hat{\boldsymbol{\beta}}_n - \boldsymbol{\beta}_0) \\ &\equiv J_{1n}(\cdot) + J_{2n}(\cdot) + J_{3n}(\cdot), \end{aligned} \tag{6.2.46}$$

其中

$$\widetilde{\boldsymbol{H}}_{ni}^{\mathrm{T}} = \big(\dot{h}_1(\boldsymbol{Z}_1^{\mathrm{T}}\dot{\boldsymbol{\beta}}_{n1}), (\dot{h}_2(\boldsymbol{Z}_2^{\mathrm{T}}\dot{\boldsymbol{\beta}}_{n2}), \cdots, \dot{h}_k(\boldsymbol{Z}_k^{\mathrm{T}}\dot{\boldsymbol{\beta}}_{nk})\big), \quad 1 \le i \le n,$$

$\dot{\boldsymbol{\beta}}_{n1}, \dot{\boldsymbol{\beta}}_{n2}, \cdots, \dot{\boldsymbol{\beta}}_{nk}$ 都在 $\boldsymbol{\beta}_0$ 与 $\dot{\boldsymbol{\beta}}_n$ 的连线上. 而 $J_{3n}(\cdot) = \boldsymbol{Q}_n(\hat{\boldsymbol{\beta}}_n - \boldsymbol{\beta}_0)$.

只需证明

$$\boldsymbol{B}_n^{-1/2} J_{ln}(\cdot) = o_p(1), \quad l = 1, 2. \tag{6.2.47}$$

若(6.2.47)得证, 则由(6.2.45)～(6.2.47)即得(6.2.41). 由 $(\overline{\mathrm{c}}.3)$ 和 $(\overline{\mathrm{c}}.4)$, 有

$$\left|\boldsymbol{H}_{ni}\boldsymbol{\Lambda}_{ni}\widetilde{\boldsymbol{H}}_{ni}^{\mathrm{T}}-\boldsymbol{H}_i\boldsymbol{\Lambda}_i\boldsymbol{H}_i^{\mathrm{T}}\right|=O_p(\hat{\boldsymbol{\beta}}_n-\boldsymbol{\beta}_0),\quad \text{一致地对}\,1\le i\le n.$$

由上一段中 $\hat{\boldsymbol{\beta}}_n-\boldsymbol{\beta}_0=O_p\big(n^{-(\delta-1/2)}\big)$, 有

$$J_{2n}(\cdot)=nO_p(\|\hat{\boldsymbol{\beta}}_n-\boldsymbol{\beta}_0\|^2)=O_p\big(n^{2-2\delta}\big). \tag{6.2.48}$$

由 $\boldsymbol{B}_n\ge c\boldsymbol{S}_n$ 及 $(\overline{\mathrm{c}}.1)$, 有 $|\boldsymbol{B}_n^{-1/2}|=O_p\big(n^{-\delta/2}\big)$. 又由(6.2.48)有

$$\boldsymbol{B}_n^{-1/2}J_{2n}(\cdot)=O_p\big(\|\hat{\boldsymbol{\beta}}_n-\boldsymbol{\beta}_0\|^2\big)=O_p(n^{2-5\delta/2}).$$

再由 $\delta>\dfrac{4}{5}$, 即得

$$\boldsymbol{B}_n^{-1/2}J_{2n}(\cdot)=O_p(1). \tag{6.2.49}$$

现在考虑 $J_{1n}(\cdot)$. 取 $r\in\left(\dfrac{2}{3\delta-1},\dfrac{10}{7}\right)$ 充分接近 $\overline{p}-1$. 令 $\overline{\boldsymbol{e}}_i=\boldsymbol{e}_iI\big(\|\boldsymbol{e}_i\|\le i^{1/r}\big)$, $i\ge1$. 立即有

$$\sum_{i=1}^{\infty}\mathbb{P}\{\overline{\boldsymbol{e}}_i\ne\boldsymbol{e}_i\}=\sum_{i=1}^{\infty}\mathbb{P}\big\{\|\boldsymbol{e}_i\|>i^{1/r}\big\}\le\sup_{i\ge1}\mathbb{E}\big(\|\boldsymbol{e}_i\|^{\overline{p}}\big)\sum_{i=1}^{\infty}i^{-\overline{p}/r}<\infty.$$

由 Borel-Cantelli 引理知, 以概率 1, 当 n 充分大时, 有 $\overline{\boldsymbol{e}}_n=\boldsymbol{e}_n$, 因此只需考虑

$$\overline{J}_{1n}(\hat{\boldsymbol{\beta}}_n)\equiv\sum_{i=1}^{n}\boldsymbol{Z}_i\big(\boldsymbol{H}_i\boldsymbol{\Lambda}_i-H_i(\hat{\boldsymbol{\beta}}_n)\Lambda_i(\hat{\boldsymbol{\beta}}_n)\big)\overline{\boldsymbol{e}}_i. \tag{6.2.50}$$

因为 $\big\|\mathbb{E}(\overline{\boldsymbol{e}}_i)\big\|=\big\|\mathbb{E}(\overline{\boldsymbol{e}}_i-\boldsymbol{e}_i)\big\|\le i^{-(\overline{p}-1)/r}K$, 且 $K=\sup\limits_{i\ge1}\mathbb{E}\|\boldsymbol{e}_i\|^{\overline{p}}$, 所以有

$$\Big\|\sum_{i=1}^{n}\boldsymbol{Z}_i\big(\boldsymbol{H}_i\boldsymbol{\Lambda}_i-H_i(\hat{\boldsymbol{\beta}}_n)\Lambda_i(\hat{\boldsymbol{\beta}}_n)\big)\mathbb{E}(\overline{\boldsymbol{e}}_i)\Big\|\le c\sum_{i=1}^{\infty}Ki^{-\overline{p}/r}<\infty.$$

记 $\widetilde{\boldsymbol{e}}_i=\overline{\boldsymbol{e}}_i-\mathbb{E}\overline{\boldsymbol{e}}_i$, 则 $\mathbb{E}(\widetilde{\boldsymbol{e}}_i)=\boldsymbol{0}$, $\sup\limits_{i\ge1}\mathbb{E}\|\widetilde{\boldsymbol{e}}_i\|^{\overline{p}}<\infty$, $\sup\limits_{1\le i\le n}|\widetilde{\boldsymbol{e}}_i|\le2n^{1/r}$, 以及

$$\widetilde{J}_{1n}(\hat{\boldsymbol{\beta}}_n)\equiv\sum_{i=1}^{n}\boldsymbol{Z}_i\big(\boldsymbol{H}_i\boldsymbol{\Lambda}_i-H_i(\hat{\boldsymbol{\beta}}_n)\Lambda_i(\hat{\boldsymbol{\beta}}_n)\big)\widetilde{\boldsymbol{e}}_i. \tag{6.2.51}$$

取 $a\ge\dfrac{3}{10}$, 在球 $S=\big\{\boldsymbol{\beta}:\ \|\boldsymbol{\beta}-\boldsymbol{\beta}_0\|\le cn^{-(\delta-1/2)}\big\}$ 内选定 $M=[n^{qa}]$ 个点, 使对任何 $\boldsymbol{\beta}\in S$, 可以找到 j, 使得

$$\|\boldsymbol{\beta}_j-\boldsymbol{\beta}\|\le cn^{-b},\quad b=\delta-\frac{1}{2}+a.$$

记

$$\widetilde{J}_{1nj}(\boldsymbol{\beta}_j) \equiv \sum_{i=1}^{n} \boldsymbol{Z}_i\big(\boldsymbol{H}_i\boldsymbol{\Lambda}_i - H_i(\boldsymbol{\beta}_j)\Lambda_i(\boldsymbol{\beta}_j)\big)\widetilde{\boldsymbol{e}}_i \equiv \sum_{i=1}^{n} \boldsymbol{e}_{ij}. \quad (6.2.52)$$

考虑(6.2.52)的第 l 个元素，记为 $\widetilde{J}^l_{1nj} \equiv \sum_{i=1}^{n} e^l_{ij}$.

下面验证 Bernstein 不等式. 因

$$\mathbb{P}\{|\widetilde{J}^l_{1nj}| \geq \varepsilon_0 n^{\delta/2}\} = \mathbb{P}\left\{\left|\frac{1}{n}\sum_{i=1}^{n} e^l_{ij}\right| \geq \varepsilon_0 n^{\delta/2-1}\right\}, \quad (6.2.53)$$

将(6.2.53)对照 Bernstein 不等式，知

$$b = cn^{-(\delta-1/2)+1/r}, \quad \overline{\sigma}^2 \leq cn^{-(2\delta-1)}, \quad \varepsilon = \varepsilon_0 n^{\delta/2-1},$$
$$b\varepsilon = cn^{-(\delta/2-1/2)+1/r}, \quad n\varepsilon^2 = cn^{\delta-1},$$

这里 $c>0$，在每个式中的取值不一样.

由 r 的取法，有

$$\delta - 1 - \left(-\left(\frac{\delta}{2}-\frac{1}{2}\right)+\frac{1}{r}\right) > 0.$$

而 $\delta-1-\big(-(2\delta-1)\big) = 3\delta-2>0$，故在 Bernstein 不等式中有

$$\frac{n\varepsilon^2}{2(b\varepsilon+\overline{\sigma}^2)} \geq cn^{\alpha},$$

此处 $c>0$，$\alpha>0$ 且与 $j=1,2,\cdots,M$ 和 $l=1,2,\cdots,k$ 无关. 进而有

$$\mathbb{P}\Big\{\max_{1\leq j\leq M}\|\widetilde{J}_{1nj}(\boldsymbol{\beta}_j)\| \geq \sqrt{k}\varepsilon_0 n^{\delta/2}\Big\} \leq n^{qa}\exp\{-cn^{\alpha}\}. \quad (6.2.54)$$

而 $\sum_{n=1}^{\infty} n^{qa}\exp\{-cn^{\alpha}\}<\infty$，故由 Borel-Cantelli 引理知，

$$\max_{1\leq j\leq M}\big\|\widetilde{J}_{1nj}(\boldsymbol{\beta}_j)\big\| = o(n^{\delta/2}), \text{ a.s.} \quad (6.2.55)$$

任取 $\boldsymbol{\beta}\in S$，找 j 使 $\|\boldsymbol{\beta}-\boldsymbol{\beta}_j\| \leq cn^{-b}$. 记 $\overline{\boldsymbol{\beta}} = \boldsymbol{\beta}_j$，则

$$\begin{aligned}\|\widetilde{J}_{1n}(\hat{\boldsymbol{\beta}}_n)\| \leq{}& \max_{1\leq j\leq M}\|\widetilde{J}_{1nj}(\boldsymbol{\beta}_j)\| \\ &+ \sum_{i=1}^{n}\|\boldsymbol{Z}_i\|\sup_{\boldsymbol{\beta}\in S}\|H_i(\boldsymbol{\beta})\Lambda_i(\boldsymbol{\beta}) - H_i(\overline{\boldsymbol{\beta}})\Lambda_i(\overline{\boldsymbol{\beta}})\|\|\widetilde{\boldsymbol{e}}_i\| \\ \equiv{}& K_1+K_2. \end{aligned} \quad (6.2.56)$$

由(6.2.55)知 $K_1 = o(n^{\delta/2})$, a.s. 而

$$K_2 \le cn^{-b}\sum_{i=1}^{n}\|\widetilde{e}_i\| \le cn^{1-b+1/r},$$

由 a 的取法知, $1-b+\dfrac{1}{r} \le \dfrac{\delta}{2}$, 故 $K_2 = o_p(n^{\delta/2})$. 进而知

$$\widetilde{J}_{1n}(\hat{\boldsymbol{\beta}}_n) = o_p(n^{\delta/2}).$$

从而有 $J_{1n}(\cdot) = o_p(n^{\delta/2})$, 即有

$$\boldsymbol{B}_n^{-1/2}J_{1n}(\cdot) = o_p(n^{\delta/2}). \tag{6.2.57}$$

结合(6.2.49)和(6.2.57)，得到(6.2.47). 从而完成了本定理的证明.

□

6.3 拟极大似然估计的重对数律

上一节在协方差阵任意指定下得到了拟极大似然估计的速度为

$$O\left(n^{-(\delta-1/2)}\sqrt{\log\log n}\right),\ \text{a.s.},$$

但没有具体给出界限. 本节将在协方差阵正确指定下, 来讨论拟极大似然估计的重对数律, 并将上一节的条件根据实际问题进行调整, 便于实际问题的验证. 一般来说, 尽管响应变量的协方差是未知的, 我们可以用样本协方差对之进行估计, 而且当样本量足够大时, 样本协方差几乎真实地将总体协方差估计出来了. 本节就是立足于这个思想, 更加精确地给出拟极大似然估计的重对数律, 重对数律的统计意义已经在 1.2 节给出.

令 $\Delta_n(\boldsymbol{\beta}) = \sum_{i=1}^{n}\boldsymbol{Z}_iH_i(\boldsymbol{\beta})\Sigma_i^{-1}(\boldsymbol{\beta})H_i^{\mathrm{T}}(\boldsymbol{\beta})\boldsymbol{Z}_i^{\mathrm{T}}$, 以及 $\boldsymbol{\Delta}_n \equiv \Delta_n(\boldsymbol{\beta}_0)$.

我们给出下面的假设:

(L.1) $\{\boldsymbol{Z}_i,\ i\ge 1\}$ 有界;

(L.2) $0<\boldsymbol{A}_1 \le \mathbb{C}\mathrm{ov}(\boldsymbol{y}_i) \le \boldsymbol{A}_2,\ i\ge 1$; $\sup_{i\ge 1}\mathbb{E}\|\boldsymbol{y}_i\|^{\overline{p}} < \infty$, 这里 $\overline{p} = \dfrac{7}{3}$;

(L. 3) h 的二阶偏导数存在且连续，满足 $\det\left(\frac{\partial h(\boldsymbol{t})}{\partial \boldsymbol{t}^{\mathrm{T}}}\right) \neq 0$;

(L. 4) $\Sigma_i^{-1}(\boldsymbol{\beta})$ 的每一个元素都有有限的二阶连续偏导数；

(L. 5) $\lim\limits_{n\to\infty} n\boldsymbol{\Delta}_n^{-1} = W(\boldsymbol{\beta}_0) > 0$.

附注 6.3.1　(L. 1), (L. 3) 和 (L. 4) 出现在文献 [88] 中；(L. 5) 在文献 [1] 和 [50] 中出现过；(L. 2) 是类似于上一节的条件 (c. 2)，也可以说类似于文献 [88] 的条件 2°，那里仅仅 $0 < c\boldsymbol{I} \le \mathbb{C}\mathrm{ov}(\boldsymbol{y}_i)$ 被需要. 在假设 (L. 4) 中的 $\Sigma_i^{-1}(\boldsymbol{\beta})$ 是上一节的条件 (c. 1) 的一个特殊情形，可以说是文献 [88] 的条件 1° 的一个特殊情形.

取一个常数序列 $\{a_n\}$，它满足

$$0 < a_n \uparrow \infty, \quad a_n = o(\log n), \quad (\log\log n)^{1/2} = o(a_n).$$

令 $c_n = n^{-1/2}a_n$. 不失一般性，假设 $c_1 \ge c_2 \ge \cdots \ge c_n$, $n \ge 1$. 记

$$T_n = \{\boldsymbol{\beta} :\ \|\boldsymbol{\beta} - \boldsymbol{\beta}_0\| \le c_n\},$$

$$T_n^0 = \{\boldsymbol{\beta} :\ \|\boldsymbol{\beta} - \boldsymbol{\beta}_0\| < c_n\},$$

$$\overline{T}_n = \{\boldsymbol{\beta} :\ \|\boldsymbol{\beta} - \boldsymbol{\beta}_0\| = c_n\}.$$

根据引理 6.3.1(后面将给出)，可以看到 假设 (L. 1) ～ (L. 5) 蕴涵着上一节的条件 (c. 1) ～ (c. 4). 因此，根据上一节的结果，可以知道以概率 1 对每一个 $n \ge 1$ 存在 $\hat{\boldsymbol{\beta}}_n \in T_n^0$ 使得对充分大的 n, $S_n(\hat{\boldsymbol{\beta}}_n) = \boldsymbol{0}$. $\hat{\boldsymbol{\beta}}_n$ 称为**拟似然估计**.

记

$$\hat{H}(\boldsymbol{t}) = \frac{\partial h(\boldsymbol{t})}{\partial \boldsymbol{t}^{\mathrm{T}}}, \quad f(\boldsymbol{t}, \boldsymbol{\lambda}) = \boldsymbol{\lambda}^{\mathrm{T}}\hat{H}(\boldsymbol{t})\hat{H}^{\mathrm{T}}(\boldsymbol{t})\boldsymbol{\lambda}.$$

根据假设 (L. 1) 和如下事实：对几乎每个 $\hat{\boldsymbol{\beta}}_n \in T_n^0 \subset T_1$ $(n \ge 1)$，存在一个紧集 Γ 使得

$$\{\boldsymbol{Z}_i\hat{\boldsymbol{\beta}}_n :\ i, n \ge 1\} \subset \Gamma.$$

易知 $f(\boldsymbol{t}, \boldsymbol{\lambda})$ 是紧集 $\Gamma \times K$ 上的连续函数，此处 $K = \{\boldsymbol{\lambda} :\ \|\boldsymbol{\lambda}\| = 1\}$. 根据 (L. 3)，可知道 $\hat{H}(\boldsymbol{t})\hat{H}(\boldsymbol{t})^{\mathrm{T}} > 0$. 从而

$$\boldsymbol{\lambda}^{\mathrm{T}}\hat{H}(\boldsymbol{t})\hat{H}^{\mathrm{T}}(\boldsymbol{t})\boldsymbol{\lambda} > 0, \quad 对所有\ \boldsymbol{\lambda} \in K,\ \boldsymbol{t} \in \Gamma.$$

因此，存在 $\boldsymbol{t}_0 \in \Gamma$, $\boldsymbol{\lambda}_0 \in K$ 使得

$$\inf_{\boldsymbol{t}\in\Gamma,\ \boldsymbol{\lambda}\in K} \boldsymbol{\lambda}^{\mathrm{T}}\hat{H}(\boldsymbol{t})\hat{H}^{\mathrm{T}}(\boldsymbol{t})\boldsymbol{\lambda} = \boldsymbol{\lambda}_0^{\mathrm{T}}\hat{H}(\boldsymbol{t}_0)\hat{H}^{\mathrm{T}}(\boldsymbol{t}_0)\boldsymbol{\lambda}_0 > 0.$$

注意到 $K_i(\hat{\boldsymbol{\beta}}_n) = \hat{H}(\boldsymbol{Z}_i\hat{\boldsymbol{\beta}}_n)$，可以看到几乎处处

$$\begin{aligned}\inf_{i,n\geq 1}\lambda_{\min}\big(K_i(\hat{\boldsymbol{\beta}}_n)K_i^{\mathrm{T}}(\hat{\boldsymbol{\beta}}_n)\big) &\geq \inf_{\boldsymbol{t}\in\Gamma}\lambda_{\min}\big(\hat{H}(\boldsymbol{t})\hat{H}^{\mathrm{T}}(\boldsymbol{t})\big)\\ &\geq \boldsymbol{\lambda}_0^{\mathrm{T}}\hat{H}(\boldsymbol{t}_0)\hat{H}^{\mathrm{T}}(\boldsymbol{t}_0)\boldsymbol{\lambda}_0 > 0.\end{aligned}$$

因此，我们已经证明了对 $i,n\geq 1$ 几乎处处有

$$\begin{aligned}K_i(\hat{\boldsymbol{\beta}}_n)K_i^{\mathrm{T}}(\hat{\boldsymbol{\beta}}_n) &\geq \lambda_{\min}\big(K_i(\hat{\boldsymbol{\beta}}_n)K_i^{\mathrm{T}}(\hat{\boldsymbol{\beta}}_n)\big)\boldsymbol{I}\\ &\geq \boldsymbol{\lambda}_0^{\mathrm{T}}\hat{H}(\boldsymbol{t}_0)\hat{H}^{\mathrm{T}}(\boldsymbol{t}_0)\boldsymbol{\lambda}_0\boldsymbol{I} > 0.\end{aligned} \tag{6.3.1}$$

类似地，能够证明存在 $0 < c', c'' < \infty$ 使得

$$c'\boldsymbol{I} \geq H_i(\boldsymbol{\beta}_0)H_i^{\mathrm{T}}(\boldsymbol{\beta}_0) \geq c''\boldsymbol{I},\quad i\geq 1. \tag{6.3.2}$$

令 $\boldsymbol{e}_s = (0,\cdots,1,0,\cdots,0)^{\mathrm{T}}$，这里第 i 个位置上的元素是 1 而其他位置上的元素是 0.

定理 6.3.1 在条件 (L.1)，(L.2)，(L.3)，(L.4) 和 (L.5) 下，如果 $\hat{\boldsymbol{\beta}}_n = (\hat{\beta}_{1n},\hat{\beta}_{2n},\cdots,\hat{\beta}_{qn})^{\mathrm{T}}$ 是拟极大似然估计，那么对 $1\leq s\leq q$，有

$$\mathbb{P}\left\{\limsup_{n\to\infty}\sqrt{\frac{n}{2\log\log n}}(\hat{\beta}_{sn}-\beta_{s0}) = \sqrt{\boldsymbol{e}_s^{\mathrm{T}}W(\boldsymbol{\beta}_0)\boldsymbol{e}_s}\right\} = 1 \tag{6.3.3}$$

和

$$\mathbb{P}\left\{\liminf_{n\to\infty}\sqrt{\frac{n}{2\log\log n}}(\hat{\beta}_{sn}-\beta_{s0}) = -\sqrt{\boldsymbol{e}_s^{\mathrm{T}}W(\boldsymbol{\beta}_0)\boldsymbol{e}_s}\right\} = 1. \tag{6.3.4}$$

为了得到下面的 Chung-重对数律，必须增加另外的条件：

(L.$*$) $0 < \boldsymbol{A}_3 \leq \boldsymbol{Z}_i\boldsymbol{Z}_i^{\mathrm{T}}$，$i\geq 1$，以及

$$\big|n\boldsymbol{\Delta}_n^{-1} - W(\boldsymbol{\beta}_0)\big| = o\big((\log\log n)^{-1}\big).$$

定理 6.3.2 在条件 (L.1)，(L.2)，(L.3)，(L.4)，(L.5) 和 (L.$*$) 下，如果 $\hat{\boldsymbol{\beta}}_n = (\hat{\beta}_{1n},\hat{\beta}_{2n},\cdots,\hat{\beta}_{qn})^{\mathrm{T}}$ 是拟极大似然估计，那么有

$$\liminf_{n\to\infty}\sqrt{\frac{\log\log n}{n}}\max_{1\leq i\leq n}\{i|\hat{\beta}_{si}-\beta_{s0}|\} = \frac{\pi}{\sqrt{8}}\sqrt{\boldsymbol{e}_s^{\mathrm{T}}W(\boldsymbol{\beta}_0)\boldsymbol{e}_s},\ \mathbb{P}\text{-a.s.},\quad 1\leq s\leq q. \tag{6.3.5}$$

附注 6.3.2　如果 $q=1$，可以从定理 6.3.2 的假设中去掉条件

$$\left|n\boldsymbol{\Delta}_n^{-1}-W(\boldsymbol{\beta}_0)\right|=o\big((\log\log n)^{-1}\big).$$

换句话说，当 $q=1$ 时，在条件 (L.1), (L.2), (L.3), (L.4), (L.5) 和 "对所有的 $i\geq 1$, $0<\boldsymbol{A}_3\leq \boldsymbol{Z}_i\boldsymbol{Z}_i^{\mathrm{T}}$" 下，(6.3.5) 同样成立.

引理 6.3.1　*在假设 (L.1)～(L.5) 下，存在 $c>0$ 使得对所有 $n\geq 1$,*

$$\lambda_{\min}\Big(\sum_{i=1}^{n}\boldsymbol{Z}_i\boldsymbol{Z}_i^{\mathrm{T}}\Big)\geq cn. \tag{6.3.6}$$

证　由条件 (L.2) 知

$$\Sigma_i^{-1}(\boldsymbol{\beta}_0)\leq c_1\boldsymbol{I}. \tag{6.3.7}$$

又由 (6.3.2) 知，存在 $0<c_2<\infty$ 使得 $H_i(\boldsymbol{\beta}_0)H_i^{\mathrm{T}}(\boldsymbol{\beta}_0)\leq c_2\boldsymbol{I}$. 因而，$\forall\boldsymbol{\lambda}\in\mathbb{R}^q$ 且 $\|\boldsymbol{\lambda}\|=1$，我们有

$$\boldsymbol{\lambda}^{\mathrm{T}}H_i(\boldsymbol{\beta}_0)K_i^{\mathrm{T}}(\boldsymbol{\beta}_0)\boldsymbol{\lambda}\leq c_2.$$

所以有

$$\begin{aligned}\boldsymbol{\lambda}^{\mathrm{T}}\boldsymbol{\Delta}_n\boldsymbol{\lambda}&=\boldsymbol{\lambda}^{\mathrm{T}}\sum_{i=1}^{n}\boldsymbol{Z}_iH_i(\boldsymbol{\beta}_0)\Sigma_i^{-1}(\boldsymbol{\beta}_0)H_i^{\mathrm{T}}(\boldsymbol{\beta}_0)\boldsymbol{Z}_i^{\mathrm{T}}\boldsymbol{\lambda}\\&\leq c_1c_2\boldsymbol{\lambda}^{\mathrm{T}}\sum_{i=1}^{n}\boldsymbol{Z}_i\boldsymbol{Z}_i^{\mathrm{T}}\boldsymbol{\lambda}.\end{aligned} \tag{6.3.8}$$

再根据条件 (L.5) 知，存在 $0<c',c''<\infty$ 使得

$$\begin{aligned}n\boldsymbol{\Delta}_n^{-1}&\leq\lambda_{\max}(n\boldsymbol{\Delta}_n^{-1})\boldsymbol{I}\leq\big(\lambda_{\max}(W(\boldsymbol{\beta}_0))+c'\big)\boldsymbol{I}\\&\leq W(\boldsymbol{\beta}_0)+c'\boldsymbol{I}+\big(\lambda_{\max}(W(\boldsymbol{\beta}_0))\boldsymbol{I}-W(\boldsymbol{\beta}_0)\big)\\&\leq W(\boldsymbol{\beta}_0)+c''\boldsymbol{I},\quad n\geq 1.\end{aligned}$$

因此，对任意 $n\geq 1$ 及 $\boldsymbol{\lambda}\in\mathbb{R}^q$，有

$$\boldsymbol{\lambda}^{\mathrm{T}}\boldsymbol{\Delta}_n\boldsymbol{\lambda}\geq n\boldsymbol{\lambda}^{\mathrm{T}}\big(W(\boldsymbol{\beta}_0)+c''\boldsymbol{I}\big)^{-1}\boldsymbol{\lambda}.$$

将此式代入 (6.3.8) 中，得到

$$\begin{aligned}\boldsymbol{\lambda}^{\mathrm{T}}\sum_{i=1}^{n}\boldsymbol{Z}_i\boldsymbol{Z}_i^{\mathrm{T}}\boldsymbol{\lambda}&\geq n(c_1c_2)^{-1}\boldsymbol{\lambda}^{\mathrm{T}}\big(W(\boldsymbol{\beta}_0)+c''\boldsymbol{I}\big)^{-1}\boldsymbol{\lambda}\\&\geq n(c_1c_2)^{-1}\cdot\lambda_{\min}\big(W(\boldsymbol{\beta}_0)+c''\boldsymbol{I}\big)^{-1}.\end{aligned}$$

至此，命题得证. □

命题 6.3.1 在条件(L. 1), (L. 2), (L. 3), (L. 4)和(L. 5)下，有

$$\hat{\boldsymbol{\beta}}_n \to \boldsymbol{\beta}_0 \ \mathbb{P}\text{-a.s.}$$

证 根据引理 6.3.1，容易看到，当 $\overline{p}=\dfrac{7}{3}$ 时，条件(L. 1), (L. 2), (L. 3), (L. 4)和(L. 5)蕴涵着定理 6.2.1 的条件，所以由定理 6.2.1 及其证明，可以知此命题为真. □

为了记号的简化，令

$$\begin{aligned}&B_i(\boldsymbol{\beta})=\boldsymbol{Z}_iH_i(\boldsymbol{\beta})\Sigma_i^{-1}(\boldsymbol{\beta}),\\&\omega_i(s)=\boldsymbol{e}_s^{\mathrm{T}}W(\boldsymbol{\beta}_0)B_i(\boldsymbol{\beta}_0)\big(\boldsymbol{y}_i-h(\boldsymbol{Z}_i^{\mathrm{T}}\boldsymbol{\beta}_0)\big).\end{aligned}$$

则有

$$\begin{aligned}\omega_i^2(s)=&\boldsymbol{e}_s^{\mathrm{T}}W(\boldsymbol{\beta}_0)B_i(\boldsymbol{\beta}_0)\big(\boldsymbol{y}_i-h(\boldsymbol{Z}_i^{\mathrm{T}}\boldsymbol{\beta}_0)\big)\big(\boldsymbol{y}_i-h(\boldsymbol{Z}_i^{\mathrm{T}}\boldsymbol{\beta})\big)^{\mathrm{T}}\\&\cdot B_i(\boldsymbol{\beta}_0)^{\mathrm{T}}W(\boldsymbol{\beta}_0)^{\mathrm{T}}\boldsymbol{e}_s.\end{aligned}$$

进而又有

$$\begin{aligned}\mathbb{E}\Big(\sum_{i=1}^n\omega_i^2(s)\Big)&=\sum_{i=1}^n\boldsymbol{e}_s^{\mathrm{T}}W(\boldsymbol{\beta}_0)\big(\boldsymbol{Z}_iH_i(\boldsymbol{\beta}_0)\Sigma_i^{-1}(\boldsymbol{\beta}_0)H_i^{\mathrm{T}}(\boldsymbol{\beta}_0)\boldsymbol{Z}_i^{\mathrm{T}}\big)W(\boldsymbol{\beta}_0)^{\mathrm{T}}\boldsymbol{e}_s\\&=\boldsymbol{e}_s^{\mathrm{T}}W(\boldsymbol{\beta}_0)\boldsymbol{\Delta}_nW(\boldsymbol{\beta}_0)^{\mathrm{T}}\boldsymbol{e}_s.\end{aligned}\tag{6.3.9}$$

再令 $S_n^2(s)=\mathbb{E}\Big(\sum\limits_{i=1}^n\omega_i^2(s)\Big)$. 则有

$$S_n^2(s)=\boldsymbol{e}_s^{\mathrm{T}}W(\boldsymbol{\beta}_0)\boldsymbol{\Delta}_nW(\boldsymbol{\beta}_0)\boldsymbol{e}_s.$$

命题 6.3.2 在条件(L. 1), (L. 2), (L. 3), (L. 4)和(L. 5)下，有

$$\limsup_{n\to\infty}\frac{\sum\limits_{i=1}^n\omega_i(s)}{\sqrt{2n\log\log n}}=\sqrt{\boldsymbol{e}_s^{\mathrm{T}}W(\boldsymbol{\beta}_0)\boldsymbol{e}_s},\quad 1\le s\le q,\ \text{a.s.},\tag{6.3.10}$$

以及

$$\liminf_{n\to\infty}\frac{\sum\limits_{i=1}^n\omega_i(s)}{\sqrt{2n\log\log n}}=-\sqrt{\boldsymbol{e}_s^{\mathrm{T}}W(\boldsymbol{\beta}_0)\boldsymbol{e}_s},\quad 1\le s\le q,\ \text{a.s.}\tag{6.3.11}$$

证　显然 $\mathbb{E}\big(\omega_i(s)\big)=0$. 根据(L. 5)，可知道

$$\lim_{n\to\infty}\frac{S_n^2(s)}{n}=\lim_{n\to\infty}\boldsymbol{e}_s^{\mathrm{T}}W(\boldsymbol{\beta}_0)\frac{\boldsymbol{\Delta}_n}{n}W(\boldsymbol{\beta}_0)\boldsymbol{e}_s$$
$$=\boldsymbol{e}_s^{\mathrm{T}}W(\boldsymbol{\beta}_0)\boldsymbol{e}_s>0. \tag{6. 3. 12}$$

$\forall i\geq 1$，有

$$\mathbb{E}\big(|\omega_i(s)|^{\bar{p}}\big)=\mathbb{E}\Big(\big|\boldsymbol{e}_s^{\mathrm{T}}W(\boldsymbol{\beta}_0)B_i(\boldsymbol{\beta}_0)(\boldsymbol{y}_i-h(\boldsymbol{Z}_i^{\mathrm{T}}\boldsymbol{\beta}_0))\big|^{\bar{p}}\Big)$$
$$\leq(\boldsymbol{e}_s^{\mathrm{T}}W(\boldsymbol{\beta}_0)^2\boldsymbol{e}_s)^{\bar{p}/2}q^{\bar{p}}|B_i(\boldsymbol{\beta}_0)|^{\bar{p}}\mathbb{E}\|\boldsymbol{y}_i-h(\boldsymbol{Z}_i^{\mathrm{T}}\boldsymbol{\beta}_0)\|^{\bar{p}}. \tag{6. 3. 13}$$

根据条件(L. 1), (L. 2), (L. 3)，可以看到 $\sup\limits_{i\geq 1}|B_i(\boldsymbol{\beta}_0)|<\infty$，以及

$$\sup_{i\geq 1}\mathbb{E}\|\boldsymbol{y}_i-h(\boldsymbol{Z}_i^{\mathrm{T}}\boldsymbol{\beta}_0)\|^{\bar{p}}<\infty.$$

因此，由(6. 3. 13)得到

$$\sup_{i\geq 1}\mathbb{E}\big(|\omega_i(s)|^{\bar{p}}\big)<\infty. \tag{6. 3. 14}$$

注意到

$$\lim_{n\to\infty}\frac{\log\log S_n^2(s)}{\log\log n}=\lim_{n\to\infty}\frac{\log\log n\boldsymbol{e}_s^{\mathrm{T}}W(\boldsymbol{\beta}_0)(\boldsymbol{\Delta}_n/n)W(\boldsymbol{\beta}_0)\boldsymbol{e}_s}{\log\log n}$$
$$=\lim_{n\to\infty}\frac{\log\log n\boldsymbol{e}_s^{\mathrm{T}}W(\boldsymbol{\beta}_0)\boldsymbol{e}_s}{\log\log n}$$
$$=1,$$

由(4. 3. 1)得到

$$1=\limsup_{n\to\infty}\frac{\sum\limits_{i=1}^{n}\omega_i(s)}{\sqrt{2S_n^2(s)\log\log S_n^2(s)}}$$
$$=\limsup_{n\to\infty}\frac{\sum\limits_{i=1}^{n}\omega_i(s)}{\sqrt{2n\log\log n}}\cdot\frac{\sqrt{n\log\log n}}{\sqrt{S_n^2(s)\log\log S_n^2(s)}}$$
$$=\limsup_{n\to\infty}\frac{\sum\limits_{i=1}^{n}\omega_i(s)}{\sqrt{2n\log\log n}}\cdot\frac{1}{\sqrt{\boldsymbol{e}_s^{\mathrm{T}}W(\boldsymbol{\beta}_0)\boldsymbol{e}_s}},$$

上式证明了 (6.3.10). 用同样的方法，运用 (4.3.2)，能够证明 (6.3.11). □

定理 6.3.1 的证明 首先观察到

$$\begin{aligned}T_n(\beta_0) &= T_n(\beta_0) - T_n(\hat{\beta}_n)\\ &= \sum_{i=1}^{n} B_i(\hat{\beta}_n)\big(h(Z_i^{\mathrm{T}}\hat{\beta}_n) - h(Z_i^{\mathrm{T}}\beta_0)\big) + \sum_{i=1}^{n}\big(B_i(\beta_0) - B_i(\hat{\beta}_n)\big)\varepsilon_i\\ &= \sum_{i=1}^{n} B_i(\hat{\beta}_n)H_i(\hat{\beta}_n)^{\mathrm{T}}Z_i^{\mathrm{T}}(\hat{\beta}_n - \beta_0)\\ &\quad + \sum_{i=1}^{n} B_i(\hat{\beta}_n)U_i(\hat{\beta}_n)^{\mathrm{T}}Z_i^{\mathrm{T}}(\hat{\beta}_n - \beta_0) + \sum_{i=1}^{n}\big(B_i(\beta_0) - B_i(\hat{\beta}_n)\big)\varepsilon_i\\ &\equiv \sum_{i=1}^{n} B_i(\hat{\beta}_n)H_i(\hat{\beta}_n)^{\mathrm{T}}Z_i^{\mathrm{T}}(\hat{\beta}_n - \beta_0) + G_{1n}(\hat{\beta}_n) + G_{2n}(\hat{\beta}_n),\end{aligned} \tag{6.3.15}$$

这里矩阵 $U_i(\beta) = \big(u_{ijl}(\beta)\big)_{k\times k}$, $u_{ijl}(\beta) = \dfrac{\partial h_j(Z_i^{\mathrm{T}}\beta_{ijl})}{\partial t_l} - \dfrac{\partial h_j(Z_i^{\mathrm{T}}\beta)}{\partial t_l}$, 其元素满足下列条件:

$$\sup\big\{|u_{ijl}(\beta)|:\ i \geq 1,\ j,l = 1,2,\cdots,k,\ \beta \in S_n\big\} = O(c_n)$$

(此处 $\dfrac{\partial h_j(Z_i^{\mathrm{T}}\beta_{ijl})}{\partial t_l} = \left.\dfrac{\partial h_j(t)}{\partial t_l}\right|_{t=Z_i^{\mathrm{T}}\beta_{ijl}}$，以及 $\beta_{ijl} \in \overline{\beta,\beta_0}$，$\overline{\beta,\beta_0}$ 是具有端点 β 和 β_0 的线段，其定义如文献[88])，$\varepsilon_i = y_i - h(Z_i^{\mathrm{T}}\beta_0)$. 根据 (L.1), (L.2), (6.3.2), 命题 6.3.1 和引理 6.3.1, 可以发现以概率 1 有下式成立:

$$\begin{aligned}\Delta_n(\hat{\beta}_n) &= \sum_{i=1}^{n} Z_i H_i(\hat{\beta}_n)\Sigma_i^{-1}(\hat{\beta}_n)H_i(\hat{\beta}_n)^{\mathrm{T}}Z_i^{\mathrm{T}}\\ &\geq cn\boldsymbol{I},\ \text{对充分大的}\ n,\end{aligned} \tag{6.3.16}$$

从而以概率 1 有

$$\big|\Delta_n(\hat{\beta}_n)\big| \geq cn,\quad \text{对充分大的}\ n.$$

对 $\hat{\beta}_n \in S_n$, 注意到

$$\|G_{1n}(\hat{\beta}_n)\| = \Big\|\sum_{i=1}^{n} B_i(\hat{\beta}_n)U_i(\hat{\beta}_n)^{\mathrm{T}}Z_i^{\mathrm{T}}(\hat{\beta}_n - \beta_0)\Big\|$$

$$\leq \sum_{i=1}^{n} \sqrt{kq} \left| B_i(\hat{\beta}_n) U_i(\hat{\beta}_n)^{\mathrm{T}} \boldsymbol{Z}_i^{\mathrm{T}} \right| \cdot \|\hat{\boldsymbol{\beta}}_n - \boldsymbol{\beta}_0\|$$

$$\leq \sum_{i=1}^{n} \sqrt{kq}\, k^4 |\boldsymbol{Z}_i| \cdot |\boldsymbol{H}_i| \cdot |\boldsymbol{\Sigma}_i^{-1}| \cdot |U_i(\hat{\beta}_n)^{\mathrm{T}}| \cdot |\boldsymbol{Z}_i^{\mathrm{T}}| \cdot \|\hat{\boldsymbol{\beta}}_n - \boldsymbol{\beta}_0\|$$

$$\leq \sum_{i=1}^{n} \sqrt{kq}\, k^4 \Big(\sup_{i\geq 1} |\boldsymbol{Z}_i|\Big)^2 \cdot \sup_{i\geq 1} |\boldsymbol{H}_i| \cdot c_1\, c_{0n} \cdot \|\hat{\boldsymbol{\beta}}_n - \boldsymbol{\beta}_0\|$$

$$\leq C n\, c_{0n}\, c_n, \tag{6.3.17}$$

这里 $c_{0n} = \sup\left\{ \left| u_{ijl}(\boldsymbol{\beta}) \right| :\ i \geq 1,\ j, l = 1, 2, \cdots, k,\ \boldsymbol{\beta} \in S_n \right\}$，$c_1$ 来自于 (6.3.7)．(6.3.17) 的证明用到如下事实：对正定矩阵 $\boldsymbol{A}$,

$$\max_{s} \boldsymbol{e}_s^{\mathrm{T}} \boldsymbol{A} \boldsymbol{e}_s = \max_{s,t} |\boldsymbol{e}_s^{\mathrm{T}} \boldsymbol{A} \boldsymbol{e}_t| .$$

根据事实

$$\frac{c_{0n}}{n^{-1/2} a_n} \leq M \Longleftrightarrow \frac{n^{1/2} c_{0n}}{a_n} \leq M \Longleftrightarrow \frac{n\, c_n\, c_{0n}}{a_n^2} \leq M,$$

我们有

$$\left\| G_{1n}(\hat{\boldsymbol{\beta}}_n) \right\| = O(a_n^2),\ \mathbb{P}\text{-a.s.} \tag{6.3.18}$$

令 $a > 0$ 以及 $M = [n^{qa}]$．取 $\boldsymbol{\beta}_1, \boldsymbol{\beta}_2, \cdots, \boldsymbol{\beta}_M$ 使得对任意的 $\boldsymbol{\beta} \in S^0$,

$$\|\boldsymbol{\beta} - \boldsymbol{\beta}_j\| \leq c\, n^{-(\frac{n}{2}+a)} a_n.$$

用类似于文献 [88] 中 (2.16) 的证明，我们得到

$$\sup\left\{ \|G_{2n}(\boldsymbol{\beta})\| : \boldsymbol{\beta} \in S_n \right\} = O(n^{\frac{1}{2}-a} a_n),\ \mathbb{P}\text{-a.s.} \tag{6.3.19}$$

从而 $\left\| G_{2n}(\hat{\boldsymbol{\beta}}_n) \right\| = O(n^{\frac{1}{2}-a} a_n)$．由 (6.3.15)，我们得到，$\forall n \geq 1$，有

$$\begin{aligned}
\hat{\boldsymbol{\beta}}_n - \boldsymbol{\beta}_0 &= \Delta_n^{-1}(\hat{\boldsymbol{\beta}}_n) T_n(\boldsymbol{\beta}_0) - \Delta_n^{-1}(\hat{\boldsymbol{\beta}}_n) G_{1n}(\hat{\boldsymbol{\beta}}_n) - \Delta_n^{-1}(\hat{\boldsymbol{\beta}}_n) G_{2n}(\hat{\boldsymbol{\beta}}_n) \\
&= W(\boldsymbol{\beta}_0) \cdot \frac{T_n(\boldsymbol{\beta}_0)}{n} - \left(W(\boldsymbol{\beta}_0) - n \boldsymbol{\Delta}_n^{-1} \right) \cdot \frac{T_n(\boldsymbol{\beta}_0)}{n} \\
&\quad - \left(n \boldsymbol{\Delta}_n^{-1} - n \Delta_n^{-1}(\hat{\boldsymbol{\beta}}_n) \right) \cdot \frac{T_n(\boldsymbol{\beta}_0)}{n} \\
&\quad - \Delta_n^{-1}(\hat{\boldsymbol{\beta}}_n) G_{1n}(\hat{\boldsymbol{\beta}}_n) - \Delta_n^{-1}(\hat{\boldsymbol{\beta}}_n) G_{2n}(\hat{\boldsymbol{\beta}}_n) \\
&\equiv W(\boldsymbol{\beta}_0) \cdot \frac{T_n(\boldsymbol{\beta}_0)}{n} - \boldsymbol{H}_{1n} \cdot \frac{T_n(\boldsymbol{\beta}_0)}{n} - \boldsymbol{H}_{2n} \cdot \frac{T_n(\boldsymbol{\beta}_0)}{n} \\
&\quad - \boldsymbol{\eta}_{1n} - \boldsymbol{\eta}_{2n},
\end{aligned} \tag{6.3.20}$$

这里 $\boldsymbol{H}_{1n}=W(\boldsymbol{\beta}_0)-n\boldsymbol{\Delta}_n^{-1}$，$\boldsymbol{H}_{2n}=n\boldsymbol{\Delta}_n^{-1}-n\Delta_n^{-1}(\hat{\boldsymbol{\beta}}_n)$，$\boldsymbol{\eta}_{1n}=\Delta_n^{-1}(\hat{\boldsymbol{\beta}}_n)G_{1n}(\hat{\boldsymbol{\beta}}_n)$，以及 $\boldsymbol{\eta}_{2n}=\Delta_n^{-1}(\hat{\boldsymbol{\beta}}_n)G_{2n}(\hat{\boldsymbol{\beta}}_n)$. 根据条件(L. 5)，有 $|\boldsymbol{H}_{1n}|\to 0$. 又由(6. 3. 16)，可得到

$$\left|n\Delta_n^{-1}(\hat{\boldsymbol{\beta}}_n)\right|\le c,\ \mathbb{P}\text{-a.s.},\quad \text{对充分大的 } n.$$

注意到事实：如果矩阵 $\boldsymbol{A}_n$ 和 $\boldsymbol{B}_n$ 是可逆且有界的，那么命题 $\boldsymbol{A}_n^{-1}-\boldsymbol{B}_n^{-1}\to\boldsymbol{O}\ (n\to\infty)$ 等价于命题 $\boldsymbol{A}_n-\boldsymbol{B}_n\to\boldsymbol{O}\ (n\to\infty)$. 因此，要证明 $\boldsymbol{H}_{2n}\to\boldsymbol{O}$，$\mathbb{P}$-a.s.，只需证明

$$n^{-1}\Delta_n(\hat{\boldsymbol{\beta}}_n)-n^{-1}\Delta_n(\boldsymbol{\beta}_0)\to\boldsymbol{O},\ \mathbb{P}\text{-a.s.}$$

令 $n^{-1}\Delta_n(\cdot)=\big(d_{n\,ij}(\cdot)\big)$. 则能够看到

$$\sup\left\{\left\|\dot{d}_{n\,ij}(\boldsymbol{\beta})\right\|:\ n\ge 1,\ 1\le i,j\le q,\ \boldsymbol{\beta}\in S_1\right\}\le C<\infty,$$

以及

$$\left|d_{n\,ij}(\hat{\boldsymbol{\beta}}_n)-d_{n\,ij}(\boldsymbol{\beta}_0)\right|=\left|\dot{d}_{n\,ij}(\boldsymbol{\xi}_n)^{\mathrm{T}}(\hat{\boldsymbol{\beta}}_n-\boldsymbol{\beta}_0)\right|\le Cc_n\to 0,\quad(6.3.21)$$

这里 $\boldsymbol{\xi}_n\in\overline{\boldsymbol{\beta}_0,\hat{\boldsymbol{\beta}}_n}$. 从而这个断言 $\boldsymbol{H}_{2n}\to\boldsymbol{O}$, $\mathbb{P}$-a.s. 被证明. 根据命题 6. 3. 2, 有

$$\begin{aligned}
&\limsup_{n\to\infty}\sqrt{\frac{n}{2\log\log n}}\left|\boldsymbol{e}_s^{\mathrm{T}}\boldsymbol{H}_{1n}\cdot\frac{T_n(\boldsymbol{\beta}_0)}{n}\right|\\
&\quad=\limsup_{n\to\infty}\left|\boldsymbol{e}_s^{\mathrm{T}}\boldsymbol{H}_{1n}W(\boldsymbol{\beta}_0)^{-1}\cdot\sqrt{\frac{n}{2\log\log n}}W(\boldsymbol{\beta}_0)\frac{T_n(\boldsymbol{\beta}_0)}{n}\right|\\
&\quad\le\left|\boldsymbol{e}_s^{\mathrm{T}}\big(\lim_{n\to\infty}\boldsymbol{H}_{1n}\big)W(\boldsymbol{\beta}_0)^{-1}\cdot\limsup_{n\to\infty}\sqrt{\frac{n}{2\log\log n}}W(\boldsymbol{\beta}_0)\frac{T_n(\boldsymbol{\beta}_0)}{n}\right|\\
&\quad=\left|\boldsymbol{e}_s^{\mathrm{T}}\big(\lim_{n\to\infty}\boldsymbol{H}_{1n}\big)W(\boldsymbol{\beta}_0)^{-1}\cdot\left(\sqrt{\boldsymbol{e}_1^{\mathrm{T}}W(\boldsymbol{\beta}_0)\boldsymbol{e}_1},\cdots,\sqrt{\boldsymbol{e}_q^{\mathrm{T}}W(\boldsymbol{\beta}_0)\boldsymbol{e}_q}\right)^{\mathrm{T}}\right|\\
&\quad=0,\ \mathbb{P}\text{-a.s.}
\end{aligned}$$

上式蕴涵着

$$\lim_{n\to\infty}\sqrt{\frac{n}{2\log\log n}}\left|\boldsymbol{e}_s^{\mathrm{T}}\boldsymbol{H}_{1n}\cdot\frac{T_n(\boldsymbol{\beta}_0)}{n}\right|=0,\ \mathbb{P}\text{-a.s.}\qquad(6.3.22)$$

类似地，能够证明

$$\lim_{n\to\infty}\sqrt{\frac{n}{2\log\log n}}\cdot\left|\boldsymbol{e}_s^{\mathrm{T}}\boldsymbol{H}_{2n}\cdot\frac{T_n(\boldsymbol{\beta}_0)}{n}\right|=0,\ \mathbb{P}\text{-a.s.}\qquad(6.3.23)$$

由(6.3.16)，(6.3.18)和(6.3.19)得到

$$\|\boldsymbol{\eta}_{1n}\| = O\left(\frac{a_n^2}{n}\right),\ \mathbb{P}\text{-a.s.}, \tag{6.3.24}$$

以及

$$\|\boldsymbol{\eta}_{2n}\| = O(n^{-\frac{1}{2}-a}a_n),\ \mathbb{P}\text{-a.s.}, \tag{6.3.25}$$

其中 $a > 0$. 因此有

$$\lim_{n\to\infty}\sqrt{\frac{n}{2\log\log n}}\|\boldsymbol{\eta}_{1n}\| = 0,\ \mathbb{P}\text{-a.s.}$$

和

$$\lim_{n\to\infty}\sqrt{\frac{n}{2\log\log n}}\|\boldsymbol{\eta}_{2n}\| = 0,\ \mathbb{P}\text{-a.s.}$$

由命题 6.3.2，得到

$$\begin{aligned}
&\limsup_{n\to\infty}\sqrt{\frac{n}{2\log\log n}}\cdot(\hat{\beta}_{sn}-\beta_{s0}) \\
&= \limsup_{n\to\infty}\sqrt{\frac{n}{2\log\log n}}\cdot \boldsymbol{e}_s^{\mathrm{T}}\Bigg(W(\boldsymbol{\beta}_0)\cdot\frac{T_n(\boldsymbol{\beta}_0)}{n} - \boldsymbol{H}_{1n}\cdot\frac{T_n(\boldsymbol{\beta}_0)}{n} \\
&\quad - \boldsymbol{H}_{2n}\cdot\frac{T_n(\boldsymbol{\beta}_0)}{n} - \boldsymbol{\eta}_{1n} - \boldsymbol{\eta}_{2n}\Bigg) \\
&= \limsup_{n\to\infty}\frac{\sum\limits_{i=1}^{n}\omega_i(s)}{\sqrt{2n\log\log n}} = \sqrt{\boldsymbol{e}_s^{\mathrm{T}}W(\boldsymbol{\beta}_0)\boldsymbol{e}_s},\ \ \mathbb{P}\text{-a.s.}
\end{aligned}$$

上式证明了(6.3.3). 同理可证(6.3.4)成立. □

命题 6.3.3　在(L.1)，(L.2)，(L.3)，(L.4)，(L.5)和“对所有的 $i \geq 1$ 有 $0 < \boldsymbol{A}_3 \leq \boldsymbol{Z}_i\boldsymbol{Z}_i^{\mathrm{T}}$ 成立”的条件下，以概率 1 有

$$\liminf_{n\to\infty}\sqrt{\frac{\log\log n}{n}}\cdot\max_{1\leq i\leq n}\left|\sum_{k=1}^{i}\omega_k(s)\right| = \frac{\pi}{\sqrt{8}}\sqrt{\boldsymbol{e}_s^{\mathrm{T}}W(\boldsymbol{\beta}_0)\boldsymbol{e}_s}, \quad 1\leq s\leq q. \tag{6.3.26}$$

证　由命题 6.3.2 的证明，得到

$$\mathbb{E}\big(\omega_k(s)\big) = 0, \quad \liminf_{n\to\infty}\frac{S_n^2(s)}{n} > 0.$$

因此，又有 $S_n^2(s)\uparrow\infty$. 由上述事实和(6.3.14)，得到

$$\frac{\max\limits_{1\le k\le n}\mathbb{E}\big(\omega_k^2(s)\big)\log\log S_n^2(s)}{S_n^2(s)}\to 0.$$

注意到

$$\mathbb{E}\big(\omega_i^2(s)\big)=\boldsymbol{e}_s^{\mathrm{T}}W(\boldsymbol{\beta}_0)\big(\boldsymbol{Z}_iH_i(\boldsymbol{\beta}_0)\Sigma_i^{-1}(\boldsymbol{\beta}_0)H_i^{\mathrm{T}}(\boldsymbol{\beta}_0)\boldsymbol{Z}_i^{\mathrm{T}}\big)W(\boldsymbol{\beta}_0)^{\mathrm{T}}\boldsymbol{e}_s,$$

根据(L.2)，(6.3.2)以及条件 $0<\boldsymbol{A}_3\le\boldsymbol{Z}_i\boldsymbol{Z}_i^{\mathrm{T}}$，$i\ge 1$，我们能够看到

$$\inf_{i\ge 1}\mathbb{E}\big(\omega_i^2(s)\big)>0.$$

由上述事实和(6.3.14)知 $\left\{\dfrac{\omega_k^2(s)}{\mathbb{E}\big[\omega_k^2(s)\big]},\ k\ge 1\right\}$ 是一致可积的.

由引理 4.3.2，得到

$$\begin{aligned}\frac{\pi}{\sqrt{8}}&=\liminf_{n\to\infty}\sqrt{\frac{\log\log S_n^2(s)}{S_n^2(s)}}\cdot\max_{1\le i\le n}\Big|\sum_{k=1}^{i}\omega_k(s)\Big|\\&=\liminf_{n\to\infty}\sqrt{\frac{\log\log n\boldsymbol{e}_s^{\mathrm{T}}W(\boldsymbol{\beta}_0)(\boldsymbol{\Delta}_n/n)W(\boldsymbol{\beta}_0)\boldsymbol{e}_s}{n\boldsymbol{e}_s^{\mathrm{T}}W(\boldsymbol{\beta}_0)(\boldsymbol{\Delta}_n/n)W(\boldsymbol{\beta}_0)\boldsymbol{e}_s}}\cdot\max_{1\le i\le n}\Big|\sum_{k=1}^{i}\omega_k(s)\Big|\\&=\liminf_{n\to\infty}\sqrt{\frac{\log\log n}{n\boldsymbol{e}_s^{\mathrm{T}}W(\boldsymbol{\beta}_0)\boldsymbol{e}_s}}\cdot\max_{1\le i\le n}\Big|\sum_{k=1}^{i}\omega_k(s)\Big|.\end{aligned}$$

从而结果得到证明. □

定理 6.3.2 的证明 首先，由(6.3.20)观察到，对于 $1\le s\le q$，有

$$\hat{\beta}_{si}-\beta_{s0}=\boldsymbol{e}_s^{\mathrm{T}}\left(W(\boldsymbol{\beta}_0)\cdot\frac{T_i(\boldsymbol{\beta}_0)}{i}-\boldsymbol{H}_{1i}\frac{T_i(\boldsymbol{\beta}_0)}{i}-\boldsymbol{H}_{2i}\frac{T_i(\boldsymbol{\beta}_0)}{i}-\boldsymbol{\eta}_{1i}-\boldsymbol{\eta}_{2i}\right),\quad i\ge 1. \qquad (6.3.27)$$

根据(6.3.14)和 Kolmogorov 强大数定律，对于 $1\le s\le q$ 我们有

$$\frac{1}{i}\boldsymbol{e}_s^{\mathrm{T}}W(\boldsymbol{\beta}_0)T_i(\boldsymbol{\beta}_0)=\frac{1}{i}\sum_{k=1}^{i}\omega_k(s)\to 0,\ \mathbb{P}\text{-a.s.} \qquad (6.3.28)$$

又由(6.3.28)知，存在常数 $M_1>0$ 使得几乎处处有

$$\left|\frac{1}{i}\boldsymbol{e}_s^{\mathrm{T}}W(\boldsymbol{\beta}_0)T_i(\boldsymbol{\beta}_0)\right|<M_1,\quad \text{对所有的 } i\ge 1,\ 1\le s\le q.$$

又由 (6.3.22) 和 (6.3.23) 知，存在常数 $M_2,M_3>0$ 使得对所有的

$i \geq 1$ 几乎处处有

$$\left|\frac{1}{i}\boldsymbol{e}_s^{\mathrm{T}}\boldsymbol{H}_{1i}T_i(\beta_0)\right| < M_2, \quad \left|\frac{1}{i}\boldsymbol{e}_s^{\mathrm{T}}\boldsymbol{H}_{2i}T_i(\beta_0)\right| < M_3.$$

又根据 (6. 3. 24) 知，存在常数 $M_4 > 0$ 使得对所有 $i \geq 1$，以概率 1 有

$$\left\|i\,\boldsymbol{\eta}_{1i}\right\| \leq M_4(\log i)^2$$

成立. 再由(6. 3. 25)知，存在常数 $M_5 > 0$，对所有 $i \geq 1$，使得几乎处处有

$$\left\|i\,\boldsymbol{\eta}_{2i}\right\| \leq M_5\, i^{\frac{1}{2}-a}\log i.$$

记 $M = \max\{M_1, M_2, M_3, M_4, M_5\}$. 令 $m(n) = \dfrac{n^{\frac{1}{8}}}{(\log\log n)^{\frac{1}{4}}}$. 显而易见，对任意的 $\varepsilon > 0$，存在 $N(\varepsilon)$ 使得当 $n > N(\varepsilon)$ 时，有

$$\max\left\{\frac{1}{n^{\frac{1}{4}}}, \frac{(\log n)^2}{n^a}\right\} < \frac{\varepsilon}{5}, \quad \frac{(\log\log n)^{\frac{1}{4}}}{n^{\frac{1}{8}}} \leq \frac{1}{M},$$

$$\frac{(\log n)^2(\log\log n)^{\frac{1}{2}}}{n^{\frac{1}{4}}} \leq \frac{1}{M}.$$

不失一般性，假设 $m\big(N(\varepsilon)\big) \geq 6$ 使得 $\dfrac{\log\log x}{x}$ 在区间 $\big[m(N(\varepsilon)), \infty\big)$ 上是下降的. 从而发现，对任意的 $\varepsilon > 0$，当 $n > N(\varepsilon)$，$1 \leq i \leq m(n)$ 时，几乎处处有

$$\begin{aligned}
&\sqrt{\frac{\log\log n}{n}}\cdot\left|i(\hat{\beta}_{si} - \beta_{s0})\right| \\
&= \sqrt{\frac{\log\log n}{n}}\cdot\Big|\boldsymbol{e}_s^{\mathrm{T}}\big(W(\boldsymbol{\beta}_0)T_i(\boldsymbol{\beta}_0) - \boldsymbol{H}_{1i}T_i(\boldsymbol{\beta}_0) - \boldsymbol{H}_{2i}T_i(\boldsymbol{\beta}_0) \\
&\quad - i\boldsymbol{\eta}_{1i} - i\boldsymbol{\eta}_{2i}\big)\Big| \\
&\leq i\sqrt{\frac{\log\log n}{n}}\cdot\left(\left|\frac{1}{i}\boldsymbol{e}_s^{\mathrm{T}}\big(W(\boldsymbol{\beta}_0)T_i(\boldsymbol{\beta}_0)\big)\right| + \left|\frac{1}{i}\boldsymbol{e}_s^{\mathrm{T}}\boldsymbol{H}_{1i}T_i(\boldsymbol{\beta}_0)\right|\right. \\
&\quad \left.+ \left|\frac{1}{i}\boldsymbol{e}_s^{\mathrm{T}}\boldsymbol{H}_{2i}T_i(\boldsymbol{\beta}_0)\right|\right) + \sqrt{\frac{\log\log n}{n}}\Big(\left|i\boldsymbol{e}_s^{\mathrm{T}}\boldsymbol{\eta}_{1i}\right| + \left|i\boldsymbol{e}_s^{\mathrm{T}}\boldsymbol{\eta}_{2i})\right|\Big) \\
&< \varepsilon.
\end{aligned}$$

因此，又有

$$\lim_{n\to\infty}\sqrt{\frac{\log\log n}{n}}\cdot\max_{1\leq i\leq m(n)}\left|i(\hat{\beta}_{si} - \beta_{s0})\right| = 0, \ \mathbb{P}\text{-a.s.} \quad (6.\,3.\,29)$$

再根据(6. 3. 24)和(6. 3. 25)，得到

$$\|i\boldsymbol{\eta}_{1i}\| = O(a_i^2), \quad \|i\boldsymbol{\eta}_{2i}\| = O(i^{\frac{1}{2}-a}a_i),$$

其中 $a>0$. 进而发现，对任意的 $\varepsilon>0$，当 $n\geq N(\varepsilon)$，$m(n)<i\leq n$ 时，几乎处处有

$$\sqrt{\frac{\log\log n}{n}}\|i\boldsymbol{\eta}_{1i}\| \leq \sqrt{\frac{\log\log i}{i}}\|i\boldsymbol{\eta}_{1i}\| < \varepsilon,$$

以及

$$\sqrt{\frac{\log\log n}{n}}\|i\boldsymbol{\eta}_{2i}\| \leq \sqrt{\frac{\log\log i}{i}}\|i\boldsymbol{\eta}_{2i}\| < \varepsilon.$$

因此，有

$$\lim_{n\to\infty}\sqrt{\frac{\log\log n}{n}}\max_{m(n)\leq i\leq n}\|i\boldsymbol{\eta}_{1i}\| = 0, \ \mathbb{P}\text{-a.s.}, \tag{6. 3. 30}$$

以及

$$\lim_{n\to\infty}\sqrt{\frac{\log\log n}{n}}\max_{m(n)\leq i\leq n}\|i\boldsymbol{\eta}_{2i}\| = 0, \ \mathbb{P}\text{-a.s.} \tag{6. 3. 31}$$

因为 $\boldsymbol{H}_{1n} = W(\boldsymbol{\beta}_0) - n\boldsymbol{\Delta}_n^{-1} = o((\log\log n)^{-1})$，由命题 6. 3. 2 有

$$\begin{aligned}
&\sqrt{\frac{\log\log n}{n}}\max_{m(n)\leq i\leq n}\left|\boldsymbol{e}_s^{\mathrm{T}}\boldsymbol{H}_{1i}T_i(\boldsymbol{\beta}_0)\right| \\
&= \sqrt{\frac{\log\log n}{n}}\max_{m(n)\leq i\leq n}\left|\boldsymbol{e}_s^{\mathrm{T}}\boldsymbol{H}_{1i}W(\boldsymbol{\beta}_0)^{-1}W(\boldsymbol{\beta}_0)T_i(\boldsymbol{\beta}_0)\right| \\
&\leq \sqrt{\frac{\log\log n}{n}}\max_{m(n)\leq i\leq n}\left\{\sqrt{2i\log\log i}\left\|\boldsymbol{e}_s^{\mathrm{T}}\boldsymbol{H}_{1i}W(\boldsymbol{\beta}_0)^{-1}\right\|\right. \\
&\quad \left.\frac{1}{\sqrt{2i\log\log i}}\left\|W(\boldsymbol{\beta}_0)T_i(\boldsymbol{\beta}_0)\right\|\right\} \\
&\leq \max_{m(n)\leq i\leq n}(\log\log i)\left\|\boldsymbol{e}_s^{\mathrm{T}}\boldsymbol{H}_{1i}W(\boldsymbol{\beta}_0)^{-1}\right\| \\
&\quad \sqrt{2q}\max_{m(n)\leq i\leq n}\frac{1}{\sqrt{2i\log\log i}}\max_{1\leq s\leq q}\left|\sum_{k=1}^{i}\omega_k(s)\right| \\
&\leq \max_{m(n)\leq i\leq n}o(1)\sqrt{2q}\left(\sqrt{\boldsymbol{e}_s^{\mathrm{T}}W(\boldsymbol{\beta}_0)\boldsymbol{e}_s}+C\right) \\
&\to 0 \quad (n\to\infty).
\end{aligned} \tag{6. 3. 32}$$

类似地，根据(6.3.21)和命题 6.3.2，得到

$$\sqrt{\frac{\log\log n}{n}}\max_{m(n)\le i\le n}\left|\boldsymbol{e}_s^{\mathrm{T}}\boldsymbol{H}_{2i}T_i(\boldsymbol{\beta}_0)\right|\to 0,\ \text{当}\ n\to\infty\text{时}. \tag{6.3.33}$$

因此，又根据 (6.3.27), (6.3.29)～(6.3.33)和命题 6.3.3，有

$$\begin{aligned}
&\liminf_{n\to\infty}\sqrt{\frac{\log\log n}{n}}\cdot\max_{1\le i\le n}\left\{i\left|\hat{\beta}_{si}-\beta_{s0}\right|\right\}\\
&=\liminf_{n\to\infty}\sqrt{\frac{\log\log n}{n}}\cdot\max_{m(n)<i\le n}\left\{i\left|\hat{\beta}_{si}-\beta_{s0}\right|\right\}\\
&=\liminf_{n\to\infty}\sqrt{\frac{\log\log n}{n}}\cdot\max_{m(n)<i\le n}\Big|\boldsymbol{e}_s^{\mathrm{T}}\big(W(\boldsymbol{\beta}_0)T_i(\boldsymbol{\beta}_0)-\boldsymbol{H}_{1i}T_i(\boldsymbol{\beta}_0)\\
&\quad-\boldsymbol{H}_{2i}T_i(\boldsymbol{\beta}_0)-i\boldsymbol{\eta}_{1i}-i\boldsymbol{\eta}_{2i}\big)\Big|\\
&=\liminf_{n\to\infty}\sqrt{\frac{\log\log n}{n}}\cdot\max_{m(n)<i\le n}\left|\boldsymbol{e}_s^{\mathrm{T}}\left(W(\boldsymbol{\beta}_0)T_i(\boldsymbol{\beta}_0)-\boldsymbol{H}_{1i}T_i(\boldsymbol{\beta}_0)\right)\right|\\
&=\liminf_{n\to\infty}\sqrt{\frac{\log\log n}{n}}\max_{m(n)\le i\le n}\left|\boldsymbol{e}_s^{\mathrm{T}}W(\boldsymbol{\beta}_0)T_i(\boldsymbol{\beta}_0)\right|\\
&=\liminf_{n\to\infty}\sqrt{\frac{\log\log n}{n}}\max_{1\le i\le n}\left|\boldsymbol{e}_s^{\mathrm{T}}W(\boldsymbol{\beta}_0)T_i(\boldsymbol{\beta}_0)\right|\\
&=\liminf_{n\to\infty}\sqrt{\frac{\log\log n}{n}}\cdot\max_{1\le i\le n}\left|\sum_{k=1}^{i}\omega_k(s)\right|\\
&=\frac{\pi}{\sqrt{8}}\sqrt{\boldsymbol{e}_s^{\mathrm{T}}W(\boldsymbol{\beta}_0)\boldsymbol{e}_s}.
\end{aligned}\tag{6.3.34}$$

这样就完成了定理的证明. □

附注 6.3.2 的证明　首先，注意到，如果有 $\lim\limits_{i\to\infty}a_i>0$ 和 $b_{i,n}\ge 0$ 成立，那么

$$\liminf_{n\to\infty}\max_{m(n)\le i\le n}a_ib_{i,n}=\lim_{i\to\infty}a_i\cdot\liminf_{n\to\infty}\max_{m(n)\le i\le n}b_{i,n}, \tag{6.3.35}$$

其中 $m(n)=\dfrac{n^{\frac{1}{8}}}{(\log\log n)^{\frac{1}{4}}}\to\infty$.

在定理 6.3.2 中，当 $q=1$ 时，就有

$$W(\boldsymbol{\beta}_0)T_i(\boldsymbol{\beta}_0)=\sum_{k=1}^{i}\omega_k,$$

以及

$$e_s^{\mathrm{T}} \boldsymbol{H}_{1i} T_i(\boldsymbol{\beta}_0) = \boldsymbol{H}_{1i} W(\boldsymbol{\beta}_0)^{-1} W(\boldsymbol{\beta}_0) T_i(\boldsymbol{\beta}_0) = \delta_i \sum_{k=1}^{i} \omega_k,$$

这里 $\delta_i \equiv \boldsymbol{H}_{1i} W(\boldsymbol{\beta}_0)^{-1} \to 0,\ \ i \to \infty$. 从而, 根据(6.3.34)(此式成立不需要条件 $W(\boldsymbol{\beta}_0) - n\boldsymbol{\Delta}_n^{-1} = o((\log\log n)^{-1})$ 被满足), (6.3.35)和命题6.3.3, 有

$$\begin{aligned}
&\liminf_{n\to\infty} \sqrt{\frac{\log\log n}{n}} \cdot \max_{1\le i\le n} \left\{ i \left| \hat{\beta}_{si} - \beta_{s0} \right| \right\} \\
&= \liminf_{n\to\infty} \sqrt{\frac{\log\log n}{n}} \max_{m(n)\le i\le n} \left| \boldsymbol{e}_s^{\mathrm{T}} \left(W(\boldsymbol{\beta}_0) T_i(\boldsymbol{\beta}_0) - \boldsymbol{H}_{1i} T_i(\boldsymbol{\beta}_0) \right) \right| \\
&= \liminf_{n\to\infty} \sqrt{\frac{\log\log n}{n}} \max_{m(n)\le i\le n} \left| \sum_{k=1}^{i} \omega_k - \delta_i \sum_{k=1}^{i} \omega_k \right| \\
&= \liminf_{n\to\infty} \max_{m(n)\le i\le n} \left| 1 - \delta_i \right| \sqrt{\frac{\log\log n}{n}} \left| \sum_{k=1}^{i} \omega_k \right| \\
&= \lim_{n\to\infty} |1 - \delta_i| \cdot \liminf_{n\to\infty} \sqrt{\frac{\log\log n}{n}} \max_{m(n)\le i\le n} \left| \boldsymbol{e}_s^{\mathrm{T}} W(\boldsymbol{\beta}_0) T_i(\boldsymbol{\beta}_0) \right| \\
&= \liminf_{n\to\infty} \sqrt{\frac{\log\log n}{n}} \cdot \max_{1\le i\le n} \left| \sum_{k=1}^{i} \omega_k(s) \right| \\
&= \frac{\pi}{\sqrt{8}} \sqrt{\boldsymbol{e}_s^{\mathrm{T}} W(\boldsymbol{\beta}_0) \boldsymbol{e}_s}.
\end{aligned}$$

这就完成了证明. □

6.4 自适应拟似然估计

6.4.1 自适应拟似然估计的概念

假设

$$y_i = g(\boldsymbol{x}_i^{\mathrm{T}} \boldsymbol{\beta}_0) + \varepsilon_i, \quad 1 \le i \le n,$$

其中 $y_i \in \mathbb{R}$ 为响应变量 Y 的观测值, $\boldsymbol{x}_i \in \mathbb{R}^q$ 为已知的常向量, $\boldsymbol{\beta}_0$ 为未

知参数 $\boldsymbol{\beta} \in \mathbb{R}^q$ 的真值.

又假定 $\{\boldsymbol{x}_i\}$ 满足以下条件:

(i) $\{\boldsymbol{x}_i,\ i \geq 1\}$ 有界.

(ii) 存在常数 $c_1, c_2 > 0$, 使得对任意 n, 当将 $\mu_i \equiv \mu_i(\boldsymbol{\beta}_0) = g(\boldsymbol{x}_i^{\mathrm{T}}\boldsymbol{\beta}_0)$, $1 \leq i \leq n$ 按顺序排列为 $\mu_{n,1} < \mu_{n,2} < \cdots < \mu_{n,n}$时, 有

$$\frac{c_1}{n} \leq \min_{1\leq i\leq n-1}(\mu_{n,i+1} - \mu_{n,i}) \leq \max_{1\leq i\leq n-1}(\mu_{n,i+1} - \mu_{n,i}) \leq \frac{c_2}{n}.$$

ε_i 是随机误差, 假定:

(iii) $\mathbb{E}\varepsilon_i = 0$, ε_i 的方差是 μ_i 的函数: $\mathbb{V}\mathrm{ar}(\varepsilon_i) = \sigma(\mu_i)$, $i \geq 1$. 对某自然数 $r \geq 3$, 有 $\sup\limits_{i\geq 1}\mathbb{E}\varepsilon_i^{4r+2} < \infty$.

记 $S = \{\boldsymbol{\beta} :\ \|\boldsymbol{\beta} - \boldsymbol{\beta}_0\| \leq \delta\}$, $\delta > 0$ 为某常数. 又记

$\underline{\mu} = \inf\{\boldsymbol{x}_i^{\mathrm{T}}\boldsymbol{\beta} :\ i \geq 1,\ \boldsymbol{\beta} \in S\}$, $\overline{\mu} = \sup\{\boldsymbol{x}_i^{\mathrm{T}}\boldsymbol{\beta} :\ i \geq 1,\ \boldsymbol{\beta} \in S\}$.

对函数 g 和 σ 作下述光滑性要求:

(iv) 对某个 $\varepsilon > 0$, g 定义于 $[A, B] = [\underline{\mu} - \varepsilon, \overline{\mu} + \varepsilon]$ 上, 且其三阶导数 $\dddot{g}$ 于 $[A, B]$ 上处处存在且有界, 而 $\dot{g}$ 在 $[A, B]$ 上处处不为 0. σ 定义于 $[g(A), g(B)]$ 上, 且有非零下界以及有有界的二阶导数.

(v) 当 $n \to \infty$ 时, $\displaystyle\frac{1}{n}\sum_{i=1}^{n}\big(\dot{g}(\boldsymbol{x}_i^{\mathrm{T}}\boldsymbol{\beta}_0)\big)^2\sigma^{-1}(\mu_i)\boldsymbol{x}_i\boldsymbol{x}_i^{\mathrm{T}} \to \boldsymbol{\Sigma} > 0$.

若方差函数 $\sigma(t)$ 已知, 则引进拟似然函数

$$Q(\boldsymbol{\beta}) \equiv Q(\boldsymbol{\beta}, \boldsymbol{y}^{(n)}) = \sum_{i=1}^{n}\int_{y_i}^{\mu_i(\boldsymbol{\beta})}\frac{y_i - t}{\sigma(t)}\mathrm{d}t, \tag{6.4.1}$$

其中 $\boldsymbol{y}^{(n)} = (y_1, y_2, \cdots, y_n)$, $\mu_i(\boldsymbol{\beta}) = g(\boldsymbol{x}_i^{\mathrm{T}}\boldsymbol{\beta})$. 对 (6.4.1) 关于 $\boldsymbol{\beta}$ 取偏导数有

$$U(\boldsymbol{\beta}) \equiv \frac{\partial Q(\boldsymbol{\beta})}{\partial \boldsymbol{\beta}} = \sum_{i=1}^{n}\boldsymbol{x}_i\dot{g}(\boldsymbol{x}_i^{\mathrm{T}}\boldsymbol{\beta})\sigma^{-1}\big(\mu_i(\boldsymbol{\beta})\big)\big(y_i - \mu_i(\boldsymbol{\beta})\big). \tag{6.4.2}$$

称方程

$$U(\boldsymbol{\beta}) = \boldsymbol{0} \tag{6.4.3}$$

为**拟似然方程**. 方程 (6.4.3) 的根记为 $\hat{\boldsymbol{\beta}}_n$, 即**拟极大似然估计**. 在条件

(i)～(v)下，可以证明：

$$\sqrt{n}(\hat{\boldsymbol{\beta}}_n-\boldsymbol{\beta}_0)\xrightarrow{d}N(\mathbf{0},\boldsymbol{\Sigma}^{-1}).\tag{6.4.4}$$

当 $\sigma(t)$ 未知时，用权函数对它作估计，方法如下：暂设 $\boldsymbol{\beta}_0$ 已知，则 $\varepsilon_i^2=\big(y_i-g(\boldsymbol{x}_i^{\mathrm{T}}\boldsymbol{\beta}_0)\big)^2$ 已知，$\mathbb{E}\varepsilon_i^2=\sigma(\mu_i)$，引进局部线性权 $W_{ni}(\mu)$，$1\le i\le n$. 令

$$\sigma_n(u)=\sum_{i=1}^n W_{ni}(\mu)\varepsilon_i^2,\tag{6.4.5}$$

以此作为 $\sigma(u)$ 的估计，而

$$W_{ni}(u)=\frac{1}{nb_n}K\Big(\frac{\mu_i-u}{b_n}\Big)\frac{A_{n2}(u)-(\mu_i-u)A_{n1}(u)}{\Delta_n(u)},\tag{6.4.6}$$

其中，

$$\begin{aligned}A_{nj}(u)&=\frac{1}{nb_n}\sum_{i=1}^n K\Big(\frac{\mu_i-u}{b_n}\Big)(\mu_i-u)^j,\\ \Delta_n(u)&=A_{n0}(u)A_{n2}(u)-A_{n1}^2(u).\end{aligned}\tag{6.4.7}$$

K 为核函数，满足条件：

(vi) K 为 $\mathbb{R}$ 上处处连续的偶函数，在 $(-1,1)$ 内大于 0，在其外为 0. 其二阶导数 $\ddot{K}$ 在 $\mathbb{R}$ 上每一点存在且有界.

b_n 为窗宽，满足条件：

(vii) $b_n\to0$，$n^{r-2}b_n^{r+1}\to\infty$，$\dfrac{nb_n^3}{\log n}\to\infty$，$b_n=o(n^{-\frac{3}{4r+4}})$，$r\ge3$ 为自然数.

注意到 $W_{ni}(u)$ 与 $\boldsymbol{\beta}_0$ 有关. 若把 $\boldsymbol{\beta}_0$ 换成 $\boldsymbol{\gamma}$，相应地 $W_{ni}(u)$ 中的 μ_i 换为 $\mu_i(\boldsymbol{\gamma})=g(\boldsymbol{x}_i^{\mathrm{T}}\boldsymbol{\gamma})$，则(6.4.5)中的 $\sigma_n(u)$ 也跟着改变. 此外 $\sigma_n(u)$ 还与样本 $\boldsymbol{y}^{(n)}=(y_1,y_2,\cdots,y_n)$ 有关，即 $\sigma_n(u)=\sigma_n(\boldsymbol{\beta}_0,\boldsymbol{y}^{(n)},u)$. 以下把 $\boldsymbol{\beta}_0$ 换成 $\boldsymbol{\gamma}$ 后，(6.4.5)中的 $\sigma_n(u)$ 记为 $\sigma_n(\boldsymbol{\gamma},\boldsymbol{y}^{(n)},u)$. 因 $\boldsymbol{\beta}_0$ 未知，故 $\sigma_n(u)$ 不能取代(6.4.1)中的 $\sigma(u)$ 去定义似然函数. 为克服这个困难，先依某种方法得到 $\boldsymbol{\beta}_0$ 的一个估计 $\widetilde{\boldsymbol{\beta}}_n$，用 $\widetilde{\boldsymbol{\beta}}_n$ 取代 $\sigma_n(\boldsymbol{\beta}_0,\boldsymbol{y}^{(n)},u)$ 中的 $\boldsymbol{\beta}_0$，得到 $\sigma(u)$ 的一个真正估计

$$\hat{\sigma}_n(u)=\sigma_n(\widetilde{\boldsymbol{\beta}}_n,\boldsymbol{y}^{(n)},u).\tag{6.4.8}$$

用 $\hat{\sigma}_n(t)$ 取代(6. 4. 1)中的 $\sigma_n(t)$, 得到一个拟似然函数

$$Q^*(\beta)=\sum_{i=1}^{n}\int_{y_i}^{\mu_i(\beta)}\frac{y_i-t}{\hat{\sigma}_n(t)}\mathrm{d}t=\sum_{i=1}^{n}\int_{y_i}^{\mu_i(\beta)}\frac{y_i-t}{\sigma_n(\widetilde{\beta}_n,\boldsymbol{y}^{(n)},u)}\mathrm{d}t \quad (6.4.9)$$

及相应的拟似然方程

$$\frac{\partial Q^*(\beta)}{\partial\beta}=\sum_{i=1}^{n}\boldsymbol{x}_i\dot{g}(\boldsymbol{x}_i^{\mathrm{T}}\beta)\sigma_n^{-1}\big(\widetilde{\beta}_n,\boldsymbol{y}^{(n)},\mu_i(\beta)\big)\big(y_i-\mu_i(\beta)\big)$$
$$=\mathbf{0}. \quad (6.4.10)$$

若把 $\widetilde{\beta}_n$ 记为 β^*_{n0}, (6. 4. 10) 的解记为 β^*_{n1}, 得到 β^*_{n1} 后, 用之取代(6. 4. 8)～(6. 4. 10) 中的 $\widetilde{\beta}_n$, 又得到(6. 4. 10) 的解, 记为 β^*_{n2}, 如此循环下去, 就是一个迭代关系:

$$\sum_{i=1}^{n}\boldsymbol{x}_i\dot{g}(\boldsymbol{x}_i^{\mathrm{T}}\beta^*_{n,k})\sigma_n^{-1}\big(\beta^*_{n,k-1},\boldsymbol{y}^{(n)},\mu_i(\beta^*_{n,k})\big)\big(y_i-\mu_i(\beta^*_{n,k})\big)=\mathbf{0},$$
$$k=1,2,\cdots. \quad (6.4.11)$$

我们称 $\beta^*_{n1},\beta^*_{n2},\cdots$ 为**参数 β_0 的自适应拟似然估计**.

对于参数 β_0 的自适应拟似然估计 $\beta^*_{n1},\beta^*_{n2},\cdots$, 有下述性质:

定理 6. 4. 1　假定条件(i)～(vii)成立, 若得到 β_0 的某个估计量 $\beta^*_{n0}\equiv\widetilde{\beta}_n$ 满足条件:

(viii) $\widetilde{\beta}_n-\beta_0=O_p(n^{-\frac{1}{2}})$.

从 β^*_{n0} 出发, 按前述方法得到 $\beta^*_{n1},\beta^*_{n2},\cdots$. 定义 $\beta^*_n=\beta^*_{n,k}$ (对某个指定的自然数 k), 则当 $n\to\infty$ 时有

$$\mathbb{P}\{\beta^*_n\text{ 存在}\}\to 1, \quad (6.4.12)$$

$$\sqrt{n}(\widetilde{\beta}_n-\beta_0)\xrightarrow{d}N(\mathbf{0},\boldsymbol{\Sigma}^{-1}), \quad (6.4.13)$$

$\boldsymbol{\Sigma}$ 的定义见条件(v). (6. 4. 13) 的 $\boldsymbol{\Sigma}^{-1}$ 达到了渐近方差的下界.

6. 4. 2　若干引理

为了叙述的方便, 我们先引进一些记号.

$$\mu_i(\boldsymbol{\gamma})=g(\boldsymbol{x}_i^{\mathrm{T}}\boldsymbol{\gamma}),\quad \mu_i=\mu_i(\boldsymbol{\gamma}).$$

如果 $W_{ni}(u)$, $A_{nj}(u)$, $\Delta_n(u)$ 中以 $\boldsymbol{\gamma}$ 取代 β_0, 即用 $\mu_i(\boldsymbol{\gamma})$ 取代相应的 μ_i,

取代后的符号记为 $W_{ni}(\boldsymbol{\gamma}, u)$, $A_{nj}(\boldsymbol{\gamma}, u)$, $\Delta_n(\boldsymbol{\gamma}, u)$. 若函数 f 依赖于 u 和 $\boldsymbol{\gamma}$, 则 $f', f'', \cdots, f^{(r)}$ 指 f 对 u 的各阶导数, 而 f 对 $\boldsymbol{\gamma}$ 的各阶导数记为 $\dfrac{\partial f}{\partial \boldsymbol{\gamma}} = \dot{f}$, $\dfrac{\partial^2 f}{\partial \boldsymbol{\gamma}\,\partial \boldsymbol{\gamma}^{\mathrm{T}}} = \ddot{f}$. 从而 $\dfrac{\partial^2 f}{\partial \boldsymbol{\gamma}\,\partial u} = \dot{f}'$. 记 $[\mu_{n1}, \mu_{nn}] = I_n$,

$$\big|f(\boldsymbol{t}, n)\big|_{\bullet} = \sup\big\{|f(\boldsymbol{t}, n)| : \boldsymbol{t} \in T\big\}.$$

当 $f(\boldsymbol{t}, n)$ 是向量时, $\big|f(\boldsymbol{t}, n)\big|$ 为 $\big\|f(\boldsymbol{t}, n)\big\|$.

引理 6.4.1 在条件(i)～(viii)之下, 设

$$\boldsymbol{\gamma} \in S_n = \left\{\boldsymbol{\gamma} : \|\boldsymbol{\gamma} - \boldsymbol{\beta}_0\| \leq \frac{C}{\sqrt{n}}\right\},$$

$C > 0$ 为某个常数, 则

(1) $\big|W_{ni}^{(r)}(\boldsymbol{\gamma}, u)\big|_{\bullet} = O(n^{-1} b_n^{-1-r})$, $r = 0, 1, 2$;

(2) $\big|W_{ni}^{(r)}(\boldsymbol{\gamma}, u) - W_{ni}^{(r)}(u)\big|_{\bullet} = O(n^{-\frac{3}{2}} b_n^{-2-r})$, $r = 0, 1, 2$;

(3) $\big|\dot{W}_{ni}^{(r)}(\boldsymbol{\gamma}, u)\big|_{\bullet} = O(n^{-1} b_n^{-2-r})$, $r = 0, 1$;

(4) 以 $a_{ni}(\boldsymbol{\gamma}, u)$ 记 $\ddot{W}_{ni}(\boldsymbol{\gamma}, u) \equiv \dfrac{\partial^2 W_{ni}(\boldsymbol{\gamma}, u)}{\partial \boldsymbol{\gamma}\,\partial \boldsymbol{\gamma}^{\mathrm{T}}}$ 的任一元, 则

$$\big|a_{ni}(\boldsymbol{\gamma}, u)\big|_{\bullet} = O\big((n b_n^3)^{-1}\big).$$

引理 6.4.2 设随机变量 $e_1, e_2, \cdots$ 相互独立, $\mathbb{E}e_i = 0$, $i \geq 1$, 且存在 $a > 2$ 使得 $\sup\limits_{i \geq 1} \mathbb{E}|e_i|^a < \infty$. 又设 $\{b_n\}$ 为一串常数, 对某常数 $\eta > 0$, 有 $b_n \geq n^{\frac{2-a}{a} + \eta}$ 且 $b_n \to 0$. 设

$$\{f_{n_{il}} : 1 \leq i \leq n,\ 1 \leq l \leq M_n = O(n^m),\ m > 0\}$$

为定义于区间 J_n 上的一族函数, J_n 之长等于 $O(n^h)$, $h > 0$ 为某常数. $\{f_{n_{il}}\}$ 满足条件:

(1) $\big|f_{n_{il}}(u)\big|_{\bullet} = O\big((n b_n)^{-1}\big)$;

(2) 以 $d_{nl}(u)$ 记 $f_{n_{il}}(u)$, $1 \leq i \leq n$ 中不为 0 的个数, 有

$$\big|d_{nl}(u)\big|_{\bullet} = O(n b_n);$$

(3) $f'_{n_{il}}(u)$ 在 J_n 上处处存在, 且存在常数 k 使得

$$\big|f'_{n_{il}}(u)\big|_{\bullet} = O(n^k).$$

记 $\xi_{nl}(u)=\sum_{i=1}^{n}f_{n_{il}}(u)e_i,\quad \xi_{nl}=\sup_{u\in J_n}\left|\xi_{nl}(u)\right|,\ \xi_n=\max_{1\le l\le M_n}\xi_{nl}$. 则有

$$\xi_n=O\Big(\sqrt{\frac{\log n}{nb_n}}\Big),\ \text{a.s.} \tag{6.4.14}$$

引理 6.4.3　在条件(i)～(viii)下, $u\in I_n$, $\boldsymbol{\gamma}\in S_n$, C 与 n 无关, 则

$$\left|\sigma_n(\boldsymbol{\gamma},\boldsymbol{y}^{(n)},u)-\sigma_n(u)\right|_{\bullet}=O\Big(\sqrt{\frac{\log n}{nb_n}}+b_n^2+\frac{1}{\sqrt{n}}\Big)\ \text{a.s.}, \tag{6.4.15}$$

以及

$$\left|\sigma_n'(\boldsymbol{\gamma},\boldsymbol{y}^{(n)},u)-\sigma_n'(u)\right|_{\bullet}=O\Big(\sqrt{\frac{\log n}{nb_n^3}}+b_n+\frac{1}{\sqrt{n}b_n}\Big)\ \text{a.s.} \tag{6.4.16}$$

比较(6.4.15)和(6.4.16)的右边, 可以看出"对 σ_n"求导一次, 数量级增加一个 b_n^{-1} 因子.

引理 6.4.4　在条件(i)～(viii)下, $u\in I_n$, $\boldsymbol{\gamma}\in S_n$, C 与 n 无关, 则

$$\left|\dot{\sigma}_n(\boldsymbol{\gamma},\boldsymbol{y}^{(n)},u)\right|=O(1)\ \text{a.s.},$$

此处 $\dot{\sigma}_n=\dfrac{\partial\sigma_n}{\partial\boldsymbol{\gamma}}$.

引理 6.4.5　设 $\{f_{ni}:\ 1\le i\le n\}$ 为有界常数列, $\boldsymbol{\gamma}\in S_n$, r 为自然数, 令

$$A_{nr}(\boldsymbol{\gamma})=\sum_{i=1}^{n}f_{n_{il}}\big(\sigma_n(\boldsymbol{\gamma},\boldsymbol{y}^{(n)},\mu_i)-\sigma_n(\mu_i)\big)^r,\quad \varepsilon_i=y_i-\mu_i,$$

则在条件(i)～(viii)下, 有

$$\left|A_{nr}(\boldsymbol{\gamma})\right|_{\bullet}\equiv\sup_{\boldsymbol{\gamma}\in S_n}\left|A_{nr}(\boldsymbol{\gamma})\right|=O_p(\sqrt{n}). \tag{6.4.17}$$

引理 6.4.6　定义方阵

$$\begin{aligned}I_n(\boldsymbol{\beta})=&\sum_{i=1}^{n}\big(g'(\boldsymbol{x}_i^{\mathrm{T}}\boldsymbol{\beta})\big)^2\sigma^{-1}\big(\mu_i(\boldsymbol{\beta})\big)\boldsymbol{x}_i\boldsymbol{x}_i^{\mathrm{T}}\\&+\sum_{i=1}^{n}\Big[\big(g'(\boldsymbol{x}_i^{\mathrm{T}}\boldsymbol{\beta})\big)^2\sigma^{-2}\big(\mu_i(\boldsymbol{\beta})\big)\sigma'\big(\mu_i(\boldsymbol{\beta})\big)\\&-g''(\boldsymbol{x}_i^{\mathrm{T}}\boldsymbol{\beta})\sigma^{-1}\big(\mu_i(\boldsymbol{\beta})\big)\Big]\boldsymbol{x}_i\boldsymbol{x}_i^{\mathrm{T}}\big(y_i-\mu_i(\boldsymbol{\beta})\big),\end{aligned} \tag{6.4.18}$$

则在条件(i)～(viii)下，当 $n\to\infty$ 时，有

$$\frac{I_n(\beta)}{n}\to\Sigma,\ \text{依概率对}\ \beta\in S_n\ \text{一致成立}. \qquad (6.4.19)$$

注意到 Σ 只与 β_0 有关.

引理 6.4.7 若在(6.4.18)的右边以 $\sigma_n\big(\boldsymbol{\gamma},\boldsymbol{y}^{(n)},\mu_i(\boldsymbol{\beta})\big)$ 取代 $\sigma\big(\mu_i(\boldsymbol{\beta})\big)$，其余不变，结果记为 $I_n^*(\boldsymbol{\gamma},\boldsymbol{\beta},\boldsymbol{y}^{(n)})\equiv I_n^*(\boldsymbol{\gamma},\boldsymbol{\beta})$，则在条件(i)～(viii)下，当 $n\to\infty$ 时，有

$$\frac{I_n^*(\boldsymbol{\gamma},\boldsymbol{\beta})}{n}\to\boldsymbol{\Sigma}\ \text{依概率对}\ \boldsymbol{\gamma}\in S_n\ \text{和}\ \boldsymbol{\beta}\in S_n\ \text{一致成立}. \qquad (6.4.20)$$

引理 6.4.8 设

$$U^*(\boldsymbol{\gamma},\boldsymbol{\beta})=\sum_{i=1}^{n}\big(y_i-\mu_i(\boldsymbol{\beta})\big)g'(\boldsymbol{x}_i^{\mathrm{T}}\boldsymbol{\beta})\sigma^{-1}(\boldsymbol{\gamma},\boldsymbol{y}^{(n)},\mu_i(\boldsymbol{\beta}))\boldsymbol{x}_i,\quad \boldsymbol{\gamma}\in S_n,$$

以及 $U^*(\boldsymbol{\gamma})=U^*(\boldsymbol{\gamma},\boldsymbol{\beta}_0)$，则在条件(i)～(viii)下，有

$$\sup_{\boldsymbol{\gamma}\in S_n}\big|U^*(\boldsymbol{\gamma})-U^*(\boldsymbol{\beta}_0)\big|=o_p(\sqrt{n}). \qquad (6.4.21)$$

引理 6.4.9 在条件(i)～(viii)下，有

$$\big|U(\boldsymbol{\beta}_0)\big|=o_p(\sqrt{n}),\quad \big|U(\boldsymbol{\gamma})\big|_{\bullet}=o_p(\sqrt{n}).$$

引理 6.4.1～引理 6.4.9 的证明见文献 [17].

6.4.3 定理 6.4.1 的证明

考虑(6.4.9). 给定 $\varepsilon_0>0$，由条件(viii)知，存在充分大的常数 $C>0$，使得 $\mathbb{P}\{\widetilde{\boldsymbol{\beta}}_n\in S_n\}\geq 1-\varepsilon_0$. 以 $\overline{S}_n$ 记 S_n 的边界，以 S_n^0 记 S_n 的内部. 取 $\boldsymbol{\beta}\in\overline{S}_n$，有

$$\begin{aligned}Q^*(\boldsymbol{\beta})-Q^*(\boldsymbol{\beta}_0)&=(\boldsymbol{\beta}-\boldsymbol{\beta}_0)^{\mathrm{T}}U^*(\widetilde{\boldsymbol{\beta}}_n)\\&\quad-\frac{1}{2}(\boldsymbol{\beta}-\boldsymbol{\beta}_0)^{\mathrm{T}}\int_0^1 I_n^*\big(\widetilde{\boldsymbol{\beta}}_n,\boldsymbol{\beta}_0+v(\boldsymbol{\beta}-\boldsymbol{\beta}_0)\big)\mathrm{d}v\,(\boldsymbol{\beta}-\boldsymbol{\beta}_0)\\&\equiv J_{n1}-J_{n2},\end{aligned}$$

此处 I_n^* 的定义见引理 6.4.7. 由引理 6.4.7 知，当 n 充分大时，以任意接近于 1 的概率有

$$\inf\left\{\lambda_{\min}\Big(\frac{1}{n}\int_0^1 I_n^*(\widetilde{\boldsymbol{\beta}}_n,\boldsymbol{\beta}_0+v(\boldsymbol{\beta}-\boldsymbol{\beta}_0))\mathrm{d}v\Big):\ \boldsymbol{\beta}\in\overline{S}_n\right\}$$
$$\geq \lambda_0\equiv\frac{1}{2}\lambda_{\min}(\sigma)>0.$$

由上式知，当 n 充分大时，以任意接近于 1 的概率有

$$J_{n2}\geq\frac{1}{2}\lambda_0 C^2.$$

另一方面，由引理 6. 4. 9 知，当 n 充分大时，以任意接近于 1 的概率有

$$J_{n1}\leq MC,$$

这里 M 与 C 无关. 在 S_n 的定义中取 $C>\dfrac{2M}{\lambda_0}$，则有

$$\sup\left\{Q^*(\boldsymbol{\beta})-Q^*(\boldsymbol{\beta}_0):\ \boldsymbol{\beta}\in\overline{S}_n\right\}\leq MC-\frac{1}{2}\lambda_0C^2<0,$$

因而 Q^* 在 S_n 内部某点 $\boldsymbol{\beta}_{n1}^*$ 处有一局部极大值点，此点满足

$$U^*(\widetilde{\boldsymbol{\beta}}_n,\boldsymbol{\beta}_{n1}^*)=0.$$

由于 $\boldsymbol{\beta}_{n1}^*\in S_n^0$，有 $\boldsymbol{\beta}_{n1}^*-\boldsymbol{\beta}_0=O_p(n^{-\frac{1}{2}})$.

现以 $\hat{\boldsymbol{\beta}}_n$ 记方程 $U(\boldsymbol{\beta})=0$ 的根，有

$$\sqrt{n}(\hat{\boldsymbol{\beta}}_n-\boldsymbol{\beta}_0)\xrightarrow{d}N(\mathbf{0},\boldsymbol{\Sigma}^{-1}).\tag{6. 4. 22}$$

由引理 6. 4. 6 有

$$\begin{aligned}U(\boldsymbol{\beta}_0)&=U(\boldsymbol{\beta}_0)-U(\hat{\boldsymbol{\beta}}_n)\\&=\int_0^1 I_n\big(\boldsymbol{\beta}_0+v(\hat{\boldsymbol{\beta}}_n-\boldsymbol{\beta}_0)\big)\mathrm{d}v\ (\hat{\boldsymbol{\beta}}_n-\boldsymbol{\beta}_0)\\&=n\big(\boldsymbol{\Sigma}+o_p(1)\big)(\hat{\boldsymbol{\beta}}_n-\boldsymbol{\beta}_0),\end{aligned}$$

$$\hat{\boldsymbol{\beta}}_n-\boldsymbol{\beta}_0=n^{-1}\big(\boldsymbol{\Sigma}+o_p(1)\big)^{-1}U(\boldsymbol{\beta}_0).\tag{6. 4. 23}$$

同理，由 $U^*(\boldsymbol{\beta}_{n1}^*)=\mathbf{0}$ 以及 $\boldsymbol{\beta}_{n1}^*-\boldsymbol{\beta}_0=O_p\left(\dfrac{1}{\sqrt{n}}\right)$，据引理 6. 4. 7 有

$$\begin{aligned}\boldsymbol{\beta}_{n1}^*-\boldsymbol{\beta}_0&=\Big(\int_0^1 I_n^*(\widetilde{\boldsymbol{\beta}}_n,\boldsymbol{\beta}_0+v(\boldsymbol{\beta}_{n1}^*-\boldsymbol{\beta}_0))\mathrm{d}v\Big)^{-1}U^*(\boldsymbol{\beta}_0)\\&=n^{-1}(\boldsymbol{\Sigma}+o_p^*(1))^{-1}U^*(\boldsymbol{\beta}_0),\end{aligned}$$

由上式及(6. 4. 23)有

$$\beta_{n1}^* - \hat{\beta}_n = n^{-1}\big(\Sigma + o_p^*(1)\big)^{-1}\big(U^*(\beta_0) - U(\beta_0)\big)$$
$$+ n^{-1}\Big(\big(\Sigma + o_p^*(1)\big)^{-1} - \big(\Sigma + o_p(1)\big)^{-1}\Big)U(\beta_0)$$
$$\equiv J_{n1}(\cdot) + J_{n2}(\cdot).$$

因 $\Sigma > 0$, 又由引理 6. 4. 8 知 $\sqrt{n}(\beta_{n1}^* - \hat{\beta}_n) = o_p(\sqrt{n})$, 立即得到

$$J_{n1}(\cdot) = o_p(n^{-\frac{1}{2}}),$$

再由引理 6. 4. 9 知 $J_{n2}(\cdot) = o_p(n^{-1/2})$. 于是有

$$\sqrt{n}(\beta_{n1}^* - \hat{\beta}_n) = o_p(1). \tag{6. 4. 24}$$

结合(6. 4. 22)与(6. 4. 24)有

$$\sqrt{n}(\beta_{n1}^* - \beta_0) \xrightarrow{d} N(\mathbf{0}, \Sigma^{-1}). \tag{6. 4. 25}$$

由(6. 4. 25)知 β_{n1}^* 满足(viii)的条件. 重复上述过程, 可得

$$\sqrt{n}(\beta_{n2}^* - \beta_0) \xrightarrow{d} N(\mathbf{0}, \Sigma^{-1}).$$

以此类推, 对任意的自然数 k, 就证明了(6. 4. 12)与(6. 4. 13), 其中 β_n^* 换为 β_{nk}^*. 从而定理 6. 4. 1 得证. □

第 7 章 独立不同分布情形的极大似然估计的中偏差

令 $\{\boldsymbol{X}_k,\ k\geq 1\}$ 是一个独立不必同分布的随机变量序列, 且在空间 $\mathbb{R}^q\ (q\geq 1)$ 中取值, 同时具有分布函数 $F_k(\boldsymbol{x};\theta)$, 其中 $\theta\in\Theta$, 而且参数空间 $\Theta\subset\mathbb{R}$. 本章内容所考虑的情形包含了许多统计模型, 例如广义线性模型(见文献 [54])以及带有不完全信息的随机截尾的模型(见文献 [25]). θ 的极大似然估计(MLE)被记为

$$\hat{\theta}_n\equiv\theta_n(\boldsymbol{X}_1,\boldsymbol{X}_2,\cdots,\boldsymbol{X}_n).$$

极大似然估计 $\hat{\theta}_n$ 的强相合性于 1976 年为文献 [13] 所研究, 其渐近正态性于 1971 年为 Hoadley[36] 所研究. 对于独立同分布情形的极大似然估计 $\hat{\theta}_n$ 的中偏差原则于 2001 年为高付清[30] 所研究. 本章我们将讨论独立不必同分布情形下的极大似然估计 $\hat{\theta}_n$ 的中偏差原则. 这里的结果是文献 [30] 结果的一个推广, 同时我们将利用这个结果来研究带有不完全信息随机截尾模型的参数的极大似然估计的中偏差.

7.1 记号与准备

假设参数空间 Θ 是 $\mathbb{R}$ 的一个开子区间, 而且 $\boldsymbol{X}_k$ 的分布函数满足

$$\mathrm{d}F_k(\boldsymbol{x};\theta)=f_k(\boldsymbol{x};\theta)\mathrm{d}\mu,\quad k=1,2,\cdots,$$

这里 μ 是一个 σ-有限测度, μ 具有下面的形式之一:

(1) μ 是 Lebesgue 测度, $\mathrm{d}\mu=\mathrm{d}\boldsymbol{x}$, 如果每个 $\boldsymbol{X}_k$ 都是连续型随机

变量;

(2) $\mu(\{a_j\})=1,\ j=1,2,\cdots$, 如果每个 $\boldsymbol{X}_k$ 都是离散型随机变量, 且它在 $\{a_j,\ j=1,2,\cdots\}$ 上取值.

进一步, 假设每个 $f_k(\boldsymbol{x};\theta)$ 关于 θ 是连续 3 阶可微的. 令 $\{\lambda(n),\ n\geq 1\}$ 是一个非负的数列, 且满足

$$\lambda(n)\to+\infty,\ \frac{\lambda(n)}{\sqrt{n}}\to 0\ \ (n\to+\infty).$$

令 $T_k(\boldsymbol{x};\theta)\equiv\log f_k(\boldsymbol{x};\theta)$,

$$l(\boldsymbol{x}_1,\boldsymbol{x}_2,\cdots,\boldsymbol{x}_n;\theta)\equiv\log\prod_{k=1}^{n}f_k(\boldsymbol{x}_k;\theta)=\sum_{k=1}^{n}T_k(\boldsymbol{x}_k;\theta),$$

以及

$$l^{(1)}(\boldsymbol{x}_1,\boldsymbol{x}_2,\cdots,\boldsymbol{x}_n;\theta)\equiv\frac{\partial}{\partial\theta}l(\boldsymbol{x}_1,\boldsymbol{x}_2,\cdots,\boldsymbol{x}_n;\theta)$$
$$n\geq 1,\ (\boldsymbol{x}_1,\boldsymbol{x}_2,\cdots,\boldsymbol{x}_n)\in\left(\mathbb{R}^q\right)^n.$$

再假设 $\mathbb{P}_\theta$ 是对应于 $\prod\limits_{k=1}^{\infty}f_k(\boldsymbol{x}_k;\theta)\mu(\mathrm{d}\boldsymbol{x}_k)$ 的概率测度, 且极大似然估计 $\hat{\theta}_n(\boldsymbol{x}_1,\boldsymbol{x}_2,\cdots,\boldsymbol{x}_n)$ 是下面似然方程的一个解:

$$l^{(1)}(\boldsymbol{x}_1,\boldsymbol{x}_2,\cdots,\boldsymbol{x}_n;\theta)=0.$$

本章只详细地讨论连续型的情形. 离散型的情形可以类似地讨论. 为了记号的简便, 令

$$\overline{\theta}_n\equiv\overline{\theta}_n(\boldsymbol{x}_1,\boldsymbol{x}_2,\cdots,\boldsymbol{x}_n)\equiv\sup\{\theta\in\Theta:\ l^{(1)}(\boldsymbol{x}_1,\boldsymbol{x}_2,\cdots,\boldsymbol{x}_n;\theta)\geq 0\},$$

以及

$$\underline{\theta}_n\equiv\underline{\theta}_n(\boldsymbol{x}_1,\boldsymbol{x}_2,\cdots,\boldsymbol{x}_n)\equiv\inf\{\theta\in\Theta:\ l^{(1)}(\boldsymbol{x}_1,\boldsymbol{x}_2,\cdots,\boldsymbol{x}_n;\theta)\leq 0\}.$$

立刻可以得到下式成立:

$$\underline{\theta}_n(\boldsymbol{x}_1,\boldsymbol{x}_2,\cdots,\boldsymbol{x}_n)\leq\hat{\theta}_n(\boldsymbol{x}_1,\boldsymbol{x}_2,\cdots,\boldsymbol{x}_n)\leq\overline{\theta}_n(\boldsymbol{x}_1,\boldsymbol{x}_2,\cdots,\boldsymbol{x}_n),\tag{7.1.1}$$

$$\begin{aligned}\mathbb{P}_\theta\{\underline{\theta}_n\geq\theta+\varepsilon\}&\leq\mathbb{P}_\theta\big\{l^{(1)}(\boldsymbol{X}_1,\boldsymbol{X}_2,\cdots,\boldsymbol{X}_n;\theta+\varepsilon)\geq 0\big\}\\&\leq\mathbb{P}_\theta\{\overline{\theta}_n\geq\theta+\varepsilon\},\end{aligned}\tag{7.1.2}$$

$$\mathbb{P}_\theta\{\overline{\theta}_n \le \theta - \varepsilon\} \le \mathbb{P}_\theta\{l^{(1)}(\boldsymbol{X}_1, \boldsymbol{X}_2, \cdots, \boldsymbol{X}_n; \theta - \varepsilon) \le 0\}$$
$$\le \mathbb{P}_\theta\{\underline{\theta}_n \le \theta - \varepsilon\}. \tag{7.1.3}$$

本章的主要结果需要下面的条件:

(M. 1) 对每个 $\theta \in \Theta$, 下面的导数

$$T_k^{(i)}(\boldsymbol{x}; \theta) = \frac{\partial^i \log f_k(\boldsymbol{x}; \theta)}{\partial \theta^i}, \quad i = 1, 2, 3, \ k = 1, 2, \cdots$$

对一切 $\boldsymbol{x} \in \mathbb{R}^q$ 存在.

(M. 2) 对每个 $\theta \in \Theta$, 存在 θ 的一个邻域 $N(\theta, \delta)$ $(\delta > 0)$ 以及非负可测函数 $A_{ik}(\boldsymbol{x}; \theta)$, $i = 1, 2, 3$, $k = 1, 2, \cdots$, 使得

$$\int_{\mathbb{R}^q} A_{ik}(\boldsymbol{x}; \theta) f_k(\boldsymbol{x}; \theta) \mathrm{d}\boldsymbol{x} < +\infty,$$

以及

$$\left|T_k^{(i)}(\boldsymbol{x}; \gamma)\right| \le A_{ik}(\boldsymbol{x}; \theta), \quad \forall \gamma \in N(\theta, \delta).$$

(M. 3) 对每个 $\theta \in \Theta$, $k \ge 1$, $F_k(\boldsymbol{x}; \theta)$ 有一个有限的 Fisher 信息量, 即

$$0 < I_k(\theta) \equiv E_\theta\Big(\frac{\partial \log f_k(\boldsymbol{X}_k; \theta)}{\partial \theta}\Big)^2 < +\infty.$$

(M. 4) 对每个 $\theta \in \Theta$, 存在 $\mu \equiv \mu(\theta) > 0$ 以及 $\nu \equiv \nu(\theta) > 0$ 使得

$$\sup_{k \ge 1} \sup_{(t, \varepsilon) \in [-\mu, \mu] \times [-\nu, \nu]} \phi_k(t, \theta, \varepsilon) < +\infty,$$

这里 $\phi_k(t, \theta, \varepsilon) = \mathbb{E}_\theta\Big(\exp\big\{tT_k^{(1)}(\boldsymbol{X}_k; \theta + \varepsilon)\big\}\Big)$, $k = 1, 2, \cdots$.

(M. 5) 对每个 $n \ge 1$, $(\boldsymbol{x}_1, \boldsymbol{x}_2, \cdots, \boldsymbol{x}_n) \in \big(\mathbb{R}^q\big)^n$, 似然方程

$$l^{(1)}(\boldsymbol{x}_1, \boldsymbol{x}_2, \cdots, \boldsymbol{x}_n; \theta) = 0$$

有唯一解.

(M. 1*) $\forall \theta \in \Theta$, 存在 $\delta > 0$ 使得 $\sup\limits_{k \ge 1} \mathbb{E}_\theta\big|T_k^{(2)}(\boldsymbol{X}_k; \theta)\big|^{1+\delta} < +\infty$.

(M. 2*) $\forall \theta \in \Theta$, $\exists \eta > 0$ 使得 $\sup\limits_{k \ge 1} \mathbb{E}_\theta\big(A_{1k}(\boldsymbol{X}_k; \theta)\big)^{3+\eta} < \infty$, 以及

$$\sup_{k \ge 1} \mathbb{E}_\theta\big(A_{3k}(\boldsymbol{X}_k; \theta)\big)^{1+\eta} < \infty.$$

(M. 3*) $\forall \theta \in \Theta$, 存在一个函数 $I(\theta)$ 使得当 $n \to \infty$ 时, $0 < I(\theta) < \infty$, 以及 $\dfrac{1}{n}\sum_{k=1}^{n} I_k(\theta) \to I(\theta)$.

附注 7.1.1 在 $\{\boldsymbol{X}_k,\ k \geq 1\}$ 独立同分布的场合, (M. 1)～(M. 5) 是文献 [30] 的假设, 而且在 $\{\boldsymbol{X}_k,\ k \geq 1\}$ 独立同分布的场合, (M. 3*) 自然就成立.

7.2 独立不同分布情形下极大似然估计的中偏差

我们首先给出下面的引理, 这些引理将在证明本章的主要结果时被应用.

引理 7.2.1 在条件(M. 1), (M. 2)和(M. 3)下, 对所有的 $k \geq 1$, 有

$$\mathbb{E}_\theta\big(T_k^{(1)}(\boldsymbol{X}_k;\theta)\big) = 0,$$

以及

$$\mathbb{E}_\theta\big(T_k^{(2)}(\boldsymbol{X}_k;\theta)\big) = -\mathbb{E}_\theta\big(T_k^{(1)}(\boldsymbol{X}_k;\theta)\big)^2 = -I_k(\theta).$$

证 由控制收敛定理易知此引理的结论. □

引理 7.2.2 如果随机变量 $\xi_k,\ k \geq 1$ 的期望为零, 而且常数序列 $b_k \uparrow \infty$ 使得

$$\sum_{k=1}^{\infty} \frac{\mathbb{V}\mathrm{ar}(\xi_k)}{b_k^2} < \infty,$$

那么, 当 $n \to \infty$ 时, $\dfrac{\sum_{k=1}^{n} \xi_k}{b_n} \to 0$ a.s.

证 这个引理是 [48] 中的推论 2. □

引理 7.2.3 在条件(M. 1), (M. 2), (M. 3), (M. 2*)及(M. 3*)下, 有

(i) $\forall m \geq 1$, $\forall \theta \in \Theta$, 当 $n \to \infty$ 时,

$$\frac{1}{n}\sum_{k=m}^{m+n} T_k^{(1)}(\boldsymbol{X}_k;\theta) \to 0,\ \mathbb{P}_\theta\text{-a.s.};$$

(ii) $\forall m \geq 1$, $\forall \theta \in \Theta$ 和 $\forall \boldsymbol{x} \in \mathbb{R}^q$,

$$G_n(\boldsymbol{x}) \equiv \mathbb{P}_\theta\left\{\frac{1}{\sqrt{n}}\sum_{k=m}^{m+n} T_k^{(1)}(\boldsymbol{X}_k;\theta) < \boldsymbol{x}\right\} \to \Phi(\boldsymbol{x}I(\theta))\quad (n\to\infty),$$

这里 $\Phi(\cdot)$ 是标准正态分布的分布函数;

(iii) $\forall t > 0$, 令 $p_n = [\lambda^2(n)t^2]$, $q_n = \left[\dfrac{n}{p_n}\right]$ 和 $r_n = \dfrac{n}{t\lambda(n)q_n}$. 那么

$$\frac{p_n}{r_n\lambda^2(n)}\sum_{k=1}^{p_n} A_{3,k+jp_n}(\boldsymbol{X}_{k+jp_n};\theta) \to 0,\ \mathbb{P}_\theta\text{-a.s.},$$

$$当\ n\to\infty,\ j=0,1,\cdots 时, \tag{7.2.1}$$

以及

$$\frac{1}{n}\sum_{k=p_nq_n+1}^{n} A_{3k}(\boldsymbol{X}_k;\theta) \to 0,\ \mathbb{P}_\theta\text{-a.s.},\quad 当\ n\to\infty\ 时. \tag{7.2.2}$$

证　分别用 k 和 $T_k^{(1)}(\boldsymbol{X}_k;\theta)$ 代替引理 7.2.2 中的 b_k 和 ξ_k, 由引理 7.2.2 立刻得到

$$\frac{1}{n}\sum_{k=1}^{n} T_k^{(1)}(\boldsymbol{X}_k;\theta) \to 0,\ \mathbb{P}_\theta\text{-a.s.},\quad 当\ n\to\infty\ 时.$$

这个式子蕴涵了命题(i).

再根据条件(M. 3*)和 Lindeberg-Feller 中心极限定理, 就得到命题(ii).

又根据条件(M. 2*)和引理 1.3.8, 同时注意到事实: $\dfrac{p_n}{r_n\lambda^2(n)} \to 0$ 和 $\dfrac{n-p_nq_n}{n} \to 0\ (n\to\infty)$, 就获得了命题(iii). □

引理 7.2.4　在条件(M. 1), (M. 2), (M. 3), (M. 1*)和(M. 3*)下, 有

$$\frac{1}{n}\sum_{k=m}^{m+n} T_k^{(2)}(\boldsymbol{X}_k;\theta) \to -I(\theta),\ \mathbb{P}_\theta\text{-a.s.},\quad 当\ n\to\infty\ 时.$$

证　根据本引理的条件和引理 1.3.8, 有

$$\frac{1}{n}\sum_{k=1}^{n}\left(T_k^{(2)}(\boldsymbol{X}_k;\theta)-\mathbb{E}_\theta T_k^{(2)}(\boldsymbol{X}_k;\theta)\right)\to 0,\ \mathbb{P}_\theta\text{-a.s.}$$

进一步, 由引理 7. 2. 1 和条件(C. 3*), 又得到

$$\frac{1}{n}\sum_{k=1}^{n}T_k^{(2)}(\boldsymbol{X}_k;\theta)\to -I(\theta).$$

从而, 有 $\forall m\geq 1$,

$$\frac{1}{n}\sum_{k=m}^{m+n}T_k^{(2)}(\boldsymbol{X}_k;\theta)\to -I(\theta),\ \mathbb{P}_\theta\text{-a.s.},\quad \text{当 } n\to\infty \text{ 时}. \qquad \square$$

下节将给出极大似然估计 $\hat{\theta}_n$ 的中偏差结果及其证明.

7. 3 极大似然估计的中偏差

定理 7. 3. 1 (i) 假设条件(M. 1), (M. 2), (M. 3), (M. 1*), (M. 2*) 和 (M. 3*) 成立, 那么对任意的 $\varepsilon>0$,

$$\liminf_{n\to+\infty}\frac{\lambda^2(n)}{n}\log\mathbb{P}_\theta\{\lambda(n)(\overline{\theta}_n-\theta)\geq\varepsilon\}\geq-\frac{1}{2}I(\theta)\varepsilon^2,$$

以及

$$\liminf_{n\to+\infty}\frac{\lambda^2(n)}{n}\log\mathbb{P}_\theta\{\lambda(n)(\underline{\theta}_n-\theta)\leq-\varepsilon\}\geq-\frac{1}{2}I(\theta)\varepsilon^2.$$

(ii) 假设条件 (M. 1), (M. 2), (M. 3), (M. 5), (M. 1*), (M. 2*) 和 (M. 3*) 成立, 那么对任意的 $\varepsilon>0$,

$$\liminf_{n\to+\infty}\frac{\lambda^2(n)}{n}\log\mathbb{P}_\theta\{\lambda(n)|\hat{\theta}_n-\theta|\geq\varepsilon\}\geq-\frac{1}{2}I(\theta)\varepsilon^2.$$

证 显然, 有

$$\mathbb{P}_\theta\{\lambda(n)(\overline{\theta}_n-\theta)\geq\varepsilon\}\geq\mathbb{P}_\theta\left\{\sum_{k=1}^{n}T_k^{(1)}\left(\boldsymbol{X}_k;\ \theta+\frac{\varepsilon}{\lambda(n)}\right)\geq 0\right\}. \tag{7. 3. 1}$$

为了记号的简便, 记

$$T_k^{(1)}(\theta) \equiv T_k^{(1)}(\boldsymbol{X}_k;\theta),$$
$$A_{3k}(\theta) \equiv A_{3k}(\boldsymbol{X}_k;\theta).$$

在本章后面的部分，也将沿用这些记号. $\forall \eta > 0$,

$$\begin{aligned}
&\mathbb{P}_\theta\Big\{\sum_{k=1}^n T_k^{(1)}\Big(\boldsymbol{X}_k;\,\theta+\frac{\varepsilon}{\lambda(n)}\Big)\geq 0\Big\}\\
&\geq \mathbb{P}_\theta\Big\{\sum_{k=1}^{p_n} T_{k+jp_n}^{(1)}\Big(\theta+\frac{\varepsilon}{\lambda(n)}\Big)\geq r_n\eta t,\ j=0,1,\cdots,\\
&\qquad q_n-1,\ \Big|\sum_{k=p_nq_n+1}^{n} T_k^{(1)}\Big(\theta+\frac{\varepsilon}{\lambda(n)}\Big)\Big|\leq n\eta\lambda(n)\Big\}\\
&=\prod_{j=0}^{q_n-1}\mathbb{P}_\theta\Big\{\sum_{k=1}^{p_n} T_{k+jp_n}^{(1)}\Big(\theta+\frac{\varepsilon}{\lambda(n)}\Big)\geq r_n\eta t\Big\}\\
&\quad\cdot\mathbb{P}_\theta\Big\{\Big|\sum_{k=p_nq_n+1}^{n} T_k^{(1)}\Big(\theta+\frac{\varepsilon}{\lambda(n)}\Big)\Big|\leq\frac{n\eta}{\lambda(n)}\Big\},
\end{aligned}\tag{7.3.2}$$

这里，最后一个等式是由 $\{\boldsymbol{X}_n,\ n\geq 1\}$ 的相互独立性得到的. 由 $T_k^{(1)}(\gamma)$ 在邻域 $N(\theta,\delta)$ 的 Taylor 展开式得到

$$\big|T_k^{(1)}(\gamma)-T_k^{(1)}(\theta)-(\gamma-\theta)T_k^{(2)}(\theta)\big|\leq\frac{1}{2}(\gamma-\theta)^2A_{3k}(\theta).$$

从而，对任何 $m\geq 1$, $l\geq 1$, 有

$$\begin{aligned}
&\Big|\sum_{k=m}^{m+l} T_k^{(1)}\Big(\theta+\frac{\varepsilon}{\lambda(n)}\Big)-\sum_{k=m}^{m+l} T_k^{(1)}(\theta)-\frac{\varepsilon}{\lambda(n)}\sum_{k=m}^{m+l} T_k^{(2)}(\theta)\Big|\\
&\quad\leq\frac{\varepsilon^2}{2\lambda^2(n)}\sum_{k=m}^{m+l}A_{3k}(\theta).
\end{aligned}$$

由引理 7. 2. 4, 可以得到

$$\frac{1}{n}\sum_{k=p_nq_n+1}^{n} T_k^{(2)}(\theta)\to 0,\ \mathbb{P}_\theta\text{-a.s.}\tag{7.3.3}$$

还容易观察到 $n-p_nq_n\leq t^2\lambda^2(n)$, 以及当 $n\to+\infty$ 时，$n-p_nq_n\to 0$, $\dfrac{\lambda(n)\sqrt{n-p_nq_n}}{n}\to 0$. 又由中心极限定理知

$$\begin{aligned}
&\mathbb{P}_\theta\Big\{\Big|\sum_{k=p_nq_n+1}^{n}T_k^{(1)}(\theta)\Big|\le\frac{n\eta}{\lambda(n)}\Big\}\\
&\quad=\mathbb{P}_\theta\Big\{\frac{1}{\sqrt{B_n(\theta)}}\Big|\sum_{k=p_nq_n+1}^{n}T_k^{(1)}(\theta)\Big|\le\frac{n\eta}{\sqrt{B_n(\theta)}\lambda(n)}\Big\}\\
&\quad\to 1,
\end{aligned}$$

这里 $B_n(\theta)=\sum\limits_{k=p_nq_n+1}^{n}I_k(\theta)$. 因此，由(7.3.3)和引理 7.2.3 (iii)的(7.2.1)，得到

$$\mathbb{P}_\theta\Big\{\Big|\sum_{k=p_nq_n+1}^{n}T_k^{(1)}\Big(\theta+\frac{\varepsilon}{\lambda(n)}\Big)\Big|\le n\frac{\eta}{\lambda(n)}\Big\}\to 1,\ \text{当}\ n\to\infty\ \text{时}. \tag{7.3.4}$$

另一方面，由于 $\frac{r_n}{\sqrt{p_n}}\to 1$，$\frac{r_n\lambda(n)t}{p_n}\to 1$，以及当 $n\to\infty$ 时，$\frac{q_n}{n/\lambda^2(n)t^2}\to 1$，再由引理 7.2.3，得到

$$\begin{aligned}
&\mathbb{P}_\theta\Big\{\frac{1}{r_n}\sum_{k=1}^{p_n}T_{k+jp_n}^{(1)}(\theta)\ge\eta t\Big\}\\
&\quad=\mathbb{P}_\theta\Big\{\frac{1}{\sqrt{B_n^j(\theta)}}\sum_{k=1}^{p_n}T_{k+jp_n}^{(1)}(\theta)\ge\frac{r_n}{\sqrt{B_n^j(\theta)}}\eta t\Big\}\\
&\quad\to 1-\Phi\Big(\frac{\eta t}{\sigma_\theta}\Big),
\end{aligned}$$

这里 $B_n^j(\theta)=\sum\limits_{k=1}^{p_n}I_{k+jp_n}(\theta)$, $\sigma_\theta=\sqrt{I(\theta)}$. 进而，由引理7.2.3得到下式:

$$\frac{1}{r_n\lambda(n)t}\sum_{k=1}^{p_n}T_{k+jp_n}^{(2)}(\theta)\to -\,I(\theta),\ \mathbb{P}_\theta\text{–a.s.} \tag{7.3.5}$$

因此，通过(7.3.5)和引理 7.2.3 (iii)的(7.2.1)，得到

$$\mathbb{P}_\theta\Big\{\sum_{k=1}^{p_n}T_{k+jp_n}^{(1)}\Big(\theta+\frac{\varepsilon}{\lambda(n)}\Big)\ge r_n\eta t\Big\}\to 1-\Phi\Big(\frac{t(\eta+I(\theta)\varepsilon)}{\sigma_\theta}\Big),\ \text{当}\ n\to\infty\ \text{时}. \tag{7.3.6}$$

综合(7. 3. 1), (7. 3. 2), (7. 3. 4)和(7. 3. 6), 有

$$\liminf_{n\to\infty}\frac{\lambda^2(n)}{n}\log\mathbb{P}_\theta\Big\{\sum_{k=1}^n T_k^{(1)}\Big(\theta+\frac{\varepsilon}{\lambda(n)}\Big)\geq\ 0\Big\}$$
$$\geq\frac{1}{t^2}\log\bigg(1-\varPhi\Big(\frac{t(\eta+I(\theta)\varepsilon)}{\sigma_\theta}\Big)\bigg).$$

现在, 依次令 $\eta\to\ 0$ 和 $t\to\ \infty$, 同时运用下面的不等式:

$$1-\varPhi(a)\geq\frac{a}{(a^2+1)\sqrt{2\pi}\ \mathrm{e}^{\frac{a^2}{2}}},\quad\forall a>0,$$

得到

$$\liminf_{n\to\infty}\frac{\lambda^2(n)}{n}\log\mathbb{P}_\theta\Big\{\sum_{k=1}^n T_k^{(1)}\Big(\theta+\frac{\varepsilon}{\lambda(n)}\Big)\geq\ 0\Big\}\geq-\frac{1}{2}I(\theta)\varepsilon^2.$$

这样就证明了本定理的命题(i)的第一个不等式. 本定理的命题(i)的第二个不等式用上述相同的方法可以得证. 本定理的命题(ii)由本定理的命题(i)的两个不等式得到. 这样本定理就被证明了. □

定理 7. 3. 2　(i) 假设诸条件(M. 1), (M. 2), (M. 3), (M. 4), (M. 1*), (M. 2*)和(M. 3*)成立, 那么对任意的 $\varepsilon>0$, 有

$$\limsup_{n\to+\infty}\frac{\lambda^2(n)}{n}\log\mathbb{P}_\theta\big\{\lambda(n)(\underline{\theta}_n-\theta)\geq\varepsilon\big\}\leq-\frac{1}{2}I(\theta)\varepsilon^2,$$

以及

$$\limsup_{n\to+\infty}\frac{\lambda^2(n)}{n}\log\mathbb{P}_\theta\big\{\lambda(n)(\overline{\theta}_n-\theta)\leq-\varepsilon\big\}\leq-\frac{1}{2}I(\theta)\varepsilon^2.$$

(ii) 假设诸条件(M. 1), (M. 2), (M. 3), (M. 4), (M. 5), (M. 1*), (M. 2*)和(M. 3*)成立, 那么对任意的 $\varepsilon>0$, 有

$$\limsup_{n\to+\infty}\frac{\lambda^2(n)}{n}\log\mathbb{P}_\theta\big\{\lambda(n)|\hat{\theta}_n-\theta|\geq\varepsilon\big\}\leq-\frac{1}{2}I(\theta)\varepsilon^2.$$

证　对任何 $t\geq\ 0$, 以及充分大的 n, 根据本定理的诸条件, 有

$$\mathbb{P}_\theta\big\{\lambda(n)(\underline{\theta}_n-\theta)\geq\varepsilon\big\}\leq\mathbb{P}_\theta\Big\{\sum_{k=1}^n T_k^{(1)}\Big(\boldsymbol{X}_k;\theta+\frac{\varepsilon}{\lambda(n)}\Big)\geq 0\Big\}$$

$$
\begin{aligned}
&\le \mathbb{E}_\theta\bigg(\exp\bigg\{\frac{t}{\lambda(n)}\sum_{k=1}^{n}T_k^{(1)}\Big(\boldsymbol{X}_k;\,\theta+\frac{\varepsilon}{\lambda(n)}\Big)\bigg\}\bigg)\\
&=\prod_{k=1}^{n}\mathbb{E}_\theta\bigg(\exp\bigg\{\frac{t}{\lambda(n)}T_k^{(1)}\Big(\boldsymbol{X}_k;\,\theta+\frac{\varepsilon}{\lambda(n)}\Big)\bigg\}\bigg)\\
&=\prod_{k=1}^{n}\bigg\{1+\frac{t}{\lambda(n)}\mathbb{E}_\theta\bigg(T_k^{(1)}\Big(\boldsymbol{X}_k;\,\theta+\frac{\varepsilon}{\lambda(n)}\Big)\bigg)\\
&\qquad+\frac{t^2}{2\lambda^2(n)}\mathbb{E}_\theta\bigg(T_k^{(1)}\Big(\boldsymbol{X}_k;\,\theta+\frac{\varepsilon}{\lambda(n)}\Big)\bigg)^2+O\Big(\frac{1}{\lambda^3(n)}\Big)\bigg\}\\
&=\prod_{k=1}^{n}\bigg\{1+\frac{1}{\lambda^2(n)}\Big(\frac{t^2I_k(\theta)}{2}-t\varepsilon I_k(\theta)\Big)+O\Big(\frac{1}{\lambda^3(n)}\Big)\bigg\}.
\end{aligned}
$$

因此，对任意的 $t\ge 0$,

$$
\begin{aligned}
&\limsup_{n\to+\infty}\frac{\lambda^2(n)}{n}\log\mathbb{P}_\theta\big\{\lambda(n)(\underline{\theta}_n-\theta)\ge\varepsilon\big\}\\
&\quad\le\limsup_{n\to+\infty}\frac{\lambda^2(n)}{n}\sum_{k=1}^{n}\log\bigg\{1+\frac{1}{\lambda^2(n)}\Big(\frac{t^2I_k(\theta)}{2}-t\varepsilon I_k(\theta)\Big)\\
&\qquad+O\Big(\frac{1}{\lambda^3(n)}\Big)\bigg\}\\
&\quad=\limsup_{n\to+\infty}\frac{\lambda^2(n)}{n}\sum_{k=1}^{n}\bigg\{\frac{1}{\lambda^2(n)}\Big(\frac{t^2I_k(\theta)}{2}-t\varepsilon I_k(\theta)\Big)\\
&\qquad+O\Big(\frac{1}{\lambda^3(n)}\Big)\bigg\}\\
&\quad=\limsup_{n\to+\infty}\frac{1}{n}\sum_{k=1}^{n}I_k(\theta)\Big(\frac{t^2}{2}-t\varepsilon\Big).
\end{aligned}
$$

从而

$$
\limsup_{n\to+\infty}\frac{\lambda^2(n)}{n}\log\mathbb{P}_\theta\big\{\lambda(n)(\underline{\theta}_n-\theta)\ge\varepsilon\big\}\le-\frac{1}{2}I(\theta)\varepsilon^2.
$$

这证明了本定理命题(i)中的第一个不等式. 本定理命题(i)中的第二个不等式用同样的方法可以证明. 本定理命题(ii)立刻由本定理命题(i)中的两个不等式得到. □

定理 7.3.3 假设条件 (M. 1), (M. 2), (M. 3), (M. 4), (M. 5), (M. 1*), (M. 2*)

和 (M. 3*) 成立，且定义 $I(x;\theta) \equiv \frac{1}{2}I(\theta)x^2$，那么对任意的闭子集 $F \subset \Theta$，有

$$\limsup_{n\to+\infty}\frac{\lambda^2(n)}{n}\log\mathbb{P}_\theta\{\lambda(n)(\hat{\theta}_n-\theta)\in F\} \le -\inf_{x\in F} I(x;\theta),$$

而且对任意的开子集 $G \subset \Theta$，

$$\liminf_{n\to+\infty}\frac{\lambda^2(n)}{n}\log\mathbb{P}_\theta\{\lambda(n)(\hat{\theta}_n-\theta)\in G\} \ge -\inf_{x\in G} I(x;\theta).$$

特别，对任意的 $\varepsilon > 0$，

$$\lim_{n\to+\infty}\frac{\lambda^2(n)}{n}\log\mathbb{P}_\theta\{\lambda(n)|\hat{\theta}_n-\theta|\ge\varepsilon\} = -\frac{1}{2}I(\theta)\varepsilon^2.$$

证　这个结论能够用 [30] 中定理 3 的证明方法加以证明. 这里，略去其证明过程. □

7.4　不完全信息随机截尾广义线性模型的极大似然估计的中偏差

定义 $\{0,1\}$ 上的计数测度 $\gamma(\cdot)$：$\gamma(\{0\})=1$，$\gamma(\{1\})=1$.

我们将 1.2 节中的带有不完全信息随机截尾的广义线性模型（设 $q=1$）中的 (Z_k,α_k,δ_k) 看做本章的 $\boldsymbol{X}_k$，将 1.2 节中的测度 $\mu\times\gamma\times\gamma$ 看做本章的测度 μ，则 1.2 节中的

$$\left[p\overline{G}_i(z_i)f(z_i;\boldsymbol{x}_i^{\mathrm{T}}\boldsymbol{\beta})\right]^{\alpha_i'\delta_i'}\left[(1-p)F(z_i;\boldsymbol{x}_i^{\mathrm{T}}\boldsymbol{\beta})g_i(z_i)\right]^{\alpha_i'(1-\delta_i')} \cdot\left[\overline{F}(z_i;\boldsymbol{x}_i^{\mathrm{T}}\boldsymbol{\beta})g_i(z_i)\right]^{1-\alpha_i'}$$

即为本章的 $f_k(\boldsymbol{x},\theta)$，2.1 节中的 $\frac{1}{n}\Lambda_n(\boldsymbol{\beta})$ 即为本章中的 $\frac{1}{n}\sum_{k=1}^{n}I_k(\theta)$，3.1 节中的 $Q^{-1}(\boldsymbol{\beta}_0)$ 即为本章中的 $I(\theta_0)$. 假设

(C5)　$$\int_{-\infty}^{\infty}\exp\left\{\frac{1}{F_i(z)}\int_{-\infty}^{z}yf_i(y)\mu(\mathrm{d}y)\right\}\mathrm{d}G_i(z)<\infty, \qquad (7.4.1)$$

$$\int_{-\infty}^{\infty}\exp\left\{\frac{1}{\overline{F}_i(z)}\int_z^{\infty}yf_i(y)\mu(\mathrm{d}y)\right\}\mathrm{d}G_i(z)<\infty. \tag{7.4.2}$$

我们现在利用本章的结论来验证一维的单参数不完全信息随机截尾的广义线性模型的极大似然估计满足中偏差原理.

定理 7.4.1 令 $\{\lambda(n),\ n\geq 1\}$ 是一个非负的数列, 且满足 $\lambda(n)\to+\infty$, $\dfrac{\lambda(n)}{\sqrt{n}}\to 0\ (n\to+\infty)$. 假设 1.2 节中的模型的未知参数 β 为一维的, 且该模型满足 3.1 节中的条件(C1), (C2**), (C3), (C4)和(C5), 则 $\forall\varepsilon>0$, 有

$$\lim_{n\to+\infty}\frac{\lambda^2(n)}{n}\log\mathbb{P}\{\lambda(n)|\hat{\beta}_n-\beta_0|\geq\varepsilon\}=-\frac{1}{2}\big(W(\beta_0)\big)^{-1}\varepsilon^2,$$

这里 $W(\beta_0)$ 如(C2**)所述.

证 只需验证定理 7.3.3 中的条件(M.1), (M.2), (M.3), (M.4), (M.5), (M.1*), (M.2*)和(M.3*)成立即可. 显然命题的条件保证了(M.5), (M.3*)成立. 为了阅读的方便, 我们再将 (3.1.11) 写出,

$$\begin{aligned}T_n(\beta)&=\frac{\partial l_n(\beta)}{\partial\beta}\\&=\sum_{i=1}^n x_i\Big[\alpha_i\delta_iZ_i-\dot{b}(x_i\beta)+\alpha_i(1-\delta_i)\frac{1}{F_i(Z_i)}\int_{-\infty}^{Z_i}yf_i(y)\mu(\mathrm{d}y)\\&\qquad+(1-\alpha_i)\frac{1}{\overline{F}_i(Z_i)}\int_{Z_i}^{\infty}yf_i(y)\mu(\mathrm{d}y)\Big]\\&=\sum_{i=1}^n x_it(x_i\beta).\end{aligned}$$

由引理 3.1.2 知(M.1)成立; 由引理 3.1.4 知(M.2)中的

$$\int_{\mathbb{R}}A_{1k}(x;\theta)f_k(x;\theta)\mathrm{d}x<+\infty$$

成立; 由(3.1.15)～(3.1.18)知(M.2)中的

$$\int_{\mathbb{R}}A_{2k}(x;\theta)f_k(x;\theta)\mathrm{d}x<+\infty$$

成立, 同时也使(M.3)成立. 而

$$
\begin{aligned}
\frac{\mathrm{d}\Psi(z;x\beta)}{\mathrm{d}\beta} &= \frac{\mathrm{d}^2 t(\boldsymbol{x}_i^{\mathrm{T}}\beta)}{\mathrm{d}\beta^2} \\
&= x^2\left\{\frac{2\int_{-\infty}^{z} yf(y;x\beta)\mu(\mathrm{d}y)\int_{-\infty}^{z} y^2 f(y;x\beta)\mu(\mathrm{d}y)}{F(z;x\beta)}\right. \\
&\quad - \frac{\dot{b}(x\beta)\Big(\int_{-\infty}^{z} yf(y;x\beta)\mu(\mathrm{d}y)\Big)^2}{F(z;x\beta)} \\
&\quad \left. - \frac{\Big(\int_{-\infty}^{z} yf(y;x\beta)\mu(\mathrm{d}y)\Big)^3}{F^2(z;x\beta)}\right\}.
\end{aligned} \tag{7.4.3}
$$

根据 Cauchy-Schwartz 不等式，有

$$
\begin{aligned}
\left|\frac{\mathrm{d}\Psi(z;x\beta)}{\mathrm{d}\beta}\right| &\le 3\Big(\int_{-\infty}^{z} y^2 f(y;x\beta)\mu(\mathrm{d}y)\int_{-\infty}^{z} y^4 f(y;x\beta)\mu(\mathrm{d}y)\Big)^{\frac{1}{2}} \\
&\quad + \dot{b}(x\beta)\int_{-\infty}^{z} y^2 f(y;x\beta)\mu(\mathrm{d}y) \\
&\le 3\Big(\int_{-\infty}^{\infty} y^2 f(y;x\beta)\mu(\mathrm{d}y)\int_{-\infty}^{\infty} y^4 f(y;x\beta)\mu(\mathrm{d}y)\Big)^{\frac{1}{2}} \\
&\quad + \dot{b}(x\beta)\int_{-\infty}^{\infty} y^2 f(y;x\beta)\mu(\mathrm{d}y) \\
&= \Psi^*(x\beta),
\end{aligned} \tag{7.4.4}
$$

这里

$$
\begin{aligned}
\Psi^*(x\beta) = 3\Big[&\big(\dot{b}^2(x\beta)+\ddot{b}(x\beta)\big)\big(\dot{b}^4(x\beta)+6\dot{b}^2(x\beta)\ddot{b}(x\beta)+4\dot{b}(x\beta)\dddot{b}(x\beta) \\
&+3\ddot{b}^2(x\beta)+\ddddot{b}(x\beta)\big)\Big]^{\frac{1}{2}}+\dot{b}(x\beta)\big(\dot{b}^2(x\beta)+\ddot{b}(x\beta)\big).
\end{aligned}
$$

故

$$
\int_{\mathbb{R}}\left|\frac{\mathrm{d}\Psi(z;x\beta)}{\mathrm{d}\beta}\right| f_k(z;x\beta)\mathrm{d}z < +\infty.
$$

类似地，对

$$
\frac{\mathrm{d}\varUpsilon(z;x\beta)}{\mathrm{d}\beta} = x^2\left\{\frac{2\int_{z}^{\infty} yf(y;x\beta)\mu(\mathrm{d}y)\int_{z}^{\infty} y^2 f(y;x\beta)\mu(\mathrm{d}y)}{\overline{F}(z;x\beta)}\right.
$$

$$-\frac{\dot{b}(x\beta)\Big(\int_z^{\infty} yf(y;x\beta)\mu(\mathrm{d}y)\Big)^2}{\overline{F}(z;x\beta)}-\frac{\Big(\int_z^{\infty} yf(y;x\beta)\mu(\mathrm{d}y)\Big)^3}{\overline{F}^2(z;x\beta)}\Bigg\} \tag{7.4.5}$$

也有

$$\int_{\mathbb{R}}\left|\frac{\mathrm{d}\,\Upsilon(z;x\beta)}{\mathrm{d}\beta}\right|f_k(z;x\beta)\mathrm{d}z<+\infty.$$

从而知(M.2)中的

$$\int_{\mathbb{R}} A_{3k}(x;\theta)f_k(z;\theta)\mathrm{d}z<+\infty$$

成立. 按照(3.1.15)～(3.1.18), (7.4.4)和(7.4.5)的计算方法可以看到(M.1*), (M.2*)也成立.

再注意到 $\forall s\in[-\mu,\mu]$,

$$\begin{aligned}
&\mathbb{E}\exp\{st(z;x\beta)\}\\
&\quad=\mathbb{E}\exp\Bigg\{sx\Bigg[\alpha_i\delta_i Z_i-\dot{b}(x\beta)\\
&\qquad+\alpha_i(1-\delta_i)\frac{1}{F_i(Z_i)}\int_{-\infty}^{Z_i} yf_i(y)\mu(\mathrm{d}y)\\
&\qquad+(1-\alpha_i)\frac{1}{\overline{F}_i(Z_i)}\int_{Z_i}^{\infty} yf_i(y)\mu(\mathrm{d}y)\Bigg]\Bigg\}\\
&\quad=\int_{-\infty}^{\infty}\exp\{sx(z-\dot{b}(x\beta))\}p\overline{G}(z)f_i(z)\mu(\mathrm{d}z)\\
&\qquad+\int_{-\infty}^{\infty}\exp\Bigg\{-sx\dot{b}(x\beta)+sx\cdot\frac{1}{F_i(z)}\int_{-\infty}^{z} yf_i(y)\mu(\mathrm{d}y)\Bigg\}\\
&\qquad\cdot(1-p)F_i(z)\mathrm{d}G_i(z)\\
&\qquad+\int_{-\infty}^{\infty}\exp\Bigg\{-sx\dot{b}(x\beta)+sx\cdot\frac{1}{\overline{F}_i(z)}\int_{z}^{\infty} yf_i(y)\mu(\mathrm{d}y)\Bigg\}\\
&\qquad\cdot\overline{F}_i(z)\mathrm{d}G_i(z)\\
&\quad\equiv ①+②+③,
\end{aligned}$$

而

$$①\le p\exp\{b(sx+x\beta)-b(x\beta)-sx\dot{b}(x\beta)\}<\infty,$$

由(C5)知

$$②\leq (1-p)\exp\{-sx\dot{b}(x\beta)\}\exp\left\{sx\cdot\frac{1}{F_i(z)}\int_{-\infty}^{z}yf_i(y)\mu(\mathrm{d}y)\right\}\mathrm{d}G_i(z)$$

$$<\infty,$$

$$③\leq \exp\{-sx\dot{b}(x\beta)\}\exp\left\{sx\cdot\frac{1}{\overline{F}_i(z)}\int_{z}^{\infty}yf_i(y)\mu(\mathrm{d}y)\right\}\mathrm{d}G_i(z)<\infty,$$

故知(M.4)成立. 本定理得证. □

参考文献

[1] Andersen E B. *Discrete Statistical Models with Social Science Applications*. Amsterdam, North Holland, 1980.

[2] Arminger G, Kusters U. *Simultaneous equation systems with categorical observed variables*. In: Gilcherist, R., Francis, B., Whittaker, J. (Eds.) Generalized linear models. Lecture Notes in Statistics. Berlin: Springer, 1985.

[3] Bahadur R R. *Some Limit Theorems in Statistics*. SIAM, Philadelphia, 1971.

[4] Bennet G. *Probability inequalities for the sum of indepdent random variables*. JASA, 57: 33-45. case, Ann. Math. Statist., 1971, 42: 1977-1991.

[5] Bruce Hoadley. *Asymptotic properties of maximum estimators for the independent not identically distributed case*. Ann. Math. Statist., 1971, 42: 1977-1991.

[6] Breslow N E. *A Generalized Kruskal-Wallis Test for Comparing k Samples Subject to Unequal Patterns of Censorship*. Biometrika, 1970, 57: 579-594.

[7] Breslow N E, Crowley J. *A Large Sample Study of the Life Table and Product Limit Estimtor under Random Censorship*. Ann. Statist., 1974, 2: 437-453.

[8] Blum J R, Susarla V. *Maximal Deviation Theory of Density and Failure Rate Function Estimates Based on Censored Data*. Multivariate Analysis, 1980, V: 213-222, North-holland Amsterdam. (P. R.

Krishnaiah, Ed.)

[9] Buckley J, James I. *Linear Regression with Censored Data*. Biometrika, 1979, 66: 429-436.

[10] Burke M D, Csörgö Horváth L. *Strong Approximations of Some Biometric Estimates under Random Censorship*. Z. W., 1981, 56: 87-112.

[11] Burke M D. Csörgö Horváth L. *A Correction to and Improvement of Strong Approximations of Some Biometric Estimates under Random Censorship*. Probab. Th. Rel. Fields, 1988, 79: 51-57.

[12] 陈希孺. 高等数理统计. 合肥: 中国科技大学出版社, 1999.

[13] Chao M T. *Strong consistency of maximum likelihood estimators when the observations are independent but not identically distributed*. Dr. Y. W. Chen's 60-year Memorial Volume. Academia Sinica, Taipei, 1976.

[14] Chang M N, Grace L Y. *Strong Consistency of a Nonparametric Estimator of the Survival Function with Doubly Censored Data*. Ann. Statist, 1987, 15: 1536-1547.

[15] Cuzick J. *Asymptotic Properties of Censored Linear Rank Tests*. Ann. Statist, 1985, 13: 133-141.

[16] Chung K L. *A Course in probability Theory*. New York: Academic Press, 1974.

[17] 陈夏, 陈希孺. 广义线性模型参数的自适应拟似然估计. 中国科学, 2005, A 辑 (数学), 35 (4): 463-480.

[18] 陈希孺. 广义线性模型. 武汉大学数学与统计学院印, 2002.

[19] 陈家鼎. 关于截尾样本情形下的最大似然估计. 应用数学学报, 1988, 3 (4): 306-321.

[20] 陈家鼎. 关于定时截尾寿命试验的最大似然估计. 数学学报, 1977, 20 (2): 145-147.

[21] 陈怡南, 叶尔骅. 带有不完全信息随机截尾试验下 Weibull 分布参数的 MLE. 数理统计与应用概率, 1996, 11 (4): 353-363.

[22] Chiou J M, Muller H G. *Nonparametric quasi-likelihood*. Ann. Statist., 1999, 27 (1): 36-64.

[23] Ding Jieli, Chen Xiru. *Asmptotic Properties of the Maximum Likelihood Estimate in Generalized Linear Models with Stochastic Regressors*. Acta Mathematica, 2006.

[24] Diehl S, Stute W. *Kernel Density and Hazard function Estimation in the Presence of Censoring*. J. Multivariate Analysis, 1988, 25: 299-310.

[25] Elperin T, Gertsbak I. Estimation in a random censoring model with incomplete information:exponential lifetime distribution. IEEE Trans. Rel. 1988, 37 (2): 223-229.

[26] Fahrmeir L, Kaufmann H. *Asymptotic inference in discrete response models*. Statistics Papers, 1985, 27 (1): 179-205.

[27] Fahrmeir L, Kaufmann H. *Consistency and asymptotic normality of the maximum likelihood estimator in generalized linear models*. Ann. Statist., 1986, 13: 342-368.

[28] Fahrmeir L. *Maximum Likelihood Estimation in Misspecfied Generalized Linear Models*. Statistics, 1990, 21 (4): 487-502.

[29] Ffron B. *The Efficiency of Cox's Likelihood function for Censored Data*. JASA, 1977, 72: 555-565.

[30] Gao F Q. *Moderate deviations for the Maximum Likelihood Estimator*. Statistics and probability Letters, 2001, 55: 345-352.

[31] Gu Minggao. *The Chung-Smirnov Law for the product limit Estimator under Random Censorship*. Chin. Ann. Math., 1991, 12: 189-199.

[32] Gu Minggao, Lai T L. *Functional laws of the Iterated Logarithm for the Product-limit Estimator of a Distribution Function under Random Censorship or Truncation*. Tch. Report. Stanford University, 1988.

[33] Gardiner J C, Susarla V, Van Ryzin. *Time Sequential Estimation of the Exponential Mean under Random Withdrawals*. Ann. Statist., 1986, 14: 607-618.

[34] He Shu-yuan. *The Central Limit Theorem for The Linear Regression Model With Right Censored Data*. Science in China (A), 2003, 33 (2): 142-151.

[35] Heuser H. *Lehrbuch der Analysis*. Teubner, Teil2., Stuttgart, 1998.

[36] Hoadley A B. *Asymptotic Properties of Maximum Estimators for the Independent not Identically Distributed Case*. Ann. Math. Statist., 1971, 42: 1977-1991.

[37] Hutchinson C E. *The Kalman Filter Applied to Aerospace and Electronic Systems*. IEEE Transactions Aero. Systems, 1984, AES-20: 500-504.

[38] Inglot T, Wood W C M. *Moderate Deviation of Minimum Contracst* Estimators *under Contamination*. Ann. Statist., 2003, 31: 852-879.

[39] IM S D. *Mixed Models for Bionomial Data with an Application to Lamb Mortality*. Applied Statistics, 1988, 37: 196-204.

[40] Jacobs P A, Lewis P A W. *Stationary Discrete Autoregressive Moving-Averge Time Series Generated by Mixtures*. J. Time Series Analysis, 1983, 4: 19-36.

[41] Jensen J L, Wood A T A. *Large Deviation and Other Results for Minimum Contrast Estimators*. Ann. Inst. Statist. Math., 1998, 50: 673-695.

[42] James I R, Simth P J. *Consistency Results for Linear Regression with Censored Data*. Ann. Statist., 1984, 12: 590-600.

[43] Koul H, Susarla V, Van Ryzin. *Regression Analysis with Randomly Right-Censored Data*. Ann. Statist., 1981, 9: 1276-1288.

[44] Lwaless J F. *Statistical Models and Methods for Lifetime Data*. John Wiley and Sons, 1982.

[45] Kani Chen, et. al. *Strong Consistency of Maximum Quasi-likelihood Estimators in generalized Linear Models with fixed and adaptive Designs*. Ann. Statist., 1999, 27 (4): 1155-1163.

[46] Li Pu-xi. *A law of the iterated logarithm for maximum likelihood estimator based on randomly censored data*. Chinese Journal of

System Science and Mathematics, 1995, 11 (1): 60-69.

[47] 黎子良, 郑祖康. 生存分析. 杭州: 浙江科学技术出版社, 1992.

[48] Loève M. *Probability Theory* I. New York: Springer-Verlag, 1977.

[49] 林正炎, 陆传荣, 苏中根. 概率极限理论基础. 北京: 高等教育出版社, 1998.

[50] McFADDEN D. *Conditional logit analysis of qualitative choice behavior*. in: Zarembka, P., Frontiers in Econometrics. New York: Academic Press, 1974.

[51] Miller R. *Least Squares Regrssion with Censored Data*. Biometrika, 1976, 63: 449-464.

[52] Morris C N. *Natural Exponential Families with Quadratic Variance Functions*. Ann. Statist., 1982, 10: 65-80.

[53] Moulton L, Zeger S. *Bootstrapping Generalized Linear Models*. Computational Statistics and Data Analysis, 1991, 11: 53-63.

[54] Nelder J A, Wedderburn R W. *Generalized linear models*. J. Roy, Statist., 1972, Soc. Ser. A: 135-384.

[55] Nelson W. *Applied Life Data Analysis*. John Wiley and Sons, 1982.

[56] Neveu J. *Mathematical Function of the Calculus of Probability*. San Francisco, Holden-Day, 1965.

[57] Oakes D. *The Asymptotic Information in Censored Survival data*. Biometrika, 1977, 64: 441-448.

[58] Petrov V V. *Sums of Independent Random Variables*. Spring-Verlag, 1975.

[59] Prentice R L. *Linear Rank tests with Right Censored Data*. Biometrika, 1978, 65: 167-179.

[60] Preisler H K. *Analysis of a Toxicological Experiment Using a Generalized Linear Model with Neted Random Effects*. International Statistical Review, 1989, 57: 145-149.

[61] Randall J H. *The Analysis of Sensory Data by Generalized Linear Models*. Biom. Journal, 1989, 31: 781-793.

[62] Ritov Y. *Estimation in a linear regression model with censored data.* Ann. Stat., 1990, 18 (1): 303-328.

[63] Serfling R J. *Approximation theorems of mathematical statistics*. New York: Wiley, 1980.

[64] 邵启满. 独立不同分布的随机变量的部分和的增量有多小. 中国科学 (Ser. A 数学), 1991, 11A: 1137-1148.

[65] Silvapulle M J. *On the Existence of Maximum Likelihood Estimates for the Bionomial Response Models*. JASA, 1981, B43: 310-313.

[66] 宋毅军, 李朴喜. 带有不完全信息随机截尾试验下最大似然估计的相合性和渐近正态性. 应用概率统计, 2003, 19 (2): 139-149.

[67] Stout W F. *Almost sure Convergence*. New York: John Wiley Sons, 1974.

[68] Sundarraman Subramanian. *Semiparametric transformation models and the missing information principle*. Journal of statistical planning and inference, 2002, 115: 327-348.

[69] Tadeusz Inglot, Wilbert C M. Kallenberg. *Moderate Deviations of Minimum Contrast Estimators under Contamination*. Ann. Statist., 2003, 31 (3): 852-879.

[70] Tslatis A A. *A Large Sample Study of Cox's Regression Models*. Annals of Statistics, 1981, 9: 93-108.

[71] Tutz G. *Compound Regression Models for Catgorical Ordinal Data.* Biometrical Journal, 1989, 31: 259-272.

[72] Tze Leung Lai, Ching Zong Wei. *Least Squares Estimates in Stochastic Regression Models with Applications to Identification and Control of Dynamic Systems*. Ann. Statist., 1982, 10 (1): 154-186.

[73] 王济川. Logistic 回归模型——方法与应用. 北京: 高等教育出版社, 2001.

[74] 王启华, 郑忠国. 随机删失半参数回归模型中估计的渐近性质. 中国科学 (A 辑), 1997, 27 (7): 583-594.

[75] Wedderburn R W M. *Quasi-likehood functions, generalized linear*

models, and the Gauss-Newton method. Biometria, 1974, 61: 439-447.

[76] Wedderburn R W M. *On the Existence and Uniqueness of the Maximum Likelihood Estimates for Certain Generalized Linear Models*. Biometria, 1976, 63: 27-32.

[77] West M, Harrison P J, Mhgon M. *Dynamic Generalized Linear Models and Bayesian Forecasting*. JASA, 1985, 80: 73-79.

[78] Williams D A. *Generalized Linear Model Diagnostics Using the Deviance and Single Ease Deletions*. Applied Statistics, 1987, 36: 181-191.

[79] Wing Hung Wong. *Theory of Partial Likelihood*. Ann. Statist., 1986, 14: 88-123.

[80] Wu C. *Asymptotic theory of nonlinear least squares estimation*. Ann. Statist., 1981, 9: 501-513.

[81] Xiao Zhi-Hong. *Consistency and Asymptotic normality of the MLE of the parameter vector in a randomly censored GLM with incomplete information*. Journal of Wuhan University, 2006, 11 (2): 333-338.

[82] Xiao Zhi-Hong, Liu luqin. *Law of Iterated Logarithm for MLE in Generalized Linear Model Randomly Censored with Incomplete Information*. Ann. Math., 2009.

[83] Zhi-Hong Xiao, Luqin Liu. *Law of Iterated Logarithm on Quasi-Maximum likelihood Estimator in Generalized Linear Model*. Journal of statistical planning and inference, 2008.

[84] Zhi-Hong Xiao, Luqin Liu. *Moderate Deviations of MLE on Parameter Vector for Independent not Identically Distributed Case*. Prob. and Stat. Letter, 2006, 76 (10): 1056-1064.

[85] Xiao Zhi-hong, Chen Zhu-she, Liu Feng. *Laws of iterated logarithm on randomly Censored GLM with random regressors and incomplete information*. Chinese journal of engineering mathematics, 2012, 29 (2): 291-298.

[86] 薛留根, 廖靖宇. 删失数据下一类回归模型的参数估计. 工程数学学报, 2005, 22 (4): 712-718.

[87] 杨纪龙, 叶尔骅. 带有不完全信息随机截尾试验下 Weibullfenbu 分布参数的 MLE 的相合性及渐近正态性. 应用概率统计, 2000, 16 (1): 9-19.

[88] 岳丽, 陈希孺. 广义线性模型拟极大似然估计的强相合性与收敛速度. 中国科学 (Ser. A 数学), 2004, 34 (2): 203-214.

[89] Yue Li, Chen Xi-Ru. The Asmptotic Normality of the Quasi Maximum Likelihood Estimate in the Generalized Linear Model. Chinese Annals of Mathematics, 2005, 26 (3): 467-474.

[90] 尹长明, 赵林城. 广义线性模型极大拟似然估计的强相合性与渐近正态性. 应用概率统计, 2005, 21 (3): 249-260.

[91] Zeger S L, Karim M R. *Generalized Linear Models with Random Effiects. A Gibbs' Sampling Approach*. Journal of the American Statistical Association, 1991, 86: 79-95.

[92] Zhao Lin-cheng, Yin Chang-ming. *The Strong Consistency and Converge speed of the Quasi Maximum Likelihood Estimate in the Generalized Linear Model*. Science in China (Ser. A Mathematics), 2005, 35 (3): 312-317. (Ch)

[93] Zhao L P, Prentice R L. *Correlated Binary Regrssion Using a Quadratic Exponential Model*. Biometrika, 1990, 77: 642-648.

[94] Zhao L P, Prentice R L, Self S. *Multivariate Mean Parameter Estimation by Using a Partly Exponential Model*. Journal of the Royal Statistical Society, 1992, B54: 805-811.

[95] Zheng Z K. *Regression Analysis with Censored Data*. Ph. D. Dissertation, Colurnbia University, 1984.

[96] 朱强, 高付清. 不完全信息截尾模型的 MLE 的中偏差和 Chung 重对数律. 数学物理学报, 2007, 27: 472-481.